妈妈健康手册

主 编

黄志坚 谢英彪

编著者

张雪芳　丁雪竹　邹学兰　张　敏

陈　莉　苏　敏　沈　锐　陈绍明

王　丽　陈泓静　虞丽相　房斯洋

颜庆佳　雷丽琪　周丽清　周明飞

卢　岗

金盾出版社

内容提要

本书介绍了女性生理特点，健康查体与妇科疾病诊治，女性月经期保健，围婚期保健，孕期保健，产后保健，女性乳房保健及哺乳卫生，避孕知识，女性心理调适方法，女性更年期保健等医学科普知识。其内容科学实用，适合已当妈妈的女性阅读，亦是家庭必备的参考用书。

图书在版编目(CIP)数据

妈妈健康手册/黄志坚，谢英彪主编 . —北京：金盾出版社，2017.7
ISBN 978-7-5186-1095-2

Ⅰ.①妈… Ⅱ.①黄…②谢… Ⅲ.①女性—保健—手册 Ⅳ.①P173-62

中国版本图书馆 CIP 数据核字(2016)第 281677 号

金盾出版社出版、总发行
北京太平路 5 号(地铁万寿路站往南)
邮政编码：100036 电话：68214039 83219215
传真：68276683 网址：www.jdcbs.cn
封面印刷：北京精美彩色印刷有限公司
正文印刷：北京万友印刷有限公司
装订：北京万友印刷有限公司
各地新华书店经销

开本：705×1000 1/16 印张：22.5 字数：270 千字
2017 年 7 月第 1 版第 1 次印刷
印数：1～5 000 册 定价：68.00 元

目 录

三、女性月经期保健 /45

四、围婚期保健 /78

五、孕期保健 /93

六、产后保健 /188

七、女性乳房保健及哺乳卫生 /223

八、避孕知识 /261

九、女性心理调适方法 /299

十、女性更年期保健 /318

一、女性生理特点

女性生殖器官在构造上有什么特点

(1) **女性生殖道使腹腔与外界沟通**：女性生殖道内腔的宽窄不同、形状各异，输卵管的伞端与腹腔相通，阴道开口于外阴。内腔的通畅是维持女性月经及生殖功能的必要条件。一旦发生狭窄或闭锁，则依病变部位的不同可以产生性交困难、不孕、甚或经血逆流入盆腔导致子宫内膜异位症、子宫腔积脓或不孕症。通畅性带来的问题：妇女如不注意月经期、流产及产褥期卫生，或医师未严格遵守无菌操作，均可导致生殖道感染，并可沿内腔向上蔓延，引起子宫、输卵管甚至盆腔腹膜发炎。

(2) **外阴部的环境有利于细菌生长**：尿道与肛门是外生殖器的邻近器官，外阴部经常接触尿液、白带、经血及粪便，容易受到细菌污染；白带及经血又是细菌生长、繁殖的良好环境。前庭大腺及尿道旁腺感染后，细菌可以长期窝藏，成为慢性病灶并可反复急性发作。

(3) **阴道是交媾器官**：不注意性生活卫生或不洁的性交是发生生殖道炎症及性传播疾病的重要原因。

(4) **外阴是性感最强的部位**：富有神经末梢及静脉丛，具有勃起的功能，创伤后最易发生血肿。

(5) **分娩易导致受伤**：女性生殖器官前方与膀胱、尿道相邻，后方为直肠，均受盆底组织的支撑。分娩使盆底组织受损，支撑作用减弱，除引起子宫位置下垂外，同时可伴有膀胱、尿道及直肠位置的变更，并产生相应的症状。

女性生殖器官局部有哪些保护机制

女性生殖器官构造及功能上的特点使其容易遭受病原体的侵袭，然其本身亦具有一定防御感染的机制，包括以下几方面。

（1）**机械屏障作用**：未婚少女两侧大、小阴唇紧密靠拢常将尿道口及阴道口覆盖，处女膜中间虽有形状、大小不同的孔隙，但对阴道仍有一定的封闭作用。正常阴道的前、后壁互相紧贴；宫颈管内有黏液堵塞，能在一定程度上阻碍异物与不洁物的侵入。

（2）**阴道的自净作用**：性成熟期妇女的阴道上皮在卵巢激素的影响下，周期性增厚，表层细胞角化及脱落；细胞内有糖原贮存，经阴道杆菌分解产生乳酸，以维持阴道的酸性环境，不利于嗜碱性的杂菌生长；而宫颈管内的黏液为碱性，又抑制了嗜酸性细菌的生长，对防止生殖道感染有一定意义。

（3）**子宫内膜周期性脱落与更新**：随着周期性月经来潮，原有的子宫内膜脱落，新的内膜长出，不利于病原菌扎根及繁殖。

（4）**输卵管壁及子宫的蠕动与收缩，以及上皮细胞纤毛的摆动**：可使腔内分泌物排入阴道，也起到清除异物、保持清洁的作用。

性成熟期妇女的卵巢功能旺盛，生殖道的保护机制比较完善，在一定程度上减少了月经期、性交、流产或分娩所招致的感染机会。

正常妇女的阴道内有细菌吗

阴道的自净作用限制了细菌的生长繁殖，但它并非是无菌的，而是存在着许多种类不同的细菌。由于它与外界相通，又离肛门很近，极易受到污染，盆浴及性交还可直接将病原体带入。

正常情况下，阴道中的厌氧菌占优势，只有少数需氧菌。各类细菌的毒力强弱虽有不同，但在阴道内共同生存和相互制约，并不引起疾病，成为阴道的正常菌群。

长期使用抗生素会消灭了阴道内的大部分细菌，破坏了阴道菌群，常会导致平时受到抑制的念珠菌的生长繁殖而致病。

阴道中平时不致病的细菌，一旦机体抵抗力下降或生殖道局部的保护屏障遭到破坏时便可致病，对这些细菌也不可掉以轻心，它们属于条件致病菌。许多妇科手术前要清洁阴道，其目的是将这些细菌减到最少的程度，以防止手术后发生感染。

阴道中除有上述的各种细菌外，还可能存在有衣原体、支原体及病毒等。

阴道壁凹凸不平是正常的吗

中、青年妇女清洗外阴时若将手指伸入阴道，便会发现阴道并非一个平滑的腔道，在其四壁上有许多凹凸不平的皱褶。这是因为在卵巢激素的影响下，阴道壁得到了充分的发育，由于管腔的表面积有限，故上皮皱褶呈泡泡纱样，妊娠期更明显。这种变化增加了阴道的伸缩性，既可避免性交时的创伤，又可在分娩时充分扩张后允许足月胎儿的通过，属于生理现象。屡次分娩，阴道壁松弛，弹性降低，皱褶可变得不明显。

在儿童期，卵巢功能尚未建立，阴道也未开始发育；绝经后的妇女，卵巢功能衰退，雌激素水平低落，阴道萎缩，以致阴道壁光滑而无皱褶存在。

阴道壁上的褶皱，在有炎症存在时可以窝藏病原体，使局部治疗难于充分发挥作用，给治疗带来一定困难。

阴道顶端突出的圆柱状物是瘤子吗

妇女以食指伸入阴道达其顶端便可以摸到一个圆柱状的突出物，有些人将其误认为是肿瘤，实际它是子宫颈。

正常的子宫颈表面光滑，湿润，质地如橡皮，其下端子宫颈外口与阴道相通，月经血自此泄入阴道。未产妇的子宫颈外口呈圆形，手指不能进入；经产妇由于分娩时胎头通过常发生宫颈两侧的裂伤，外口成一横裂，将子宫颈分为前、后唇两部分。当宫颈有多处裂伤时，可呈不规则分瓣状，手指尖常可探入外口。

由于子宫颈的轴线常与子宫体的轴线保持一致，故极度后倾子宫的宫颈朝向前方，甚至居于耻骨联合下而不易触及。

子宫颈含有大量富有弹性的结缔组织，妊娠晚期及分娩时可被牵拉而展平、消失，扩张成为产道的一部分。

子宫颈管中的腺体分泌黏液，构成白带的成分，其分泌受卵巢激素的调节。通过宫颈黏液检查可以了解卵巢的功能。

女子无阴毛是正常的吗

儿童到十余岁进入青春期，性腺（睾丸或卵巢）的功能开始建立，身体迅速发育，与此同时肾上腺皮质功能增强，分泌雄激素量增多。外阴部及腋下等处的毛囊上皮中存在雄激素受体，受到刺激后开始长出卷曲的毛发。生长于阴部的毛发称为阴毛，为第二性征的一部分，又称性毛。男性毛不仅限于阴毛，还包括胡须。

阴毛的多少因人而异，但男、女阴毛的分布有所区别。男性阴毛分布是以耻骨联合为基底，尖端朝向脐部的三角形，向后可达肛门周围；女性则是以耻骨联合上缘为基底的倒三角形分布，主要生长于阴阜及大阴唇，很少达到肛门周围。

极少数女子无阴毛生长，可见于以下两类情况：①具有典型的女性第二性征，有正常的月经及生育功能，不长阴毛是由于外阴部毛囊缺乏相应激素的受体，这类妇女仍可认为是正常的。②既无阴毛，又缺乏女性第二性征，或并发身体发育的异常，如身材矮小、智能落后，以及月经异常、不孕等，则属异常，应及时就医查明原因。

妇女为什么会有白带

白带是妇女阴道的分泌物，有保持阴道黏膜与外阴湿润的作用。白带主要由宫颈黏液及阴道渗液构成，内含生殖道上皮的脱落细胞及细菌。宫颈黏液是宫颈管腺体分泌的透明黏液。雌激素有促进其分泌的功能，并使黏液变得稀薄，孕激素使其变为稠厚。阴道渗液是自阴道壁的毛细血管和淋巴管所渗出的血浆和淋巴液，混有脱落的阴道上皮细胞。阴道上皮并无腺体存在，于每月行经前盆腔器官充血，渗出增多。二者均依赖卵巢激素的影响，妇女在青春期后及性成熟期，卵巢功能开始建立并进入功能旺盛期，故有白带。妊娠期因胎盘分泌雌、孕激素，盆腔脏器充血更甚，白带量更增多。幼女及老年妇女由于卵巢功能尚未启动或已衰退，体内雌激素水平低落，既无宫颈黏液分泌也无阴道渗液，故而外阴、阴道常常干燥。

正常情况下白带呈白色乳状，无臭味，流在裤裆上干燥后微黄发硬。白带是阴道渗液和子宫颈黏液的混合物，内含阴道杆菌及常在菌以及生殖道黏膜的脱落细胞，其中主要是阴道及宫颈的上皮细胞，间有输卵管及子宫内膜细胞。排卵期宫颈黏液量多、质如蛋清样；月经来潮前盆腔充血，阴道的渗液增多，均可出现一时性白带增多或呈蛋清样，属于正常现象。

妇女为什么要经常清洗外阴部

妇女的尿道及阴道开口于阴道前庭部，其后方有肛门。尿液、粪便、白带及经血的排出致使外阴部经常处于潮湿状态，并容易受到细菌的污染；外阴处于双大腿及裤裆中间，不透气，更利于细菌的滋生繁殖。另外，阴唇局部皮脂腺分泌旺盛，皱褶处常有许多积垢，是身体中最不干净的地方。若不注意卫生，局部不但会发出恶臭，而且性交时还可能将病原体带入阴道或尿道而引起炎症。

有条件者可以经常沐浴，否则，每晚也应清洗局部，更换内裤，保持外阴的清洁干燥，消除不良气味，以有利于身体的健康。是否需要使用特殊的浴液，没有具体的要求，可根据个人的习惯，一般用温开水及无刺激性的肥皂清洗即可。

二、健康查体与疾病诊治

什么时候进行妇科检查最适宜

妇科特殊检查的最适宜时间应根据检查的目的而定。现将临床常用检查项目叙述如下。

(1) **子宫内膜活组织检查（简称子宫内膜活检）**：①不孕症患者需要了解卵巢黄体功能和排除子宫内膜结核，若在检查周期严格避孕者，宜在月经前 2～3 日采取。为防止受孕的可能存在，通常是在正常月经来潮第一日 12 小时内刮取。②需要排除恶性病变时，随时可进行检查。有长时间出血者宜事先用抗生素控制感染。

(2) **输卵管通畅性检查**：输卵管通液或造影要求在月经干净后 3～7 日进行，相当于排卵期前。过早，子宫腔创面未完全愈合或有残存的子宫内膜碎片，容易发生造影剂外溢或子宫内膜异位症；过晚，子宫内膜增厚可能产生输卵管间质部堵塞的假象。平日月经周期短者应靠前安排。

什么时候进行妇科治疗最适宜

放置宫内节育器、做宫颈电烙或腹部妇科手术，均应在月经干净后施行，前两者要求在月经净后 3～7 日进行。此时盆腔充血最轻，子宫内膜较薄，操作引起的出血少，没有受孕的可能。宫颈电烙后至下次月经来潮有较长时间，创面得以愈合，减少子宫内膜在创面上种植的危险。取节育器的时间相对不太严格。

各种治疗均不应在月经期施行，因不但出血多，还可能引起子宫内膜异位症。凡安排在月经后进行检查或治疗者，该次月经后不要有性生活。

前庭大腺炎如何治疗和护理

前庭大腺又称巴氏腺，是位于阴道口两侧在前庭球后方的腺体，约黄豆粒大小。每个腺体有一细的腺管，注入总腺管。总腺管开口于阴道前庭，相当于小阴唇中、下 1/3 交界处，认真观察可发现细小的开口。腺管开口于小阴唇内侧靠近处女膜处，因解剖部位的特点，在性交、分娩或其他情况污染外阴部时，病原体容易侵入而引起炎症。阴道外口容易污染遭到感染，发生外阴阴道炎。前庭大腺亦可发生炎症，甚至形成脓肿。前庭大腺管开口闭塞，分泌物集聚则可形成囊肿，囊肿继发感染亦可成为脓肿，多发生在生育期。

急性期应绝对卧床休息，注意局部清洁，局部冷敷，应用抗生素。如已形成脓肿，应即切开引流。切口应选择于皮肤最薄处，一般在大阴唇内侧，作一半弧形切口排脓。亦可在外阴消毒后用 18 号针头从黏膜侧刺入脓腔，吸出脓液，针头留在原位，缓缓注入 20 万～40 万单位青霉素生理盐水。拔出针头后，用纱布或棉球压迫数分钟，防止药液漏出，并加外阴垫，用月经带固定。此法治疗后 24 小时内炎症多能消退，疼痛即可减轻，如疗效不显著，则再采取切开引流法。

较大的前庭大腺囊肿应考虑囊肿剥除术。目前多主张做造口术，方法简单，损伤少，术后常能恢复腺体功能。

前庭大腺炎主要为前庭大腺被细菌感染，进而引起腺管开口引流不畅所致。因此，保持外阴清洁是预防感染的主要方法。每日清洗外阴，不穿尼龙内裤，经常换洗内裤，保持外阴的清洁、干燥。患外阴炎时及时治疗，在一定程度上能预防前庭大腺炎的发生。发病期间，多饮水，不吃辛辣食物。治愈前禁止性交，严禁搔抓局部或挤压脓肿。

前庭大腺囊肿如何诊治

前庭大腺囊肿是由前庭大腺管阻塞，分泌物积聚而成。在急性炎症消退后腺管堵塞，分泌物不能排出，脓液逐渐转为清液而形成囊肿，有时腺腔内的黏液浓稠或先天性腺管狭窄排液不畅，也可形成囊肿。若有继发感染则形成脓肿反复发作。

前庭大腺囊肿位于阴唇后部的前庭大腺所在处，多为单侧性，大小不定，一般不超过鸡蛋大，在大阴唇外侧明显隆起。有时囊肿仅限于腺体的一部分。浅部腺管囊肿较深部腺体囊肿多见。腺管如不闭锁，则囊肿大小常可变动。囊壁上皮是多种多样的，可以是移行的上皮，也可以是单层立方上皮或扁平上皮，有时完全没有上皮，仅见慢性感染的结缔组织。囊肿内容物为透明的黏液，很少为浆液性，有时混有血液而呈红色或棕红色，易误认为子宫内膜异位囊肿，特别是囊壁被覆上皮含有假黄色瘤细胞时，更易混淆。

通过囊肿的所在位置及外观与局部触诊无炎症现象不难诊断，必要时可行局部穿刺，其内容可与脓肿鉴别。整个切除的囊肿可从病理检查得到诊断。

由于囊肿可继发感染，故应争取手术治疗，以往多行囊肿切除手术，常有出血可能，如囊壁延伸至尿道附近，则手术操作困难，或不能取净囊壁，又有复发可能。严重瘢痕者可致性交困难，故现在切除术仅应用于恶性病变者。囊肿再造术（袋状缝合）经多年实践，确实方法简便、安全并发症少，复发率低，且可保持腺体功能。亦可应用于前庭大腺脓肿。

单纯性外阴炎如何诊治

单纯性外阴炎由于外阴部的皮肤或黏膜感染引起，分急、慢性两种。由于外阴与尿道、肛门邻近，行动时又受两腿摩擦，故该部的炎症均可波及外阴。

（1）**单纯性外阴炎**：主要由于不注意外阴卫生而受到下列因素的刺激所致。①阴道分泌物刺激。由于阴道分泌物增多或经血、月经垫刺激，特别是宫颈炎及各种阴道炎时，分泌物增多，流至外阴，均可产生不同程度的外阴炎。②其他刺激因素。如糖尿病患者的含糖尿液直接刺激；尿瘘患者长期受尿液浸渍；粪瘘患者腹泻时受粪便刺激；肠道蛲虫。③混合性感染。由于多方面的刺激，常引起混合性感染，致病菌为葡萄球菌、链球菌、大肠杆菌。

急性期可见外阴肿胀、充血、糜烂，有时形成溃疡或成片湿疹。患者自觉外阴部灼热、瘙痒或疼痛，排尿时尤甚。严重者腹股沟淋巴结肿大，压痛，体温可稍升高，血白细胞增多。糖尿病性外阴炎，外阴皮肤发红、变厚，常呈棕色，有搔痕。由于尿糖有利于念珠菌生长繁殖，故常并发白色念珠菌感染。如果炎症久治不愈，长期存在，外阴皮肤可因反复搔抓而粗糙增厚，或出现苔藓样改变。

（2）**病因治疗**：首先应针对原因进行治疗，除去病因，如治疗糖尿病、肠道蛲虫，瘘管修补，治疗宫颈炎及各种原因的阴道炎。急性期应少活动，较重者应卧床休息。注意营养，增强抵抗力，必要时针对致病菌口服或肌注抗生素。

对单纯性外阴炎的局部治疗，首先要保持外阴清洁干燥，不搔抓外阴，不穿化纤内裤。同时，积极治疗可能引起外阴炎的疾病，如阴道炎、宫颈炎、糖尿病等。药物治疗可选用1∶5 000的高锰酸钾液坐浴，涂布紫草油，或选用抗生素软膏，如四环素软膏、金霉素软膏等。

滴虫性外阴炎如何诊治

滴虫性外阴炎常继发于滴虫性阴道炎。女性的阴道毛滴虫多寄生于阴道、尿道、前庭大腺及膀胱。前庭大腺受累者罕见。阴道毛滴虫主要通过浴池、浴具、游泳池或未彻底消毒的医疗器械等途径间接传播。直接传播可以通过性交，从男性泌尿系统传来，患者的尿液及粪便也可能是其来源。

潜伏期为4～28天，阴道黏膜有红色小颗粒或瘀点。阴道有多量黄绿色或灰色泡沫分泌物流出，有腥臭味，有时混有少许血液或为脓性，分泌物刺激外阴而有痒感。外阴发红，甚或出现炎性溃疡，有的因湿润及擦伤所致，可蔓延至生殖器皱襞。性交时疼痛，并可有尿痛、尿频等症状。

根据症状及体征不难诊断，查到阴道毛滴虫方能确诊。取阴道分泌液用悬滴法检查，在镜下找到活动的滴虫，在染色涂片中亦可见到。必要时可进行培养。滴虫感染时影响阴道细胞，应注意与恶性肿瘤鉴别，必要时可于治疗后做阴道细胞学检查。

口服甲硝唑 200 毫克，1 日 3 次，共 7 ~ 10 日。其不良反应小，个别病例服药物后可发生恶心、腹泻、眩晕、头痛、皮疹及颗粒白细胞减少。停药后，这些不良反应即消失。局部可用 1% 乳酸或醋酸溶液擦洗外阴及灌洗阴道；然后，将卡巴砷（或乙酰胂胺，或曲古霉素）塞入阴道，7 ~ 10 天为 1 个疗程。

外用中药洗剂：鹤虱 30 克，苦参、狼毒、蛇床子、当归尾、威灵仙各 15 克，水煎熏洗坐浴。治疗期间注意保持局部清洁，内裤及接触外阴用具应煮沸消毒以防再感染。

滴虫性阴道炎如何诊治

滴虫性外阴炎常继发于滴虫性阴道炎。女性的阴道毛滴虫多寄生于阴道、尿道、前庭大腺及膀胱。前庭大腺受累者罕见。阴道毛滴虫是一种鞭毛虫，比多形核白细胞大许多，呈梨形，顶端有鞭毛四条，尾部有柱状凸出，可以寄生在人体内而不引起临床症状。某些细菌可诱致滴虫活跃而产生症状。主要通过浴池、浴具、游泳池，或未彻底消毒的医疗器械等途径间接传播。直接传播可以通过性交，从男性泌尿系统传来，患者的尿液及粪便也可能是其来源。

治疗滴虫性阴道炎需要内服法与外治法共同使用。甲硝唑是杀灭滴虫的特效药。

(1) **一般治疗**：治疗期间要保持外阴清洁，以防继发细菌感染，每日清洗外阴，换洗内裤并消毒；急性期不要进食辛辣之品及饮酒；禁止性生活，配偶需要一起治疗。

(2) **改变阴道酸碱度**：滴虫不适合生长的 pH 值为 5 以下，因此使用氯已定溶液冲洗阴道，可以降低阴道 pH 值，抑制滴虫生长。每日 1 次，10 天为 1 个疗程。

(3) **阴道上药**：甲硝唑阴道泡腾片或甲硝唑片 1 片阴道上药，于每晚冲洗阴道后使用，10 天为 1 个疗程。

(4) **口服用药**：由于滴虫不仅寄存于阴道内，还有可能潜藏在泌尿道下段、前庭大腺和宫颈腺体内，这种情况单靠局部上药无法起到治疗作用，因此还需要口服甲硝唑。男方同时接受治疗时，主要也是依靠口服甲硝唑。口服甲硝唑200毫克，一日3次，共7～10日。不良反应小，个别病例服药物后可发生恶心、腹泻、眩晕、头痛、皮疹及白细胞减少。停药后，这些不良反应即消失。如出现精神错乱、头晕、头痛等中枢神经系统症状，要立即停药。局部用药可以继续使用。替硝唑治疗阴道滴虫病具有疗效高、服药简单、不良反应小的特点，每次服用1克，每天1次，连用3天，首次剂量加倍。不良反应有：口内有金属味，恶心，头晕，头痛，疲倦，尿色深等。替硝唑和甲硝唑均为孕妇及哺乳期妇女禁用药。

从滴虫性阴道炎的传播方式可以知道，只要切断其传播途径就能预防滴虫的感染。同时，要积极治疗传染源，即广泛普查并治疗滴虫病患者。

念珠菌阴道炎如何诊治

念珠菌外阴炎的临床症状为瘙痒、灼热感及小便痛（并发尿道炎），许多妇女主诉性交疼痛。外阴周围常发红、水肿。表皮的变化多种多样：可发生很浅的水疱丘疹，成群出现；亦可形成湿疹状糜烂，局限于外阴或向周围扩展至会阴、肛门周围及股生殖皱襞，直至大腿内侧，外表完全类似急性或亚急性湿疹，阴唇之间及阴蒂附近黏膜增厚，互相接触的皮肤表面潮红糜烂；个别可引起微小的白色脓疱，严重时发生溃疡，患处疼痛，局部淋巴结发炎。

严重及顽固性外阴瘙痒，首先应考虑是否念珠菌感染，可通过局部分泌物直接涂片检查与培养明确诊断，镜下容易看到念珠菌的菌丝分枝和芽孢。白色念珠菌为卵圆形，革兰氏染色阴性，但染色常不均匀，3～5微米（较葡萄球菌大数倍），常产生长芽而不脱落（芽孢），以致形似菌丝而实非菌丝，故称之为假菌丝。

治疗时，洗净外阴，用1∶5000高锰酸钾液坐浴，局部涂2%甲紫液。近年应用制霉菌素效果显著。用法：制霉菌素（10万单位）阴道栓剂，早、晚各1次，塞入阴道深处，共5日。洗净外阴，局部涂搽制霉菌素软膏(10万单位／克)，每日2～3次。治疗后为了促进阴道上皮再生，可应用少量雌激素（每日己烯雌酚 0.25 ~ 0.5 毫克，3 ~ 5 天）。复发病例应考虑消化道带菌，可同时加服制霉菌素每次 50 万单位，1 日 4 次。目前，尚未发现对制霉菌素抗药的白色念珠菌。复发者多为用药剂量不够，治疗不彻底，或治疗期间未严格执行禁欲；或男性未予以治疗。此外，近年应用杀真菌剂如酮康唑、曲古霉素、克霉唑均有效。

非特异性阴道炎如何诊治

非特异性阴道炎一词，以往常用于不可定其感染病原体的阴道感染。目前，已将此诊断转移为发生于青春期前及绝经后的发病情况。

非特异性阴道炎，常见的原因为异物（子宫托、遗留棉球及纱布）、损伤、腐蚀性化学药物、过敏反应、放射治疗后、长期子宫出血，以及机体抵抗力降低等，均能为病原体创造条件而引起继发感染。常见的病原体多为化脓性细菌，如葡萄球菌、链球菌、大肠杆菌等。急性期间可有体温升高，白细胞增多，全身乏力，下腹部坠胀不适感，阴道分泌物增多，呈脓性、浆液性或血性，阴道有灼痛感。窥器可见阴道黏膜充血，有时有浅表小溃疡，阴道内 pH 值偏碱性。

应针对引起发病的病因，对非特异性阴道炎进行对症下药的治疗：①尽量避免阴道内使用腐蚀性药物并停止使用阴道避孕用具及油膏。②注意讲究个人卫生，经常清洗外阴，消除患病的诱因，改善全身情况。③阴道有损伤应尽早进行阴道修补，清除阴道内异物。④治疗盆腔炎、附件炎及子宫内膜炎等易引起阴道感染发炎的疾病。⑤每日可用 1% 的乳酸或醋酸溶液阴道低压冲洗，以改变阴道的酸碱环境，抑制细菌生长。⑥局部上药，如甲硝唑 0.2 克，每日 1 次，7 天 1 个疗程，或阴道壁内涂敷抗生素，如氯霉素、金霉素粉等，每日 1 次，7 ~ 10 次为 1 个疗程。⑦由于阴道有炎症，为防止感染，在病患未治愈前禁止性生活。

什么是阿米巴性阴道炎

阿米巴性阴道炎多继发于肠道感染，患者大便中的阿米巴滋养体随粪便黏液排出，直接蔓延到外阴及阴道口。

在健康情况下一般不发病，但如全身情况差，尤其外阴阴道有损伤，局部抵抗力降低时，阿米巴滋养体便可乘虚而入，生长繁殖，引起阿米巴性阴道炎。

由于本病较为罕见，有时会被临床医师忽略，但根据腹泻或痢疾病史及有关检验，可以做出诊断。最可靠的诊断是从阴道分泌物中（同时检查患者的粪便）找到阿米巴滋养体。可用直接涂片法或培养法找溶组织内阿米巴原虫，以及病灶的病理学检查。对分泌物检查阴性的阴道慢性溃疡病例，更应做活组织检查。

阿米巴性阴道炎常继发于肠道感染，所以要预防阿米巴性阴道炎首先要注意饮食卫生，饭前、便后要洗手。其次要保持外阴清洁，防止外阴沾染上阿米巴滋养体。

治疗阿米巴性阴道炎最常用的药物为甲硝唑。每次 0.2～0.4 克，每日 3 次，10～14 天为 1 个疗程。也可同时将甲硝唑塞入阴道内局部治疗，每次 1～2 片，每日 1 次。也可服用喹碘方，本药能杀灭阿米巴滋养体，每次 0.5～0.75 克，每日 3 次。

患有阴道炎后性生活应注意什么

阴道是女子的性交器官，又毗邻尿道和肛门，如果不注意个人卫生和性生活卫生，很容易受到细菌等病原体的侵入而引起感染发炎。炎症可引起阴道充血，白带增多，下身瘙痒、灼痛或不舒服感。

阴道炎按所感染病原体的不同分为念珠菌阴道炎、滴虫性阴道炎和嗜血杆菌性阴道炎。

确定诊断后，要按不同的病原体进行治疗，念珠菌阴道炎可采用阴道内放置制霉菌素栓；滴虫性阴道炎需口服甲硝唑；嗜血杆菌性阴道炎则可注射氨苄西林。一般连续用药 7 天为 1 个疗程。

由于这些病原体有时也可以侵入男方的尿道，而男方感染时常无症状，容易被忽视，在女方治愈后，又可通过性交传染给女方。所以在女方患有阴道炎治疗期间，要禁止性生活。一方面可以避免性交时的摩擦使阴道充血炎症加剧；另一方面可以防止交叉感染，形成恶性循环。治疗结束后，在下次月经干净后再做复查，如复查阴性，方能恢复性生活。

外阴白色病变如何诊治

外阴白色病变又叫慢性外阴营养不良，系指一组女阴皮肤、黏膜营养障碍而致的组织变性及色素改变的疾病。外阴白色病变主要治疗方法如下。

(1) **一般治疗**：经常保持外阴皮肤清洁干燥，禁用肥皂或其他刺激性药物擦洗，避免用手或器械搔抓，不食辛辣或过敏食物，衣着要宽大，不穿不透气的人造纤维内裤，以免湿热郁积而加重病变。

(2) **局部用药**：1%氢化可的松软膏对控制增生型营养不良引起的瘙痒有良好疗效，且能同时改善局部病变。对硬化苔藓型营养不良应采用 2%丙酸睾酮鱼肝油软膏，每日涂擦 3 ~ 4 次，直至皮肤软化，粘连松解和瘙痒解除为止。患硬化苔藓型营养不良的幼女不同于成年患者，至青春期时病变多自行好转或完全消失，一般仅用氢化可的松软膏缓解瘙痒，无效时可在短期内加用 1%丙酸睾酮鱼肝油软膏。对混合型营养不良患者，可采用上述两种药膏，交替或合并治疗。

(3) **内服药物**：精神较紧张，瘙痒症状明显以致失眠者，可内服镇静、安眠和脱敏药物。

(4) **激光**：一氧化碳激光或氦氖激光治疗硬化苔藓型营养不良虽有疗效，但与手术治疗相同都有复发的可能。

(5) **手术**：凡症状明显，经药物治疗无效，或有重度非典型增生，或局部出现溃疡、结节等病变者，均可行局部病灶切除或单纯外阴切除术。

外阴瘙痒如何诊治

外阴瘙痒是外阴各种不同病变所引起的一种症状，但也可发生于外阴完全正常者，一般多见于中年妇女，当瘙痒严重时，患者多坐卧不安，以致影响生活和工作。

外阴瘙痒多位于阴蒂、小阴唇，也可波及大阴唇、会阴，甚至肛周等皮损区。常是阵发性发作，也可为持续性的，一般夜间加剧。无原因的外阴瘙痒一般仅发生在生育年龄或绝经后妇女，多波及整个外阴部，但也可能仅局限于某处或单侧外阴，虽然瘙痒十分严重，甚至难以忍受，但局部皮肤和黏膜外观正常，或仅有因搔抓过度而出现的抓痕。诊断时应详细询问发病经过，仔细进行局部和全身检查，以及必要的化验检查，以便找出病因。

（1）**一般治疗**：注意经期卫生，保持外阴清洁干燥，切忌搔抓。不要用热水洗烫，忌用肥皂。有感染时可用高锰酸钾溶液坐浴，但严禁局部擦洗。衣着特别是内裤要宽适透气。忌酒及辛辣或易过敏食物。

（2）**病因治疗**：消除引起瘙痒的局部或全身性因素，如滴虫、念珠菌感染或糖尿病等。

（3）**对症治疗**：①外用药。急性炎症时可用30%硼酸液湿敷，洗后局部涂擦40%氧化锌油膏；慢性瘙痒可用皮质激素软膏或2%苯海拉明软膏涂擦。②内服药。症状严重时可口服苯海拉明或异丙嗪，以兼收镇静和脱敏之效。

什么是阴道恶性肿瘤

阴道的恶性肿瘤常常是继发性的，可自子宫颈癌直接蔓延，或来自子宫内膜癌、卵巢癌及绒毛膜癌，膀胱、尿道或直肠癌亦常可转移至阴道。原发性阴道恶性肿瘤很罕见，约占女性生殖器官恶性肿瘤的1%。主要是鳞状上皮癌，绒毛膜上皮癌，其他如腺癌，肉瘤及恶性黑色素瘤更为罕见。不少妇产科医师在医疗实践中，只见过仅有的几例原发性肿瘤病人，因阴道的继发性癌较多见，在诊断原发性肿瘤前应考虑及排除继发性阴道癌的可能性。

（1）**治疗原则**：治疗阴道癌可采用手术或放射治疗。阴道上段的癌治疗同宫颈癌，下段同外阴癌，而中段则须二者兼顾。如膀胱或直肠受侵犯，则须行脏器剜除及改道术。

（2）**手术治疗**：①子宫根治术、阴道部分切除术及盆腔淋巴清除术，适用于阴道上段早期癌。②外阴、阴道根治及腹股沟或加盆腔淋巴清除术，适用于阴道下段较小而局限的病变。③上述①或②脏器剜除及改道术。此类手术范围甚广，手术创伤及并发症的危险性均较大，非不得已时不宜采用。

（3）**放射治疗**：放射治疗的方案决定于癌的部位及浸润范围。穹窿部的肿瘤治疗同子宫颈癌。阴道旁有浸润则给予全盆外照射继以局部镭疗。阴道癌的 5 年存活率一般为 35%。死亡原因多由于泌尿系统阻塞后引起尿毒症或感染。

由于阴道的特殊解剖关系（结缔疏松、壁薄、淋巴丰富），癌瘤较易扩散。扩散途径主要为直接蔓延、淋巴转移，偶有远处转移。阴道上段癌瘤的淋巴转移途径基本同子宫颈癌；阴道下 1/3 基本同外阴癌；中 1/3 可以上下两个途径转移。

什么是阴道横隔

是胚胎期由泌尿生殖窦——阴道球向头端增生增长演变而成的阴道板，自下而上腔道化时受阻，未贯通或未完全腔化所致。常发生于阴道上、中 1/3 交界处，但亦发生于阴道任何部位，直到阴道顶端，接近宫颈。

横隔厚度亦有很大差别，有的很薄，似纸样，有的则较厚（1～1.5 厘米）。两层黏膜组织中间的间质内可含丰富的胶原纤维及平滑肌，偶可混有中肾样组织成分。有无临床症状出现，完全视隔膜有无小孔而定。完全性横隔小孔，多数在横隔中央有一小孔，有时只能通过细探针，经血可以外流则无症状发生，直到婚后因性交困难或分娩时胎头梗阻而发现。如无孔，则一俟月经初潮后因经血潴留而出现症状。在检查发现阴道横隔时，首先要注意横隔上（常在中央部位）有无小孔，有孔隙者可用探针插孔内，探查小孔上方阴道的宽度及深度以明确诊断。

手术切除时，以小孔为据点，向周围作 X 形切开直到阴道壁、隔膜薄，可环形切除隔膜多余组织，将切口的两层黏膜与基底稍作游离，纵形缝合，使缝合缘呈锯齿状，不在一个平面，防止日后出现环形狭窄。如隔膜厚，应先在外层黏膜面作 X 形切口，深度以横隔厚度的 1/2，分离黏膜瓣，然后将内层横作十字形切开，将向外四对黏膜瓣互相交错镶嵌缝合，愈后不致因瘢痕挛缩而再狭窄。以后如受孕，分娩往往不能顺利进行，而需采取剖宫产以结束分娩。

什么是处女膜闭锁

处女膜孔的形状、大小和膜的厚薄，因人而异。一般处女膜孔位于中央，呈半月形，偶有出现中隔，将处女膜孔分割为左右两半，称中隔处女膜或双孔处女膜。也有膜呈筛状，覆盖于阴道口，称为筛状处女膜。如处女膜褶发育过度，呈无孔处女膜，即为处女膜闭锁，是女性生殖器官发育异常中较常见的。

女性阴道痉挛如何诊治

阴道痉挛是一种影响女性性反应能力的心身疾病，是指性交前后或性交时阴道和盆底肌肉发生持续性收缩，这是一种身不由己的自发现象，与精神、心理状态有关，如同人在紧张时会浑身起鸡皮疙瘩一样，它是一种自卫性的神经反射现象。阴道痉挛时会使勃起的阴茎无法插入阴道，因而性交不能得逞。

阴道痉挛诊断并不困难，凡是在性交前或性交时，阴道发生不自主的持续性痉挛性收缩，即可诊断。女性阴道痉挛患者应该根据自己的性生活史、恋爱、婚姻、家庭、社会背景等情况进行分析，找出导致性交疼痛、阴道痉挛的真正原因。另外，还要请妇科医师进行详细检查，了解有无器质性病变存在。特别应找出导致阴道痉挛的敏感点。

器质性因素所导致的阴道痉挛，应先对器质性因素进行积极治疗。如外阴损伤、疱疹性会阴炎、阴道或会阴部感染、溃疡等疼痛性疾病引起性交疼痛，导致阴道痉挛者，首先要治疗这些疾病，消除疼痛，再治疗阴道痉挛。

患者要放松紧张的情绪，了解性知识，便可以达到防治目的。已经发生阴道痉挛者应暂时停止性交，可用手轻轻按摩外阴部与会阴部，痉挛现象会逐步消失。如果出现阴茎不能拔出的生殖器官嵌顿现象时，必须中止性交动作，待阴茎自然软缩后拔出。发生过阴道痉挛的女性，在以后的性生活中仍有可能时常发生，因此要进行心理疏导，学习掌握必要的性知识，性交时丈夫的动作要轻柔缓慢，并可采用润滑油或唾液涂搽阴茎头及阴道口，以帮助性交。夫妻双方要共同学习性知识，接受性教育，熟悉男女性器官的解剖学知识及生理反应特点和差异，弄清夫妻感情在性活动中的重要意义，在此基础上进行自我心理调整、自我治疗，进行系统脱敏训练和凯格尔练习。

阴道分泌物是性欲高低的标准吗

女性性唤起障碍（也称性快感缺失）主要是指性兴奋产生缓慢、冲动迟发。其临床表现是：①直至性活动完成时，病人仍部分或完全未能产生性兴奋所应具有的阴道润滑及膨胀反应。②性活动中缺乏性兴奋的主观感觉。

以往常把女性性欲低下、性唤起障碍、性厌恶等性功能障碍笼统称之为性冷淡，现认为是不恰当的。虽然它们的病因及发病机制有一定联系，但需予以区别。如性欲低下是指缺乏性活动的主观愿望，表现为对性生活无任何需要，亦无性欲冲动。性厌恶是对与伴侣之间的性器官接触或性需求采取持续的排斥或厌恶反应，其特点是对性的强烈和不合理的极端畏惧或回避。而性唤起障碍者，可有正常性欲，亦有增进性和谐的主观愿望；患者除了有性知识的缺乏因素外，还可能有性心理障碍、生殖道炎症、性激素分泌异常等因素，有的是全身性疾病及药物的影响。因此，女性性唤起障碍者要先进行检查，以排除器质性病变，如果确实属于性心理方面的问题，可采用"性感集中训练"等行为疗法给予治疗。

女性性交为何出血

女性性交出血是指性交时或性交后，阴道或外生殖器局部发生出血现象，一般出血量都不很多，只有极少数可以引起大出血。

女性性交出血大多数是由于生殖系统器质性疾病所引起的，只有少数是由于性交时男性动作粗暴、性交不当所引起。新婚第一夜，第一次性交，可由于处女膜破裂、损伤引起出血，一般出血量较少，只有少数人处女膜较厚，而男性动作又过于粗暴，可引起出血较多。

老年妇女，由于性腺萎缩，分泌的性激素减少，阴道萎缩，阴道上皮变得脆弱，组织纤维化，缺乏弹性，阴道渗出液少而变得干涩，如性交时动作粗暴，强行插入，性交不当也可引起阴道损伤，血管破裂而出血。

妊娠妇女，在怀孕的最初三个月和最后三个月时，性交刺激子宫颈，引起子宫剧烈收缩而出现性交出血，甚至有少数人因此而流产或早产，这要特别注意。

阴道发育不良，阴道窄小或畸形，若性交时动作粗鲁，引起阴道壁或后穹窿裂伤，产生阴道性交出血。

女性生殖道局部由于器质性病变常可导致性交出血。如外阴溃疡，性交时摩擦溃疡疮面引起性交疼痛和出血。阴道炎症，由于阴道上皮大量脱落、阴道黏膜充血，性交时阴茎在阴道内抽送摩擦，引起阴道黏膜损伤破裂出血。生长在女性尿道口的尿道肉阜，由于质地脆软，在性交时触碰即可导致出血。子宫颈糜烂，由于宫颈外口周围上皮剥脱，暴露脆弱的皮下组织，形成糜烂面，性交时受阴茎的撞击引起出血。子宫颈癌由于癌细胞浸润，使组织变得脆弱，性交时常引起接触性出血。尿道和阴道邻近，当尿道发生炎症时，性交时易受挤压损伤引起出血。

总之女性性交出血的原因很多，大致可分为性交不当和女性生殖系统局部器质性病变两大类，而以后者为多。

女性性交出血，首先要找出导致性交出血的原因。因女性外生殖器局部器质性病变引起的性交出血，治愈局部病变，性交出血也就能痊愈。如外阴溃疡、外阴湿疹、外阴疱疹引起的性交出血，应先用抗生素消除炎症，并治愈湿疹、疱疹，性交出血自然痊愈。如阴道滴虫引起的性交出血，应先用甲硝唑治疗滴虫，滴虫治愈后性交出血自然痊愈。

如因性交不当引起的性交出血，则应该夫妇共同学习性知识，相互体贴，充分合作，采取适当的性交方式和体位。女性要在精神上放松，不要紧张忧郁，消除不必要的顾虑。男性对女性进行充分的爱抚等事前准备工作，以激发女性兴奋。性交时动作要轻柔，切忌在阴茎插入动作粗暴。绝经后的老年妇女，性交时外阴可适当涂油膏，以改善阴道的滑润和防止萎缩。要适当节制性生活，女性月经期禁止性交。40岁以上女性性交出血，应警惕生殖器恶性病变的可能。

卵巢有什么功能

正常的卵巢色白、质实，表面光滑或凹凸不平，由皮质与髓质两部分构成。育龄妇女的卵巢皮质厚，含有不同发育阶段的卵泡，较大的卵泡凸出卵巢表面，呈半透明泡状物；髓质内含丰富的血管、疏松结缔组织及少量平滑肌纤维。

卵巢的主要功能如下：

(1) 在下丘脑及垂体激素的调控下，卵泡才能生长、发育成熟而排卵。卵子排出后进入输卵管，若遇精子便可受精。排卵是女性生殖功能的基本核心，通常每月排卵1次，由两侧卵巢交替承担。当一侧卵巢切除后，剩余的卵巢则每月排卵。

(2) 发育中的卵泡或排卵后的卵泡壁形成的黄体，其中的颗粒细胞与泡膜细胞能合成及分泌性激素，主要是雌激素与黄体酮，是维持女性生理及协助受精卵在子宫内种植发育的重要条件。这些激素直接进入血液循环，分布至全身而起作用。卵巢是女性重要的内分泌腺。

在月经周期中，由于卵泡的发育及黄体的形成，卵巢大小有相应的变化，但其直径很少能长到5厘米以上。

妇女若只有1个卵巢，仍然具有正常的内分泌及生育功能。

急性输卵管卵巢炎如何诊治

输卵管炎为盆腔生殖器官炎症中最多见的一种。卵巢临近输卵管，输卵管炎症继续扩展可引起卵巢炎。卵巢炎与输卵管炎合并发生者，称为输卵管卵巢炎或附件炎。有时虽有严重的输卵管炎症病变，而其附近的卵巢却仍保持正常。卵巢炎很少单独发生。但流行性腮腺炎病毒对卵巢有特殊的亲和力，可经血行感染而单独发生卵巢炎。输卵管卵巢炎多发生于生育期年龄，以25～35岁发病率最高，青春期前后少女及更年期妇女很少见。

急性输卵管卵巢炎最常见的两大症状就是腹痛和发热。发热可高达38℃以上，发热前可有寒战。腹痛多表现为下腹部双侧剧痛，拒按，有时一侧下腹痛较另一侧重。此外，患者还可有白带增多，月经量增多或经期延长，或阴道不规则出血等症状；少数患者有腹胀、腹泻等肠道症状，或出现尿频、尿急等膀胱刺激症状。妇科检查可见：宫颈口有脓性分泌物流出，宫颈有举痛；盆腔组织有水肿感，压痛明显。实验室检查：白细胞及中性粒细胞有增高。发生于右侧的急性输卵管卵巢炎及盆腔腹膜炎易与急性阑尾炎混淆，临床上要注意鉴别。

急性输卵管卵巢炎常有一定病因存在，如月经期卫生与性生活情况，故病史很重要，很多误诊常由于忽略仔细询问病史。白细胞分类计数及血沉，对诊断有一定帮助。在妇科检查同时，最好采取子宫腔排出物送细菌培养并做药敏，作为使用抗生素的参考。

(1) 一般支持及对症治疗：绝对卧床，半卧位以利引流排液，并有助于炎症局限。多进水及高热量易消化的半流质饮食。高热者应补液，防止脱水及电解质紊乱。纠正便秘，服用中药番泻叶，或用生理盐水灌肠。疼痛不安者，可给予镇静剂及止痛剂。急性期腹膜刺激症状严重者，可用冰袋或热水袋敷疼痛部位（冷或热敷以病人感觉舒适为准）。6～7天后经妇科检查及白细胞总数、血沉的化验证实病情已稳定者，可改用红外线或短波透热电疗。

(2) 控制感染：可参考宫腔排出液的涂片检查或细菌培养与药敏结果，选用适当抗生素。

(3) 脓肿局部穿刺及注射抗生素：如果输卵管卵巢脓肿贴近后穹窿，阴道检查后穹窿饱满且有波动感，应行后穹窿穿刺，证实为脓液后，可经后穹窿切开排脓，放置橡皮管引流；或先吸净内容物，然后通过同一穿刺针注入青霉素 80 万单位加庆大霉素 16 万单位（溶于生理盐水中）。如脓液黏稠不易抽出，可用含抗生素的生理盐水稀释，使逐渐变成血性血清样物后易被吸出。

(4) 如盆腔脓肿穿破入腹腔，往往同时有全身情况的变化，应立即输液、输血，矫正电解质紊乱，纠正休克，包括静滴抗生素和地塞米松等药物。

慢性输卵管卵巢炎如何诊治

输卵管卵巢炎的急性期，若治疗延误或不彻底，迁延日久则形成慢性。有一小部分病例其病原菌毒力较弱，或机体抵抗力较强，可无明显症状，因而未引起注意，或被误诊以致拖延失治。但在当今已有众多强有力抗生素足以有效治疗急性输卵管卵巢炎的情况下，急性转为慢性病灶的可能性已大为减少，结核杆菌感染一般均为慢性病变过程。

慢性输卵管炎、盆腔腹膜炎多由患急性输卵管卵巢炎、盆腔腹膜炎时治疗不彻底或未予重视治疗所致。慢性炎症反复发作，迁延日久，使盆腔充血，结缔组织纤维化，盆腔器官相互粘连。患者下腹部坠胀疼痛是最常见的症状，并且往往在经期或劳累后加重，同时白带增多，月经量有可能增多，腰骶酸痛，部分病人还可有性交痛。妇科检查时，见子宫后屈，活动差，子宫旁可扪及增粗的输卵管，有压痛。如果有炎性包块形成，检查时可在子宫旁或子宫后方触及包块，活动不良，有压痛。

慢性输卵管炎长期不愈，可以引起输卵管内黏膜粘连，使输卵管堵塞，致继发不孕症，或输卵管管腔不完全阻塞，增加异位妊娠的发生机会。当输卵管伞端因炎症而粘连时，还可以出现输卵管积水，但患者可能没有明显自觉症状。

如病人无严重不适，应予以非手术治疗。即使症状较明显，亦应先进行中西医结合综合治疗，如治疗适当仍可获得痊愈，有再次妊娠可能。

(1) 非手术治疗：适当休息，减少房事，彻底治疗宫颈炎及外阴、阴道、尿道炎症，特别是宫颈糜烂，可使附件重复感染而有急性发作的可能。宜局部应用抗生素治疗。理疗可促进血液循环，以利炎症消散，常用的有超短波、透热电疗、红外线照射等。中药可用康妇消炎栓等。

(2) 手术治疗：输卵管积脓或输卵管卵巢脓肿常急性发作，因此宜采用手术切除病灶。一般在用药控制炎症数日后，不论体温是否降至正常，即可进行手术。因病灶摘除后，剩余的炎症病变很易控制，病人恢复较快。慢性感染灶及其他输卵管慢性炎症病变，经非手术治疗效果不明显，临床症状较重，严重影响病人生活及工作，而病人年龄超过 40 岁者可给予手术治疗。手术前后应用抗生素，一般根据具体情况，术前 3 天、术后 5 ~ 7 天给药。手术宜彻底，以全子宫切除及双侧附件切除预后最好，保留部分卵巢或子宫均可形成炎症的复发。

积极彻底地治疗急性输卵管卵巢炎、盆腔腹膜炎，是预防本病发生的关键。如已患有本病，应配合医师进行积极治疗，并要持之以恒，以免病情迁延，日久难以根治。平时应注意个人卫生及经期卫生，预防慢性感染。此外，由于本病病情顽固，又可反复发作，常使病人精神负担较重，所以病人要树立必胜的信心，保持心情舒畅，积极锻炼，增强体质，以提高抗病能力。

卵巢癌如何诊治

恶性卵巢肿瘤早期多无自觉症状，出现症状时往往病情已到晚期。

(1) 早期诊断：由于卵巢恶性肿瘤早期无典型症状及体征，故详细询问病史，认真地体检和妇科检查极为重要。临床如遇可疑情况都应借助于现代影像学检查和广义的肿瘤标记物检查及早做出诊断。所谓可疑情况可能是较久的卵巢功能障碍，长期不明原因的消化道或泌尿道症状，幼女卵巢增大或绝经后触及卵巢，以及原疑为卵巢瘤的迅速增大，固定，变硬等。

(2) 定位诊断：早期即能触及附件包块者，结合影像检查，定位诊断并不困难。但一些病例在原发肿瘤小时即有卵巢外转移而形成盆腔内散在小结节，此时宜选择一些特殊检查方法辅助诊断（定性）。

(3) 定性诊断：虽诊断技术日新月异，但阴道后穹窿吸液涂片检查，子宫直肠陷凹穿刺液检查，腹水细胞学检查仍是简便、易行、快速的基本检查。对可疑病例，腹腔镜检查及组织学检查可以立即明确诊断。影像学检查特别是阴道超声扫描，可对早期卵巢恶性肿瘤的边界（波及范围）及内部结构（性质）做出有助于定性的诊断。内分泌检查有助于卵巢性腺间质瘤和部分伴有异位内分泌综合征卵巢癌的诊断。血清肿瘤标记物的检测对卵巢恶性肿瘤的敏感性高，而其特异性较差，所以不能凭单一免疫学检测判断其类型，但多种肿瘤标记物联合检测，可提高定性诊断的可靠性。

无论采用何种方法，如果医师初步认定病人可能患上了癌症，患者应立刻接受卵巢活组织检查，做进一步的认定。如确诊为癌症，则须手术切除癌变的组织。手术切除病变的大小，视癌细胞扩散的情况而定。

手术完毕后，一般都需进行6个周期的化疗，以便杀死残存的癌细胞。现在使用的卡铂与紫杉醇混合而成的化疗药物，比以前使用的单一化疗药物效率更高。尽管如此，仍然无法确保百分之百地杀死癌细胞。往往过不了多久，一些患者体内的残存癌细胞，就会死灰复燃。患者又需进行第二次，甚至第三次化疗。

虽然卵巢癌的复发率较高，治愈率低，但患者的生命较之过去已大大延长了，平均已达到5年左右。

卵巢破裂如何诊治

卵巢成熟泡或黄体由于某种原因引起包壁破损、出血，严重者可造成大量腹腔内出血，即为卵巢破裂，有卵泡破裂及黄体或黄体囊肿破裂两种。已、未婚妇女均可发生，以生育期年龄为最多见。

一般无月经不规则病史或闭经史，大半在月经中期或月经前发病，起病急骤，下腹突然剧痛，短时间后成为持续性坠痛，以后逐渐减轻或又加重。偶可有恶心、呕吐但不显著。一般无阴道流血，内出血严重者可有休克症状。

卵巢破裂由于缺乏典型症状诊断较困难，且常发生于右侧，甚易与急性阑尾炎相混淆，也易与宫外孕混淆。正确诊断需要仔细询问月经史，结合临床表现与检查全面分析。

卵巢破裂时间与月经周期有一定关系，可作为诊断的主要依据。卵巢破裂中有 80% 左右黄体或黄体囊肿破裂，因而一般在排卵期后，大多在月经周期末 1 周，偶可在月经期第 1～2 天发病。少数病例为卵泡破裂，常发生于成熟卵泡，因而发病一般在月经周期的第 10～18 天。卵巢破裂病人一般无卵巢功能障碍病史，多数具有排卵周期。腹部触痛不明显，但双合诊盆腔触痛极为明显，结合月经病史，多可做出诊断。如有性交后发病史，则可能性更大。

患者应卧床休息，严密观察病情变化。服用中药以活血祛瘀、攻坚破积为主，适当加清热解毒药物。内出血过多有休克症状，病情危急者，应立即手术，以免延误治疗。

手术原则是必须设法保存卵巢功能。一般都能见到卵巢的破裂口或血液从新近形成的黄体中流出。可用细肠线连锁缝合破裂口或剜除黄体囊肿后将边缘连锁缝合即可。

应用促排卵药物应注意什么问题

排卵功能障碍所致不孕症，可应用一些促排卵药物诱发排卵，但应注意以下几个问题：

(1) 促排卵药物大多是通过下丘脑－垂体－卵巢轴的反馈作用所引起的激素变化达到诱发排卵的目的。在应用氯米芬、人绒毛膜促性腺激素等治疗时，均需卵泡有一定的发育，能分泌一定量的雌激素。一般阴道涂片雌激素水平应在轻度影响以上，诱发排卵方能成功。在某些年轻妇女，如下丘脑－垂体－卵巢轴发育不成熟，雌激素水平低下，可先服小量雌激素，每日 0.5 毫克以下，周期性应用，以刺激下丘脑发育成熟，为下一步应用促排卵药打下基础。

(2) 用药时间及剂量要恰当，一般应从有效的小剂量开始，再根据用药后的反应调整用药剂量，或延长用药时间。促排卵药物一定要在医师指导和观察下应用，不能盲目使用，方能保证促排卵效果及避免药物的不良反应。在用药过程中应根据情况做一些观察和检查，如测量基础体温，血泌乳素水平，尿妊娠试验等，以确定是否排卵或受孕。

(3) 在应用促性腺激素释放激素或人绒毛膜促性腺激诱发排卵时，一定要严格掌握适应证，以免发生严重并发症。

(4) 在治疗不孕症时，还应注意寻找可能存在的其他引起不孕症的原因，如男方精液是否正常，女方输卵管是否通畅等，如不正常应给予相应的治疗，才能达到受孕的目的。

多囊卵巢能做外科治疗吗

多囊卵巢综合征的患者对减肥或服用氯米芬治疗没有反应的话，可以选择其他进一步的治疗方法：试管授精，促性腺激素药物（有可能导致多胞胎），或外科手术来进行调整。生育药物问世以前，一般采用外科手术清除卵巢组织的楔形物重新恢复排卵。但因为它常常会引起卵巢和输卵管之间的粘连，大家对手术持否定态度。目前，使用腹腔镜和激光束或电烙术穿透卵巢表面，破坏大部分产生睾丸激素的卵巢组织。腹腔镜手术在门诊完成，大约需要 35 分钟左右的时间，1～2 天的恢复期。手术要求全身麻醉。

对卵巢组织进行破坏可以在 8～12 个月内抑制卵巢分泌过量睾丸激素，并引发排卵。患者手术后，足月妊娠率占 50%～60%。当卵巢组织恢复到原来的状态时，会再次出现多囊卵巢。长期并发症并不多见，但卵巢组织有可能会结疤以及发生粘连。对那些不愿忍受药物不良反应和对体外受精不感兴趣的妇女来说，外科手术疗法不失为一个选择。

卵巢巧克力囊肿是如何形成的

卵巢巧克力囊肿是"肿块"但并非是"肿瘤"，它是子宫内膜异位症的一种病变。

正常情况下，子宫内膜生长在子宫腔内，受体内女性激素的影响，每月脱落一次，形成月经。如果月经期脱落的子宫内膜碎片，随经血逆流经输卵管进入盆腔，种植在卵巢表面或盆腔其他部位，形成异位囊肿，这种异位的子宫内膜也受性激素的影响，随同月经周期反复脱落出血，如病变发生在卵巢上，每次月经期局部都有出血，使卵巢增大，形成内含陈旧性积血的囊肿，这种陈旧性血呈褐色，黏稠如糊状，故又称"巧克力囊肿"。这种囊肿可以逐渐增大，有时会在经期或经后发生破裂，但很少发生恶变。

此病的治疗原则是，对有生育要求的年轻妇女一般采用药物治疗。若症状较重，经药物治疗效果不明显，或卵巢有较大包块的，可以采用保守性手术，如卵巢内膜囊肿巧克力液抽吸术、内膜囊肿剥除术或患侧卵巢切除术，以保留正常卵巢和生育功能。不过，经保守性手术后仍有可能复发。对40岁以上，年龄较大且无生育要求的妇女，可以切除全子宫以及一侧或双侧卵巢和输卵管。

如何警惕卵巢破裂

卵巢破裂是生育期妇女的常见病。该病一般分为滤泡破裂和黄体破裂两种。

卵巢黄体破裂，有一定的危险性。卵巢黄体破裂绝大部分发生在月经周期的第20～26天，发病时可出现下腹部疼痛，轻重不一。如果右侧卵巢破裂，便与阑尾的部位相近，和阑尾炎的那种腹痛逐渐加重、拒按等表现相似，常被误诊为阑尾炎，有的病人甚至被当作阑尾炎打开腹腔。还好，这两个部位极其接近，在检查阑尾无恙时可探查到腹腔内有血液、卵巢增大，并可发现卵巢有正在出血的裂口，立即改做卵巢修补手术，一般不会耽误病情。

卵巢黄体在破裂之前，均有卵巢充血、肿大的过程，如腹部脂肪过多、经常性阴道灌洗、盆腔炎症等，均可引起卵巢充血。卵巢受到外力或间接外力的影响，特别是月经前期充血时，很容易因大便用力、恶心呕吐、举重等因素发生意外。也可因性交、剧烈活动而诱发。

卵巢黄体破裂发病后最好立即去医院诊治，不可自行滥用止痛药，以免掩盖症状，影响正常的诊断，发生不测。

什么是功能性子宫出血

功能性子宫出血（DUB）简称功血，系指由于丘脑下部－垂体－卵巢轴功能失调，而非为生殖道器质性病变所引起的，以月经失调为特征的异常性子宫出血。

正常月经周期是一种生物钟现象受内外环境因素的影响及神经内分泌的调节，使女性生殖生理、生殖内分泌功能遵循严格的生物节律，即出现明显的昼夜节律、月节律和季节律等。任何干扰月经神经内分泌调节的因素，均可以致月经失调和异常子宫出血。

功能性子宫出血以阴道不规则流血，甚至出现贫血为其特征。本病属非器质性疾病，一般分为无排卵型和排卵型两大类。无排卵型比较多见，占80%～90%，常发生在青春期和绝经期；排卵型功血多见于中年妇女。

诊断目的在于确定异常子宫出血病因、病理和临床分型，并排除生殖道器质性病变所致出血。

依患者年龄、功血类型、内膜病理、生育要求，确定治疗原则、方法、药物和监测。系统的功血治疗包括祛除病因，迅速止血，调整月经，恢复功能和避免复发等方面。功能性子宫出血的治疗原则是止血、调经。青春期和生育年龄女性的调经，应该是促使卵巢恢复排卵功能。

功能性子宫出血如何护理

应普及青春期卫生知识，使青春期少女了解有关青春期正常生长发育过程，月经是怎么回事，哪些因素会引起月经异常，应该怎么办。少女一般在13～16岁来月经。其中多数在初次行经后很快即建立了正常月经周期，按月行经；而少数由于其内分泌功能尚未完全成熟，可能出现月经紊乱现象。精神过度紧张、劳累、营养不良等可诱发此种现象发生。因此，青春期少女一定要安排好学习和生活，注意劳逸结合，锻炼身体，增强体质，要保证足够营养（蛋白质、维生素、铁）的摄入，避免生冷饮食。

出血时子宫腔内外相通，细菌因有很好的生长环境，将会迅速繁殖而致病。因此，出血时要注意外阴清洁，勤换内裤及月经垫等月经用品。千万不能因有出血而不清洗外阴，相反，行经期一定要每日清洗以去除血污。可用一些外阴清洁剂，也可用温开水清洗，但应避免盆浴。已婚妇女在出血期要避免性生活。

若出血量大，可致贫血及机体抵抗力降低，应加强止血措施及酌情抗感染，以防炎症及急性传染病的发生。

正确地认识青春期发育过程，合理地安排学习和生活，及时就诊治疗并预防并发症发生，青春期少女将会顺利地度过这段生理发育时期。

急性宫颈炎如何诊治

急性宫颈炎较慢性宫颈炎少见，多发生于产褥感染或感染性流产。阴道滴虫、念珠菌及淋病感染常同时伴有急性宫颈炎。

发生急性宫颈炎最明显的症状就是白带增多，色黄，呈脓性。可伴有下腹部坠痛、腰骶酸痛，或见尿频、尿急等膀胱刺激症状。妇科检查时，可见阴道中有较多的脓性分泌物，子宫颈充血、水肿，宫颈管内膜外翻，有脓性分泌物自宫颈口流出，宫颈有触痛。

白带增多是急性宫颈炎最常见的、有时甚至是唯一的症状，常呈脓性。由于宫颈炎常与尿道炎、膀胱炎或急性阴道炎、急性子宫内膜炎等并存，常使宫颈炎的其他症状被掩盖，如不同程度的下腹部、腰骶部坠痛及膀胱刺激症状等。急性淋菌性宫颈炎时，可有不同程度的发热和白细胞增多。

急性宫颈炎的治疗方法很多，主要是局部用药。其治疗方法如下：

(1) 甲硝唑片，1片放入阴道内，每日1次。7～10日为1个疗程。对滴虫性阴道炎有效，对一般细菌感染亦有效。

(2) 妇炎灵栓剂，1粒放入阴道内，每日1次。1～2周后，即可痊愈。

(3) 炎症明显，分泌物多，可用1：5 000呋喃西林液阴道灌洗后，局部喷药，如喷呋喃西林粉等。但灌洗时应注意无菌操作，以免交叉感染。

(4) 有全身症状者，如下腹疼痛、腰痛、尿频等，可采用抗生素治疗。

(5)注意外阴卫生，防止交叉感染，急性期禁止性生活，注意适当休息。

慢性宫颈炎如何诊治

慢性宫颈炎是妇科疾病中最常见的一种，可能发生于急性宫颈炎之后，或由于各种原因所致的宫颈裂伤造成宫口变形，经常极易受到外界细菌的感染。

慢性宫颈炎的病人主要症状是白带增多。由于病原菌、炎症的范围及程度不同，白带的量、色、味及性状也不同，可呈乳白色黏液状、淡黄色脓性、血性白带。当炎症沿子宫骶韧带向盆腔扩散时，则出现腰骶部疼痛、下腹坠痛或痛经等。每于月经期、排便或性交时加重。黏稠脓性白带不利于精子穿过，可致不孕。检查时，可见子宫颈呈不同程度的糜烂、息肉、裂伤、外翻、腺体囊肿、肥大等改变。

慢性宫颈炎可以发生下列变化：①宫颈糜烂。②宫颈息肉。③宫颈肥大。④宫颈腺体囊肿。⑤宫颈裂伤及外翻。⑥宫颈管炎。

因慢性宫颈炎的症状常为其他妇科病所掩蔽，故多在例行妇科检查时始发现。通过窥器视诊可见宫颈有亮红色细颗粒糜烂区及颈管分泌脓性黏液样白带，即可得出诊断，有的则宫颈局部充血、肥大。

慢性宫颈炎主要采用局部治疗，如电烙、冷冻、激光等。也可采用局部涂药及手术治疗。药物治疗适用于糜烂面小、炎症浸润较浅或受条件所限的病人，可选用25%硝酸银、铬酸等局部腐蚀，用药前阴道应灌洗，然后用干棉球擦干，并用棉球保护好正常的阴道黏膜。许多中药粉剂也有一定疗效，但月经期、孕期禁止使用。用药后禁止性交及盆浴。

急性子宫内膜炎如何诊治

子宫内膜炎是盆腔生殖器官炎症之一，为妇女常见病，炎症可局限于一个部位，也可几个部位同时发病。临床上尤以后一种情况为多见，急性炎症有可能引起弥漫性腹膜炎、败血症以致感染性休克等严重后果。

根据病史，临床表现，体征易于诊断。窥器检查时，应尽量采取宫腔排液送细菌培养并做药敏，同时涂片检菌，供作用药的参考。应避免反复阴道检查，防止感染扩散。

发生急性子宫内膜炎时，患者可有轻度发热，下腹部坠胀疼痛，多呈持续性。白带量明显增多，可为脓性，有臭味，也可以呈血性。发生在产褥期的急性子宫内膜炎常有恶露淋漓不尽，有臭味时多为大肠杆菌和厌氧菌感染，若为溶血性链球菌或金黄色葡萄球菌感染时，一般恶露量少，也没有明显臭味，但容易循淋巴扩散。妇科检查时见宫颈口有脓性白带，宫颈举痛，子宫体有轻度压痛。实验室检查见白细胞升高，中性粒细胞增多。

急性子宫内膜炎的治疗有以下几个方面。

(1) 卧床休息：取半卧位以利宫腔分泌物外流。饮食以易消化、高热量的半流质为宜。须保持大便通畅。下腹部冷敷或用热水袋、炒盐、坎离砂、中药等热敷。

(2) 控制感染：一般用青霉素 400 万～ 800 万单位静滴／日，庆大霉素 24 万单位静滴／日，须持续到症状完全消失后，可改为肌注持续 1 周左右停药，可同时加用甲硝唑 0.4 克口服，每日 3 次。或根据症状、分泌物性质、细菌培养及药敏选择有力的抗生素。

(3) 对症治疗：内服麦角流浸膏 2 毫升或益母草流浸膏 4 毫升，1 日 3 次，共 3 天，促使子宫收缩，感染性宫腔分泌物排出。高热者应予补液。

慢性子宫内膜炎如何诊治

慢性子宫内膜炎在临床上很少见，这是因为虽然发生了急性子宫内膜炎，但由于子宫腔通过宫颈口与外界相通，引流通畅，可使炎性分泌物及时排出；另外，子宫内膜随月经呈周期性剥脱，病变的内膜可以随月经排出体外而使病灶消失。

但是，如果子宫内膜炎累及了基底层，则在子宫腔内成为长期的感染源，不断地感染子宫内膜功能层，使炎症久治不愈。当分娩或流产后宫腔内有胎盘或胎膜残留时，子宫内膜的修复会受到影响，或者胎盘附着部位复旧不好，都可以导致细菌感染，引起慢性子宫内膜炎。慢性输卵管炎症或严重的子宫颈炎也可以引起慢性子宫内膜炎。宫内节育器可以引起子宫内膜的机械性损伤，黏膜下子宫肌瘤或息肉其表面覆盖的子宫内膜也常发生坏死脱落，为细菌感染带来机会。再者，绝经后妇女因为体内雌激素水平明显降低，使子宫内膜及阴道黏膜萎缩变薄，宫颈黏液栓消失，生殖系统的自然防御能力降低，容易被细菌侵犯而发生慢性子宫内膜的炎症，常与阴道炎并存。

慢性子宫内膜炎的治疗有以下几个方面：

(1) 如发现有明显诱因，应予去除。

(2) 老年性子宫内膜炎，可应用己烯雌酚 0.25 ~ 0.5 毫克，每日口服 1 次，连服 1 ~ 2 周，并选用适宜的抗生素治疗 5 ~ 7 天。同时，针对老年性阴道炎进行治疗。

(3) 并发宫腔积脓者应立即扩张颈管，引流脓液。术后置橡皮引流管于颈管至无脓液流出为止，同时应用上述药物治疗。为了排除癌肿，排脓后可轻轻搔刮颈管及宫腔，所取组织送病理检查。如确诊为癌肿则按癌肿处理。脓液应送细菌培养并做药敏，为选用抗生素的参考。非癌肿性宫腔积脓可行宫腔灌洗，如 1 : 5 000 高锰酸钾溶液或碘附溶液 (3% 碘酒溶于生理盐水中，酒精含量应低于 50%)，灌洗时压力要低，速度缓慢。如无双腔子宫灌洗管，可将导尿管插入宫腔，用 100 毫升注射器将药液注入。一次灌洗液量根据积脓多少而定，一般 30 ~ 50 毫升，须使灌洗液流尽后再第二次注入药液，如此反复多次，待流出液较清为止，然后放置橡皮管引流。如此每日进行一回。

宫颈糜烂如何诊治

宫颈由于炎症的刺激程度不同，宫颈处黏膜柱状上皮生长较慢，上皮平坦，外表光滑，即为单纯性糜烂；柱状上皮生长速度快，形成腺体增生时为腺样糜烂。如果腺体扩张则可为滤泡型糜烂，同时伴间质增生，形成小的突起，被覆柱状上皮不均，则形成乳头状糜烂。上述类型常可混合发生。宫颈糜烂是妇科疾病中最常见的一种。

子宫颈的糜烂面与周围的正常鳞状上皮有很清楚的界限。临床上常根据糜烂面积将其分为轻度（Ⅰ°）、中度（Ⅱ°）、重度（Ⅲ°）三类。凡糜烂面积占子宫颈总面积 1/3 者为轻度宫颈糜烂。糜烂面积占子宫颈为 1/2 为中度宫颈糜烂。面积糜烂超过子宫颈总面积 1/2 以上者为重度宫颈糜烂。

宫颈糜烂的主要表现是白带过多，发黄，确诊需医师检查。有些宫颈肿瘤的患者，宫颈的外观与宫颈糜烂相似，需要在行宫颈刮片除外宫颈的肿瘤后，方可诊断为宫颈糜烂。

宫颈糜烂可用药物或物理方法来治疗。药物可用阴道栓剂治疗。药物治疗主要适于未孕的轻到中度的宫颈糜烂患者，但药物治疗一般疗程较长，花费也较多。物理治疗可选择激光、冷冻、微波等治疗，主要选择激光治疗，一般 1 ~ 2 次治疗后均会好转。

有些人认为，宫颈糜烂用物理治疗的方法（譬如激光）可能会导致不孕，这种观点其实不正确。宫颈糜烂本身就可能会导致不孕，肯定是需要治疗的，但是如果是重度的糜烂，用药物治疗恐怕一则费钱，二则费精力，三则费时间（如果为中重度的糜烂，临床经验是治疗 2 ~ 3 个月的时间，有些反应好的人能够好，其他需要的时间更长）。所以，对于那些重度宫颈糜烂又未育的患者建议采用激光等物理治疗的方法，见效快，激光打得浅一些，一般不影响宫颈的功能。即便是宫颈粘连上，通一下就可以了。

子宫内膜癌如何诊治

子宫内膜癌是由子宫内膜上皮发生的癌变，又称为子宫体癌。它是女性生殖器最常见的恶性肿瘤之一，其发病率近年来呈上升趋势。子宫内膜癌最主要的症状是不规则阴道流血，未绝经妇女可表现为月经期延长，淋漓不净或月经间期出血，绝经后妇女则表现为持续性或间歇性少量阴道流血，或仅见内裤上少量污秽分泌物。少数妇女可有白带增多，呈浆液性或为脓性。晚期患者因癌组织浸润周围组织或压迫神经而发生下腹及腰骶部疼痛，并有贫血、恶病质等表现。

子宫内膜癌占女性生殖系统恶性肿瘤的 20% ~ 30%，发病率逐年上升。遇到下述情况之一者，应立即做子宫内膜检查：①绝经期后出血或出现血性白带，在排除宫颈癌和阴道炎后，应高度警惕子宫内膜癌而施行刮宫术。②年过40岁有不规则阴道出血，虽经激素治疗仍不能止血，或一度止血后又复发者。③年龄较轻，但有长期子宫出血不育者。④阴道持续性排液者。⑤子宫内膜不典型增生、出血的患者，或阴道涂片屡次发现恶性细胞者。

子宫内膜癌发展较慢，转移也以直接侵犯为主，所以治疗效果比较好，手术治疗颇能奏效，有的要加用放射治疗。非早期（原位癌或重度不典型增生）和晚期病人，也可应用激素。但应注意，子宫内膜癌与雌激素的长期刺激有关，所以应用雌激素要小心。

子宫内膜癌一般发展较慢，治疗方法是以手术为主，必要时加放疗、化疗等综合治疗，早期病例治疗效果较好，而晚期癌治疗效果差，故及早诊治甚为重要。

(1) 手术治疗：是首选的方法，可行全子宫加一侧或双侧附件切除术、次广泛子宫切除术、广泛性子宫切除术。

(2) 放射治疗：根据临床分期，可行术前或术后腔内照射、术前或术后体外照射，或不宜手术单纯放疗。

(3) 药物治疗：5－氟尿嘧啶、环磷酰胺、丝裂霉素可单一用药或联合用药，或与孕激素合并用药。

子宫肌瘤如何诊治

子宫肌瘤是女性生殖器官中最常见的良性肿瘤，也是人体中常见的肿瘤之一。子宫肌瘤主要由子宫平滑肌细胞增生而形成。其中有少量结缔组织纤维仅作为一种支持组织而存在。所以，不能根据结缔组织纤维的多少称为子宫纤维肌瘤、肌纤维瘤或纤维瘤。其确切的名称应为子宫平滑肌瘤，统称子宫肌瘤。

视患者年龄，肌瘤大小、部位，有无生育要求，有无并发症及子宫出血严重程度而综合判断，确定治疗方法。

(1) 严密观察：子宫肌瘤无症状，体积不大，可每3～6个月复查一次。年龄在40岁以上，出血量不多，做诊刮后无恶性病变，也可每3～6个月复查一次，并给予适当休息和支持疗法。肿瘤无明显变化，无出血或出血不严重者，期待更年期后，肌瘤逐步萎缩。

(2) 肌瘤剜除术：年龄在 35 岁以下，未生育过，输卵管通畅，男方正常，肿瘤无恶变，应尽量做肌瘤剜除术，保留生育能力。

(3) 子宫切除术：多发性子宫肌瘤，大于 3 个月妊娠大小，症状明显，已有后代者；子宫肌瘤大于 6 个月妊娠，虽无症状，应做全子宫切除术，卵巢保留与否视患者年龄，卵巢状况而定。

(4) 放射治疗：过去曾为治疗子宫肌瘤方法之一，尤其是手术危险性较大而又有临床症状者。目前仅个别情况实行，绝大多数人认为无此必要，放射治疗还将使卵巢功能丧失。

子宫内膜异位症如何诊治

当子宫内膜不在其正常部位，而出现在人体中的任何其他部位时，即称为子宫内膜异位症。异位的子宫内膜在结构和功能上与正常的内膜相同，由腺体和间质组成，如存在在子宫肌层内被称作内在性子宫内膜异位症。根据病灶是弥散性还是局限性而分别称之为子宫肌腺病或子宫肌腺瘤。如果内膜存在在子宫外（包括宫颈及子宫体浆膜层）时，就称作为外在性子宫内膜异位症，或真子宫内膜异位，它可以在盆腔、腹腔或在更远的位置。但主要在盆腔，虽然这两种情况组织学是相同的，但它们可能具有不同的来源和发生在不同类型的病人。

子宫内膜异位症是一种较常见的妇科疾病，多见于 30 ~ 40 岁的育龄妇女，特别是连续五年无月经中断的妇女。发病率逐年呈上升趋势，为 5% ~ 10% 的妇女，但怀疑有一个更高的发病率。一般在初潮前不发生，但在 20 岁前的年轻患者也并不罕见。绝经期的异位子宫内膜逐渐萎缩吸收，妊娠和口服性激素抑制排卵，均能防止本病的发展。因此，认为它的发病似与卵巢的周期性排卵有一定的关系。偶可遇到绝经后多年直至 70 ~ 80 岁的老年妇女患子宫内膜异位症的，说明在绝经若干年后，卵巢尚有可能分泌少量的雌激素。

子宫内膜异位症的临床表现，常因病变部位不同而出现不同的临床症状，主要表现为周期性发作。无症状者约为 20%。

子宫内膜异位生长于子宫肌层以外的组织或器官，如卵巢、盆腔腹膜、直肠阴道隔等处。由于异位内膜也受月经周期中卵巢激素的影响而增厚，出血，但不能引流而刺激周围组织，引起子宫收缩，导致痛经。正常情况下，子宫内膜覆盖于子宫体腔面，如因某种因素，使子宫内膜在身体其他部位生长，即可成为子宫内膜异位症。这种异位的内膜在组织学上不但有内膜的腺体，且有内膜间质围绕；在功能上随雌激素水平而有明显变化，即随月经周期而变化，但仅有部分受孕激素影响，能产生少量"月经"而引起种种临床现象。

子宫内膜异位症的治疗方法有药物和手术两种。

（1）**药物治疗**：假绝经治疗药如丹那唑、内美通、棉酚、促性腺激素释放激素(GNRH)增效剂等。另外一类为假孕药物如甲地孕酮、妇康片（炔诺酮）、甲羟孕酮（安宫黄体酮）。疼痛严重者可配合使用对抗前列腺素合成的药物如氟芬那酸、吲哚美辛、芬必得等治疗。

（2）**手术治疗**：分保守手术及根治手术两种。①保留生育功能手术。可经腹腔镜手术或剖腹手术，包括病灶清除、粘连分解、囊肿穿刺抽吸、囊肿剥出术。术时尽量切净病灶，但保留子宫卵巢（双侧或一侧，或部分卵巢）以促进受孕，适用年轻未生育的妇女，手术后症状多能消失，50%～65%妇女在术后有受孕可能。②保留卵巢功能手术。半根治手术，适用于年龄在 35 岁以下但无生育要求的重度患者。行全子宫或次子宫切除及病侧附件切除术。但保留一侧或部分卵巢以维持患者内分泌的功能。③根治性手术。将子宫与双侧附件及盆腔内留有的病灶予以切除。适用于 45 岁以上近绝经期的重度患者。这些方法经多年临床证实，不良反应大，后遗症多，复发率也高，仍不是理想的解决方法。

什么是子宫肥大症

子宫肥大症是指子宫均匀增大，肌层厚度超过 2.5 厘米以上，伴有不等程度子宫出血的一种疾病。

常见多产妇，月经过多而子宫增大、子宫内膜正常或增厚，个别呈息肉状，但病理检查多数正常，少数显示增生，则可诊断为子宫肥大症。应注意与子宫肌瘤鉴别，尤其肌瘤为单一壁间或黏膜下者，其宫体均匀增大时，往往不易与子宫肥大症鉴别，通过诊刮探查宫腔及B超检查可协助诊断。但仍有少数病例只在剖腹探查时方能确诊。

此外，还应注意与子宫腺肌病、子宫内膜癌等疾病鉴别。

中药治疗可以控制月经过多，可改善全身情况；雄激素治疗可减小流血量。保守治疗无效者，可考虑全子宫切除术，但50岁以下，卵巢正常者，应予保留。

由于发病原因是多方面的，有些可以预防其发生，如做好计划生育，预防产后感染，产后子宫收缩不良者应及时给予子宫收缩药物。注意产后适当俯卧或膝胸卧位及产后运动，以防子宫后倾，减少盆腔瘀血。积极治疗卵巢功能失调，避免雌激素的持续刺激等。

子宫颈白斑如何诊治

子宫颈白斑系指在子宫颈阴道部出现的一种灰白色不透明的斑块状病变。临床肉眼所见白斑仅表示有不同程度的上皮增生。随着对宫颈癌前病变和早期癌的深入研究及阴道镜的广泛应用，此病已逐渐被引起重视。

（1）**局部视诊**：通过宫颈局部仔细观察，可发现白色斑块区域，但肉眼不能辨别出不全角化病变。

（2）**碘液试验**：由于上皮角化或不全角化缺乏储存糖原能力，涂碘液局部不着色，借此能发现病变的范围。但碘试验为非特异性，如宫颈糜烂、外翻或癌前病变等亦呈阳性。

（3）**阴道镜检查**：应用阴道镜放大来观察宫颈病变，显然比肉眼观察发现宫颈白斑要容易得多。

根据局部视诊、碘试验及阴道镜检查，一般不难做出诊断。但更重要的是发现白斑后应进一步检查，避免遗漏与白斑并存的宫颈早期癌变。据文献报道，阴道镜下的各类白斑，是早期子宫颈癌的重要表现。对宫颈白斑，应做活组织检查，以排除早期癌的存在。

由于宫颈白斑为良性病变，故一般在排除宫颈恶性病变后，可做宫颈电熨或冷冻治疗。对伴发重度宫颈糜烂者，可考虑宫颈椎形切除，并做病理连续切片检查，确定有无早期宫颈癌，以便及时采取进一步治疗。对无症状的患者可严密观察，定期随访。

什么是子宫颈外翻

子宫颈在分娩时发生撕裂，可为单侧、双侧、星状，程度不等，从轻度到撕裂至穹窿部，如未及时手术修补，日后瘢痕组织挛缩，使宫颈管外翻，宫颈黏膜暴露于外，即形成宫颈外翻。

轻度宫颈外翻症状不明显，可有黏液状白带略增多，但并发感染，形成慢性子宫颈炎时，则转为黏液脓性分泌物，量亦增多，而且可有接触出血，其他慢性子宫颈炎现象亦都可具备。

阴道窥器视诊可见子宫颈横裂或呈星状，宫颈前、后唇距离较远，可见颈管下端的黏膜皱襞。如并存子宫颈炎，则由于长期充血、水肿及结缔组织增生，而致宫颈前、后唇明显肥大，黏膜红肿，表面附有黏液性分泌物。

子宫颈外翻，一般有子宫颈裂伤瘢痕及宫颈外口较深撕裂，可见到或触到颈管皱襞。如用3%醋酸溶液涂抹局部，可显示一致性的葡萄状或面条状突起。

子宫颈外翻可与子宫颈糜烂鉴别（后者呈均匀的乳白色，间或杂有葡萄状突起），阴道镜检查结果亦不同。

子宫颈外翻肥大，有时外观很难与早期宫颈癌鉴别，应常规作阴道细胞学及阴道镜检查，必要时做活组织检查确诊，仍不能确定者宜定期随访。

轻度子宫颈外翻无临床症状者，可不予处理，有并发慢性宫颈炎症状者，根据慢性宫颈炎处理原则予以治疗。

除注意掌握人工流产操作及正确处理中期妊娠引产与分娩外，在产后、流产后复查时，亦须常规检查子宫颈。如发现子宫颈裂伤较重，宜及时修补。

什么是子宫颈息肉

子宫颈息肉一般来自子宫颈管黏膜，为颈管黏膜的堆积，临床多认为炎症是息肉的形成因素。

息肉极小时常无症状，每因其他妇科病在进行妇科检查时发现。较大息肉能引起白带增多、血性白带或接触性出血，特别在性生活或大便用力后可以发生少量出血。这些症状与早期宫颈癌相似。

较大息肉在双合诊时很易发现，但小息肉只有在用阴道窥器暴露宫颈后才能见到。

息肉偶可发生恶性病变或与之并存，故绝不能发现息肉即不再进一步检查。应先作宫颈刮片进行细胞学检查，再取息肉做病理检查。

小息肉用血管钳即可钳除，稍加压迫止血，或在颈口处塞以纱布一块，24 小时取出。息肉较大，蒂较粗者，摘除后基底断端可用烧灼止血。如为多发性，可稍扩张颈管后，彻底搔刮之，同时做诊断性刮宫。所有标本均应送病理检查，确定是否需进一步治疗。术后可酌情给予抗感染药物治疗，并注意有无出血。

什么是子宫内膜息肉

凡借细长的蒂附着于子宫腔内壁的肿块，临床上都可称为子宫息肉。因此，在宫腔内的息肉样肿块，可能是有蒂的黏膜下肌瘤、子宫内膜息肉、子宫腺肌瘤样息肉和恶性息肉（癌或肉瘤）。

息肉形成的原因，可能与炎症、内分泌紊乱，特别是雌激素水平过高有关。多数学者认为，息肉来自未成熟的子宫内膜，尤其是基底部内膜。

大体观察，最常见的类型是局限性的内膜肿物突出于子宫腔内，单个或多发，灰红色，有光泽，一般体积较小，平均直径在 $0.5 \sim 2$ 厘米。小的仅有 $1 \sim 2$ 毫米直径，大而多发者可充满宫腔。息肉蒂粗细、长短不一，长者可突出于子宫颈口外。有的息肉蒂较短，呈弥漫型生长。息肉表面常有出血坏死，亦可并发感染，如蒂扭转，则发生出血性梗死。

本病主要症状为月经量增多或不规则子宫出血；宫颈口处看到或触及息肉，子宫体略增大；作宫腔镜检查或分段诊刮，将取出的组织或摘除的息肉送病理检查，可以明确诊断，并可与功能性子宫出血、黏膜下子宫肌瘤及子宫内膜癌等鉴别。

扩张宫颈，摘除息肉，继之搔刮整个宫腔，可将弥漫型小息肉刮除，并送病理检查。术后应定期随诊，注意复发及恶变，及时进行处理。近年来有人采用宫腔镜下手术切除或激光治疗小型息肉，获得成功。

对 40 岁以上的患者，若出血症状明显，上述治疗不能根除或经常复发者，可考虑全子宫切除术。

绒毛膜癌如何诊治

绒毛膜癌是一种高度恶性的肿瘤，继发于葡萄胎、流产或足月分娩以后。其发病率为 0.0001%～0.36%，少数可发生于异位妊娠后，多为生育年龄妇女。偶尔发生于未婚妇女的卵巢称为原发性绒毛膜癌。在 20 世纪 50 年代，死亡率很高。近年来应用化学药物治疗，使绒毛膜癌的预后有了显著的改观。

绒毛膜癌可根据病史、体征、转移症状，及各种辅助检查获得正确诊断。

(1) **临床特点**：葡萄胎，产后或流产后不规则阴道流血，子宫不能如期复旧、较大而软，应想到绒毛膜癌的可能。

(2) **血或尿内人绒毛膜促性腺激素测定**：滴定度升高，或者血、尿人绒毛膜促性腺激素阴性后又出现阳性者。

(3) **放射线胸片**：可见肺部有球状阴影，分布于两侧肺野，有时仅为单个转移病灶，或几个结节融合成棉球、团块状病变。

(4) **病理诊断**：子宫肌层内或其他切除的脏器中，可见大片坏死组织和凝血块，在其周围可见大量活跃的滋养细胞，不存在绒毛结构。

治疗原则以化疗为主，手术为辅。年轻未育者尽可能不切除子宫，以保留生育功能，如不得已切除子宫，卵巢仍可保留。

(5) **化疗**：常用药物有 5－氟尿嘧啶、氨甲蝶呤、放线菌素 D 等。用药原则：多采用联合用药，如2个疗程后效果不明显，应改换其他药物。常用方案5-氟尿嘧啶、氨甲蝶呤联合治疗。两药联合应用疗程为8天。单用5-氟尿嘧啶疗程为10天，三药联合应用7天。不良反应：以造血功能障碍为主，其次为消化道反应，脱发、肝损害也常见。停药指征：治疗需持续至无症状，人绒毛膜促性腺激素每10天测定1次，连续3次在正常范围，再巩固2个疗程，观察3年无复发者为治愈。

(6) **手术**：病变在子宫，化疗无效者可切除子宫，年轻者保留正常卵巢。转移灶位于体表能切除者，可手术切除。

(7) **预后**：如早期诊断，及时治疗，预后一般较佳；分娩、流产后的绒毛膜癌比良性葡萄胎后绒毛膜癌预后欠佳。发现绒毛膜癌距离时间愈久，即所谓潜伏期愈长，则预后不良。凡手术后绒毛膜促性腺激素的浓度迅速下降，以后一直保持阴性者，预后较佳。如果是一度曾下降而未达到阴性，且持续不变的，预后不良。

恶性葡萄胎如何诊治

葡萄胎的水泡样组织已超过子宫腔范围，侵入子宫肌层深部或在其他部位发生转移者，称为恶性葡萄胎。

(1) **临床表现**：①阴道流血。葡萄胎排空后仍有不规则阴道流血，量多少不定，检查时子宫较正常略大且软，黄体囊肿持续存在。②转移灶表现。血行转移至肺部可有咯血；转移至阴道可见阴道黏膜有紫蓝色结节，破溃时引起出血。个别恶性葡萄胎病人，绒毛侵蚀穿破子宫肌层及浆膜层时，可引起不同程度的腹腔出血、急性腹痛，出血多时可发生休克。

(2) **诊断标准**：应根据病史及临床表现，结合辅助检查进行诊断。恶性葡萄胎具体的诊断标准：①尿妊娠试验。葡萄胎排空后超过2个月以后，又经刮宫证实无残存水泡状胎块，而尿妊娠试验仍持续阳性，或阴性后又转阳性，都有恶变可能。②放射线胸片。恶性葡萄胎者常可发生肺部转移，因此对咳嗽、咯血者，必须作肺部检查，可见棉团状的阴影分布于肺部各处，尤多见于右肺下叶。但无肺部病变者，不能排除侵蚀葡萄胎。③诊断性刮宫。

如仅有阴道流血，其他症状及体征均不典型时，可作诊断性刮宫。若刮到少量蜕膜或坏死组织，不能排除侵蚀性葡萄胎。

（3）**治疗**：恶性葡萄胎一般采用子宫切除手术，手术后辅以化疗、放疗、中药等治疗。恶性葡萄胎经过治疗，一般预后良好，但以后仍有复发及发展成绒毛膜癌的可能，因此仍应劝告避孕至少 2 年，须定期随访。

葡萄胎如何诊治

正常情况下，怀孕后受精卵植入子宫内膜，由胚胎发育成胎儿，并逐渐形成胎盘。但是有一种异常情况，胎盘绒毛组织发生变性，滋养细胞增生，绒毛间质水肿，每根绒毛都变成直径 5 ～ 20 毫米的小水泡，串联在一起，像一串葡萄，这就是葡萄胎。这时，绒毛失去了原来吸收营养供给胎盘的功能，致使胚胎早期死亡，经自溶而吸收。这样，子宫就没有胎儿、胎盘，只见一粒粒透明小水泡了，葡萄胎的病因至今尚不清楚，可能与受精卵本身的缺陷（染色体异常）有关，也可能与营养不良、病毒及其他因素有关。

（1）**诊断**：葡萄胎好发于 21 ～ 40 岁妇女，初期症状和一般妊娠相似，但于停经后，2 ～ 3 个月时，开始有反复的阴道流血，常被误认为是流产出血，表现为时出时止或连绵不断。子宫增大也比正常妊娠迅速，妊娠中毒症状严重，到了妊娠四五个月，还摸不到胎儿，听不到胎心音，感觉不到胎动。尿妊娠试验呈强阳性（高滴度）。

（2）**辅助诊断**：根据病史、症状、体征，葡萄胎诊断多无困难。如葡萄胎早期或症状不典型，诊断有困难时可用辅助检查。①绒毛膜促性腺激素测定。葡萄胎的滋养细胞过度增生，产生大量人绒毛膜促性腺激素，较之相应月份的正常妊娠为高。利用这种差别，可作为辅助诊断依据。②超声检查。B 超检查时宫腔内无胎儿、胎盘、羊水影像，仅见"落雪样"回声，如有出血则可见不规则液性暗区。落雪样回声为葡萄胎的特异性影像特征。③胎心测听。正常妊娠在 2 个月后，多普勒可以听到胎心，但在葡萄胎时只能听到一些子宫血流杂音。④放射线检查。子宫虽已超过 5 个月妊娠大小，但腹部放射线摄片见不到胎儿骨骼。

患过葡萄胎后对再次怀孕的机会并无影响，但再次发生葡萄胎的可能性仍然存在。

（3）葡萄胎的治疗①清宫。因葡萄胎随时有大出血可能，故诊断确定后，应及时清除子宫内容物，一般采用吸宫术。在内容物吸出的过程中，子宫体逐渐缩小，变硬。吸出物中虽含血量较多，但大部为宫腔原有积血，故患者脉搏、血压一般变动不大。②子宫切除。年龄在 40 岁以上，或经产妇子宫增大较速者，应劝告切除子宫，年轻的可考虑保留卵巢。子宫大于 5 个月妊娠者在切除之先，应经阴道清除宫腔内大部分水泡状胎块，以利手术处理。③输血。贫血较重者应给予少量多次缓慢输血，并严密观察病人有无活动出血，待情况改善到一定程度后再施行清宫术。遇有活动出血时，应在清宫的同时，予以输血。④纠正电解质紊乱。长期流血、食欲不振者往往有脱水、电解质紊乱，应检查纠正。⑤控制感染。子宫长期出血，或经过反复不洁操作者，容易引起感染，表现为局部（子宫或附件）感染或败血症。应予足量抗感染药物；并积极纠正贫血和电解质紊乱。⑥化疗。对良性葡萄胎是否予以预防性化疗，目前尚无一致意见。

子宫脱垂如何诊治

子宫从正常位置沿阴道下降，宫颈外口达坐骨棘水平以下，甚至子宫全部脱出于阴道口以外，称为子宫脱垂。子宫脱垂常合并有阴道前壁和后壁膨出。分娩造成宫颈、宫颈主韧带与子宫骶韧带的损伤，及分娩后支持组织未能恢复正常为主要原因。济南市 2 504 例子宫脱垂患者中，1 ~ 3 产的女性发生者占 58.21%。

诊断主要根据体征。此外，还应做一定的检查。嘱患者不解小便，取膀胱截石术位。检查时，先让病人咳嗽或屏气以增加腹压，观察有无尿液自尿道口溢出，以判明是否有张力性尿失禁，然后排空膀胱，进行妇科检查。首先注意在不用力情况下，阴道壁脱垂及子宫脱垂的情况，并注意外阴情况及会阴破裂程度。阴道窥器观察阴道壁及宫颈有无溃烂，有无子宫直肠窝疝。阴道内诊时，应注意两侧肛提肌情况，确定肛提肌裂隙宽度，宫颈位置，然后明确子宫大小，在盆腔中的位置及附件有无炎症或肿瘤。最后嘱患者运用腹压，必要时可取蹲位，使子宫脱出再进行扪诊，以确定子宫脱垂的程度。

已发生子宫脱垂的病人宜采用中西医结合，以及治疗、营养、休息相结合的综合措施。在治疗方法上可分：使用子宫托，内服中药，针灸，熏洗等非手术疗法及手术修补。因手术后对再次阴道分娩有一定影响，故手术仅适用于严重病例及不再生育的妇女。

多年来，妇幼卫生工作迅速开展，各地建立了五期保健、产假等妇女劳动保护制度，大力提倡计划生育，子宫脱垂已很少发现，今后仍应继续加强预防措施，更进一步减少该病的发生。

(1) **积极开展科学接生**：不断提高接生员技术水平，及时缝合会阴及阴道裂伤，正确处理难产。

(2) **大力宣传产褥期卫生**：推广产后运动，在产后 3 个月内要特别注意充分休息，不做久蹲，担、提等重体力劳动。注意大小便通畅，及时治疗慢性气管炎、腹泻等增加腹压的疾病。哺乳期不应超过 2 年，以免子宫及其支持组织萎缩。

(3) **做好妇女劳动保护工作**：根据妇女生理特点、体质、年龄及农时季节、农活、工种等具体情况，合理安排和使用妇女劳动力。

三、女性月经期保健

怎样才算正常的月经

由于月经可能受到各种内外因素的影响，故不是一成不变的，只要变化的范围在一定的限度之内，就属于正常月经。正常的月经应具有以下特征。

(1) 月经周期：大多数女子的月期周期在 28～30 天，有 20% 的妇女月经周期要长些或短些，只要在 20～36 天限度内，临床即属正常，即使有些人的周期一贯为 40 天或更长，但其生理及生殖功能没有受影响，仍可视为正常。

(2) 月经天数：一般为 3～7 天。一次月经量出血 30～80 毫升。多数人来月经的第二三天偏多，相当于每天更换卫生巾 3～5 次。

(3) 经血性质：经血与人体内的血液没有区别，但经血流出时混有子宫内膜碎片和黏液，因而为暗红色，比较黏稠，不易凝结。

(4) 伴随症状：月经期前后，由于体内激素水平的波动，血管张力的变化以及盆腔器官充血，可以出现以下反应：①精神和情绪的改变，如焦虑不安、激动、头疼等。②乳房可有轻微的胀痛和触痛。③轻微的腰痛、下腹胀痛或下坠感。

月经来临清洗阴道和外阴要注意什么

女性在月经期间会遇到很多问题，譬如使用卫生巾、清洗阴道。在清洗阴道的时候，要注意以下几点要求：①勤换卫生巾，每天用温热水清洗 2 次外阴。②如没有淋浴条件清洗，可以盆浴，但要做到"一人一盆一巾一水"。

③阴部与足部要分开洗。④不要洗冷水浴。⑤因子宫内膜在月经期有无数个小伤口，宫颈口张开，因此不要坐浴。

在日常生活中，加强自我保护意识，养成良好卫生习惯和注意一些"小节"，往往对预防妇科病能起到事半功倍的作用。①清洗外阴、洗涤内裤后再洗脚。②不与其他人换穿衣服，尤其是内衣。③清洗阴部的盆子、毛巾一定要专用，毛巾要定期煮沸消毒，患有手足癣的妇女一定要早治疗，否则易引起了霉菌性阴道炎。④不长期滥用抗生素和化学药物冲洗阴道，以防菌群失调引起霉菌性阴道炎等等。

月经期的危险信号有哪些

如果月经期出现以下任何一种状况，都应尽快去医院就诊。

(1) **止痛片也无法缓解的剧烈痛经**：痛经突然变得剧烈而难以缓解，通常是子宫内膜异位症的危险信号，也就是部分子宫内膜脱落出子宫。另外，在性生活中或者在平时做弯腰动作时，如果出现剧痛也有可能是这种病症引起的。

(2) **月经量急剧增多**：这种状况可能表示体内生长了子宫纤维瘤。这是一种生长在子宫壁上的良性肿瘤，通常对人体无害，但是由它引起的经血量增多会导致贫血，这种肿瘤也有微小的可能会引起子宫内血管堵塞或者转为恶性肿瘤。

(3) **大量流血并伴有强烈痛经**：这两种症状同时出现可能表示得了盆腔炎，这是一种通常由衣原体引发的生殖系统感染。盆腔炎的另一种征兆是性交后出血，如果不及时诊治，盆腔炎很容易引起不孕症。

(4) **突发性的剧烈骨盆疼痛**：剧烈的下腹部疼痛可能是由于卵巢包囊破裂引起的。这种破裂引起的剧痛通常由下腹部一侧开始，并迅速扩散到整个下腹部，这种疼痛和痛经相比完全不是一种感觉。

怎样选择适合自己的卫生巾

卫生巾一般由表面层、吸收层和底层三部分构成，选用时就要从这三部分的材料及作用考虑。

(1) 表层：要选择干爽网面漏斗型的。表层干爽可使局部皮肤不受潮湿之苦；漏斗型设计优于桶状设计，渗入的液体不易回流。

(2) 中层：以透气、内含高效胶化层的为好。内含高效胶化层的卫生巾，可把渗入的液体凝结成嗜喱状，受压后不回渗，表面没有黏糊糊的感觉。

(3) 底层：以选透气材料制成的为好，它可使气体状的水分子顺利通过，从而达到及时排出湿气的作用，减少卫生巾与身体出湿气，有效地减少卫生巾与身体之间的潮湿和闷热，保持干爽清新的感受。

选择卫生巾首先要看是不是正规厂家出品的卫生巾，知名品牌一般应该是有质量保证的，千万不要贪便宜购买一些散装、包装破裂的卫生巾。其次，尽量选择自己常用的、没有不良反应的卫生巾，一般棉质面的卫生巾不容易导致过敏现象，皮肤敏感的女性慎用纤维网面的卫生巾。第三，就是要看清生产日期、保质期，很多女性在购买卫生巾时都没有看日期的习惯，而且一下子会购买很多"存着用"，其实卫生巾也有保质期，过期的卫生巾质量很难保证，一般来说，购买时生产日期越近越好。

卫生巾过敏还是小事，一般改用其他品质的卫生巾或者停用导致过敏的品牌一段时间，过敏现象就会消失。但是，如果因为使用不卫生的卫生巾，引起妇科疾病可就不是小事了，所以购买卫生巾时，一定要睁大"挑剔"的眼睛。

经期应注意哪些问题

月经虽属正常的生理现象，但由于经期阴道不断流血，身体虚弱，抵抗力较差，如不注意经期调护，便会引起月经病或其他妇科疾病。

(1) 清洁卫生：经期要保持外阴清洁，每晚用温开水擦洗外阴，以淋浴最好；卫生巾、纸要柔软清洁；内裤要勤换、勤洗，大便后要从前向后擦拭，以免污物进入阴道，引起阴道炎或子宫发炎。

(2) 保持心情愉悦：精神情绪对月经的影响尤为明显。经期一定要保持情绪稳定，心情舒畅，避免不良刺激，以防月经不调。

(3) 充足睡眠及运动量：经期适度的运动，可以促进盆腔的血液循环；但切勿剧烈运动，因过劳可使盆腔过度充血，引起月经过多、经期延长及腹痛腰酸等。还要有充足的睡眠。

(4) 饮食：月经期因经血的耗散，更需充足的营养；饮食宜清淡温和，易于消化，不可过食生冷，因受寒使血凝，容易引起痛经，以及月经过多或突然中断等。不可过食辛辣食物，减少子宫出血。要多喝开水，多吃水果、蔬菜，保持大便通畅。

(5) 寒暖适宜：月经期间毛细孔皆放大，应注意气候变化，特别要防止高温日晒，风寒雨淋，或涉水、游泳，或用冷水洗头洗脚，或久坐冷地等。

(6) 避免房事：月经期，子宫内膜剥脱出血，宫腔内有新鲜创面，宫口亦微微张开一些，阴道酸度降低，防御病菌的能力大减。如此时行房，将细菌带入，容易导致生殖器官发炎。若输卵管炎症粘连，堵塞不通，还可造成不孕症。也可造成经期延长，甚至不止。因此，妇女在行经期间应禁止房事，防止感染。

(7) 勿乱用药：一般妇女经期稍有不适，经后即可自动消除，不需用药，若遇有腹痛难忍或流血过多，日久不止者，需经医师检查诊治，不要自己乱吃药。

(8) 做好记录：要仔细记录月经来潮的日期，推算下月来潮日期的情况，便于早期发现月经不调、妊娠等。

女性经期有何禁忌

(1) 忌性生活：月经期子宫内膜脱落，子宫腔表面形成创面，过性生活时容易将细菌带入，逆行而上进入子宫，从而引起宫腔内感染，发生附件炎、盆腔炎。

（2）**忌坐浴**：在月经期，子宫颈口微开，坐浴和盆浴很容易使污水进入子宫腔内，从而导致生殖器官发炎。月经期外阴部的清洁卫生要特别注意。保持外阴清洁以淋浴最合适。

（3）**忌穿紧身裤**：如果月经期间穿臀围小的紧身裤，会使局部毛细血管受压，影响血液循环，增加会阴摩擦，很容易造成会阴充血水肿。如果再加上不注意局部清洁卫生，还会出现泌尿生殖系统感染等疾病。

（4）**忌高声唱歌**：妇女在月经期，呼吸道黏膜充血，声带也充血，高声唱歌或大声说话，声带肌易疲劳，会出现声门不合，声音嘶哑。

（5）**忌捶背**：腰背部受捶打后，可使盆腔进一步充血，血流加快，引起月经过多或经期过长。另一方面，妇女在月经期，全身和局部的抵抗力降低，子宫内膜剥落形成创面，宫颈口松弛，如经期受到捶打刺激，既不利创面的修复，也易受感染而患妇科病。

什么是女性经期的口鼻反应

月经是女性一种正常的生理现象，但在经期及其前后也可发生一些病理症状，除出现常见的心烦、失眠、水肿、腹痛、腰痛等不适症状之外，还可出现以下一些口鼻反应。

（1）**鼻衄**：有的妇女在经期前或正值经期，鼻子会流血，月经过后逐渐停止。原因是月经来潮时，子宫内膜发生特异性变化，可能影响到鼻黏膜部位，导致鼻衄。遇到这种情况，需及时服用维生素K、仙鹤草素、卡巴克洛等止血药。

（2）**鼻塞**：少数女性经前与经期会出现鼻塞流涕，月经过后又慢慢消失。这是因为鼻黏膜对雌激素敏感，而经前雌激素水平较高，使鼻腔黏膜水肿充血，所以会引起鼻塞流涕。其治疗方法可用1%麻黄素、生理盐水滴鼻，效果颇为显著。

（3）**口腔炎**：某些女性自月经来潮前1～3天，就可在口腔颊黏膜处发生多处糜烂和溃疡，并伴有其他症状，月经过后可逐渐痊愈。但如果每次月经来潮便发作，则应当服用维生素B_2等药物治疗。

(4) **牙痛**：有少数妇女，经前 7 ~ 14 天至经期，若吃过冷、刺激牙龈的食物会出现牙痛。其原因是经前和经期牙髓及牙周血管扩张充血，遇冷而导致的不良反应。一般疼痛自行调治在短期内可消失，严重者可服用复合维生素 B 和镇静安定药，同时要少吃甚至不吃生冷、辛辣、干硬的刺激性食物。

经期延长是怎么回事

正常月经持续时间为 2 ~ 7 天，少数为 3 ~ 5 天。如果月经持续时间超过 7 天，就算经期延长。经期延长应加以重视，深入追究病因。通常与某些疾病有关。

(1) **血液病**：如血小板减少性紫癜、再生障碍性贫血等，常伴月经来潮，若出现严重子宫出血，经期延长。其他如慢性贫血、慢性肝炎、肝硬化、肾炎等，可使血管壁脆弱，通透性增加造成出血。

(2) **盆腔炎症、子宫内膜息肉、子宫内膜炎等**：均因子宫内膜血液循环不良、退化坏死或盆腔瘀血等引起月经过多和经期延长。

(3) **慢性子宫肥大症**：因盆腔瘀血，卵巢雌激素持续增高，使子宫肌层肥厚，引起月经过多和经期延长。

(4) **子宫肌瘤**：尤其是子宫黏膜下肌瘤，因子宫腔面积扩大，子宫收缩异常，可致月经过多和经期延长。

(5) **子宫功能失调性出血**：如无排卵性功能性子宫出血症和子宫内膜不规则脱落，均因内分泌功能障碍而引起经期延长。

(6) **子宫内膜异位症**：常因影响子宫肌层收缩或因内膜增强而导致月经过多或经期延长。

(7) **放置节育器**：也易引起经期延长。

所以经期延长有全身疾病的因素，也有许多妇科疾病的原因，应予以区分和识别，然后分别进行治疗。

肥胖的女性怎样调理月经不调

身材肥胖的女性常常有月经不调，也常发生不孕的问题。对于肥胖的女性，中医用健脾去痰，运化水湿的方法调理月经。奇妙的是，当月经调顺后，体重也随之而减轻了。

肥胖的女性月经不调常表现为月经后期，经量少，经色黯有块，质黏稠，甚至发生经闭的现象。主要的病因为脾虚痰湿内阻。该类型的女性，有月经后期、经量少，经色黯，经质黏稠，平时白带多，四肢肌肉酸胀，腹泻，胸闷痰多，舌胖、苔腻等症状。

中医治疗的方法以健脾去痰，运化水湿为主。选用的药方以苍附导痰汤（半夏9克，苍术9克，橘红9克，茯苓9克，香附9克，枳壳6克，生姜3片，甘草3克）为基础，再视情况加减用方。如果血块多，可加当归9克，川芎6克来活血通经；如果伴有怕冷的现象，可加桂枝9克来温通经脉。痰湿内阻日久可以形成血瘀，所以治疗时应该适当加入活血行瘀的中药，如鸡血藤、月季花、红花等。

中医认为，痰湿内阻不仅会引起女性月经不顺，还会造成女性身体肥胖。临床上观察到，肥胖的女性服用调经药一段时间后，月经周期规律了，经量增加了，体重也随之而减轻了。

如何处理月经出血不规则

女性每次月经正常出血部量约为50毫升左右，一般不超过100毫升。如果出血量过多，超出150毫升，或在两次月经中间常发生不规则的阴道出血，则应到医院妇科门诊。

所谓不规则的出血有各种不同的表现，有的突然大量出血，甚至可进入休克状态；有的淋漓不尽，这个月连到下个月，始终不干净。不规则子宫出血可发生在子宫肿瘤或炎症，也可以是全身出血性疾病的局部表现；另外，精神紧张、气候变化、营养不良、代谢紊乱等各种因素也可造成内分泌功能素乱而导致子宫不规则出血。

子宫不规则出血，对妇女特别是少女危害很大，如果一次性的大量出血，不及时抢救，可危及生命；如果阴道少量出血淋漓不尽，可造成慢性失血和贫血，严重影响身体健康，有时还容易并发其他疾病。大量出血，一般易被人们重视，可及时送医院抢救，最容易延误治疗的是淋漓不尽的少量出血，往往不被重视，加之不好意思就医，就会延误一些疾病的早期诊断。所以，一旦发现月经不规则出血现象，不可轻视，应及时去医院诊治，只要能正确治疗，很快就能恢复正常的月经周期。

何谓月经过多

上避孕环的优点是显而易见的，但不是完美无缺的。个别妇女上环后，常常出现月经偏多、月经周期延长、痛经。这一现象的出现，原因是多方面的，并非都是避孕环本身的原因。

上环时或上环后子宫内膜是很脆弱的，如果在上环时将细菌、病毒带入宫腔，或上环后不注意卫生，均容易造成宫腔感染，发生出血过多、经期延长、痛经。但上环时引起感染的可能，在正规医院是极少发生的。

避孕环压迫子宫内膜，可造成局部充血、水肿，甚至发生坏死，形成受压部位溃疡出血。这种情况与少数人不适应有关，一般经过一段时间后可以自愈，当然也可通过治疗很快康复。

避孕环可使纤溶酶活性增高。溶解酶活性增高导致纤维蛋白溶解，血液凝固功能遭到破坏，因而出血量增加。不仅如此，个别妇女上环后体内前列腺素增加。前列腺素增加的结果，不但会导致血小板凝集功能障碍，还会增加子宫收缩的频度，造成出血增多、痛经。

避孕环本身的毛病，如避孕环变形、扭曲、位置异常，嵌顿在子宫壁上，也可引起出血增多或痛经。

此外，如果原来就有出血倾向、凝血功能障碍、慢性子宫内膜炎或平时月经过多等疾病，强行上环也会导致月经过多。

月经过多怎么办

妇女月经来潮时，有的稍多一点，无须治疗。但是有的人月经大量出血，来势很猛，则是病态，中医称为崩证；有的人虽然每天出血量并不很多，但经期较长，淋漓不止，仍属月经过多，中医称为漏证。一般合称为崩漏。

崩漏多见于 50 岁左右绝经期前后的妇女，也较常见于青春期的少女。

引起崩漏的原因，大多是体质虚弱，气血不足。病人除阴道大量出血之外，还兼有精神不好、懒说懒动、气短心慌、饮食减少、四肢乏力、面色苍白等症状。应当采用补益止血治疗。一般可服归脾丸、黑归脾丸、八珍丸等成药，也可用黄芪、党参各 30 克、炒艾叶、炒地榆各 15 克煎水，另外蒸化阿胶 15 克，分 3 次冲入煎剂服用。

有的崩漏，并非体质虚弱，气血不足，而是由瘀血停滞引起的。病人月经淋漓不止，或月经量多而有紫黑血块，小腹疼痛拒按，并有心烦不安等症状。应当采用逐瘀止血的治法，一般可用蒲黄 6 克、五灵脂 6 克、香附 10 克、乌贼骨粉 15 克煎水，另外蒸化阿胶 12 克，分 3 次兑入煎剂服用。

月经紊乱会引起卵巢疾病吗

月经紊乱是不少女性常遇到的问题，包括周期不断缩短或延长、出血量增多等，这些都属于功能失调性出血，简称为功血。

育龄期妇女一般多是因为卵巢黄体功能不好，造成月经紊乱，也就是说虽然有周期，但是周期会缩短，或者月经出血比较多。有些人 20 天左右就来一次月经，就是因为黄体功能不好。同样有些人可能 30 天来一次，但是出血时间比较长，这也是因为黄体功能不好引起的。虽然这些情况比较多，但是问题并不是很严重，因为相对来说，出血量还不是太大。

在青春期和更年期女性中更常见的是无排卵型功血。主要特点是几乎没有规律，有时候几个月不来，一来月经就出血很凶。有一些少女和更年期女性有时候检查血红蛋白只有 50 克／升，正常人的血红蛋白应该是 130 克／升，血红蛋白降低 10 克相当于出血量 400 毫升左右，这样算下来，如果出血过多，血红蛋白降低了 90 克的话，就是说出血量已经达到 3600 毫升，那么人就会变得非常虚弱。引起功血的最主要原因是多囊卵巢综合征。妇科内分泌门诊中多囊卵巢综合征占总门诊量的 1/4 ～ 1/3。这种病主要表现为女性体内雄激素水平增高，继而引起多毛、痤疮和肥胖等问题。多囊卵巢综合征还可能诱发不育、子宫内膜癌，同时还会引起一系列的代谢疾病。治疗多囊卵巢综合征主要采用药物治疗，但是用药一定要在妇科内分泌医师的指导下，以防止发生不良反应。

为什么妇科检查都要在月经干净后 3 ～ 7 天进行

在许多妇科的检查操作之前，尤其是要通过子宫腔的操作，例如输卵管通液、放环、子宫输卵管造影等，医师一定会嘱咐病人，要在月经干净 3 ～ 7 天进行。这是因为此时旧的子宫内膜已经脱落干净，新的子宫内膜刚刚开始生长，子宫内膜的厚度适中。这时进行操作，不至于损伤子宫内膜而引起多量出血。

月经期操作，由于子宫内膜尚有创面，如果无菌技术不严密，容易将体外或阴道、宫颈内的病原菌带入宫腔，造成感染和并发症。而且，检查和加压（如注入气体或液体）有可能将子宫内膜种植在盆腔里形成子宫内膜异位症。所以，月经期要避免施行检查和操作。

月经干净后超过 8 ～ 10 天，内膜生长肥厚，血管扩张，造影时注油的导管头易误入内膜，因而使油剂进入血管，造成并发症。其次，由于内膜生长过厚，子宫输卵管交接处较窄，造成生理性的阻塞，并非真正的不通，因而影响到检查的准确性。

妊娠期进行宫腔操作，会导致流产。月经干净后超过 8 ～ 10 天，可能已过排卵期，尤其是经期较长而周期较短的妇女，若经后有性交史，则有遇上妊娠的可能。选择月经后 3 ～ 7 天进行检查操作，宫内妊娠存在的机会可排除。

月经期性交会有什么后果

月经是妇女的正常生理现象，经期一般无特殊症状，但受内分泌影响，盆腔充血，部分妇女可有轻度不适感，如下腹胀、腰酸、乳房胀痛、腹泻与便秘等。有的女性月经周期相对较短（例如 24 天 1 周期），而经期时间长达 6～8 天。由于经期不能行房，丈夫颇有怨言。但是，月经期妇女的身体抵抗力往往比平时低，子宫内膜此时又形成创面，子宫颈口松弛，此时如有感染容易上升至盆腔器官，因此月经期夫妇双方均应克制自己，避免性交。月经期性交会出现如下不良后果：

一是因双方兴奋，阴茎插入会使女性生殖器充血，导致月经量增多，经期延长。

二是此时性交，男性生殖器可能会把细菌带入阴道内，经血是细菌等微生物的良好培养基地，细菌极易滋生，借助子宫内膜内许多微小伤口和破裂的小血管扩散，感染子宫内膜，甚至可累及输卵管和盆腔器官，从而给女方带来不必要的麻烦。

三是月经分泌物进入男子尿道，也可能会引起男子尿道炎。

四是经期同房，因精子在子宫内膜破损处和溢出的血细胞相遇，甚至进入血液，可诱发抗精子抗体的产生，从而导致免疫性不孕、不育症。

五是月经期间同房，由于性冲动时子宫收缩，还可将子宫内膜碎片挤入盆腔，引起子宫内膜异位症，导致不孕症的发生。

因此，不论在什么情况下，月经期的性交都是应该禁止的。有些夫妻往往在月经期寻求一些性生活的变化，以替代性交行为，如相互自慰，口与生殖器接触等。这样即能保证月经期的安全卫生，又能为性生活增添新意。

经期瘙痒怎么办

外阴瘙痒是女性常有的烦恼，常常是遇上经期其痒难忍，真是烦上加烦。发生瘙痒的原因主要由外部因素和内在因素引起的。经期分泌物较多，下阴湿热，如果选用的卫生巾厚实，又不勤于更换，再加上身体的抵抗力下降，很容易发生局部炎症引起瘙痒，如果经期中使用了不洁卫生巾及阴道内藏式卫生棉条的纽带也可成为原因之一，这时如果用手抓或用卫生纸等用力擦拭阴部，或以肥皂用力清洗等动作，都可能使症状恶化，此时，应用温水清洗局部，换掉污垢的卫生巾，穿上纯棉透气的内衣裤，努力做到清洁干燥，还可利用舒雅 3＋1 经期护理巾系列内的止痒湿巾拭擦阴部，一般都能起到很好的止痒效果，若这样做了大部分的瘙痒即可解除。万一，瘙痒还不见减轻，还伴有其他症状，感觉不正常时，应考虑是内在疾病引起，这时不要犹豫，应速去妇科就诊。

什么是经期过敏

女性在经期，敏感部位的皮肤最易受损伤。调查表明，73%的女性会在经期感到局部皮肤瘙痒、灼痛。使用卫生巾过敏可能有两种原因，一是患者本身皮肤敏感，现在很多卫生巾是干爽网面的，网面是纤维制成的，一部分人可能会过敏；另一种是卫生巾本身不符合标准，达不到卫生要求。此外，对于现在市面上颇为流行的药物卫生巾，有的女性可能也会对这些药物有过敏现象。

有些女性每到经期使用卫生巾后，总会感觉到外阴处有不适感，如微痒、大腿两侧发热、有少许红肿等，这种现象就是卫生巾过敏，原因何在呢，原来平日女性的阴道酸碱值为 3～5，偏酸性的阴道能有效地防止细菌滋长，但到了行经期间阴道偏呈碱性，因而对抗病菌能力大大减弱，此时如果不注意卫生，就容易引起瘙痒、红肿等炎症。对于那些肤质敏感，因生活工作关系走动较多，疏于勤换卫生巾的女性易成为发生对象，而长期使用化纤面料的卫生巾，因透气性差，局部湿热易刺激皮肤也是重要原因之一。因此，有过敏现象的女性千万要注意爱惜自己的身体，切勿以忍忍就过了而委屈自己，以免影响自己工作生活的情趣，还给病菌留下可乘之机。经期来时，要保持阴部的干爽清洁，勤于洗换内裤、卫生巾，选用棉质透气性好的卫生巾。

什么是痛经

月经期间发生剧烈的小肚子痛，月经过后自然消失的现象，叫作痛经。痛经在女性疾患中为普遍发生的疾病，19 岁以前痛经发生率明显增高。

多数痛经出现在月经时，部分人发生在月经前几天。月经来潮后腹痛加重，月经后一切正常。腹痛的特点与月经的关系十分密切，不来月经就不发生腹痛。因此，与月经无关的腹痛，不是痛经。

痛经可分为原发性痛经和继发性痛经两种。原发性痛经是指从有月经开始就发生的腹痛，继发性痛经则是指行经数年或十几年才出现的经期腹痛，两种痛经的原因不同。

原发性痛经的原因为子宫口狭小、子宫发育不良或经血中带有大片的子宫内膜，后一种情况叫作膜样痛经。有时经血中含有血块，也能引起小肚子痛。

继发性痛经的原因，多数是疾病造成的，例如子宫内膜异位、盆腔炎、盆腔充血等。近年来发现，子宫内膜合成前列腺素增多时，也能引起痛经。因此，需要通过检查，确定痛经发生的原因之后，针对原因进行治疗。

痛经如何治疗

痛经的治疗方法较多，主要的治疗方法有下列几种。

(1) **一般治疗**：患者应解除恐惧、忧虑和紧张的情绪，注意营养和经期卫生，做适当的运动以增强体质。适当地节制性生活，经常保持大便通畅，以减轻盆腔充血。

(2) **对症治疗**：腹痛难忍时，可注射止痛针，口服止痛药片或用镇静药，都可以解除疼痛，收到暂时性的效果，但药效消失后腹痛往往又犯。

(3) **物理治疗**：常用红外线、超短波、电离子疗法、泥疗、按摩等。若选用恰当，可解除疼痛。

(4) **内分泌治疗**：经检查如明确是内分泌失调而引起痛经的，要在医师的指导下，经前一周用小量黄体酮可减轻子宫的痉挛，促进子宫内膜发育，可防止来经时疼痛。或以雌激素对抗黄体酮的作用，或用抑制卵的药物，均能达到止痛的目的。用内分泌治疗要适可而止，否则反而会加重内分泌紊乱。

（5）**根除子宫疾患**：子宫本身的疾病所引起痛经的，只要消除了病根，痛经即可消除。如子宫颈口狭窄的，可用器械扩张子宫颈口，使经血流畅而痛经消失。若子宫肌壁间或黏膜下有肌瘤的，可手术切除，痛经就消失。

痛经如何护理

可以根据自己的实际情况，为了配合治疗采取一系列自我调养方法，帮助病患能康复，消除不舒适。

（1）**保持心情愉悦**：月经病患者心情的好坏，对病情有很大影响。月经来时有不少患者会产生恐惧与紧张的心理。患者应自己调节精神，保持心情舒畅，特别是在月经来潮之前与经期，更要保持良好的心理状态。

（2）**改善生活环境**：生活在舒适和谐的环境中，人们的心情则能愉悦，也就有利于疾病的康复。生活环境含家庭的卫生、居室的摆设等。

（3）**合理调配饮食**：饮食可以健身，也可以治病。合理调配饮食，不仅要注意饮食的数量，而且要对饮食的软硬、冷热、品类等进行选择。大葱、韭菜、蒜、辣椒等食物，性味均属辛热，少食有健脾通阳功效，可配用于月经病之属于寒证者；各种水果及一些瓜类，性味多偏寒凉，不宜在月经期过多食用。

（4）**注意运动适度**：过度劳累对健康不利。多去参加任何活动，避免过于安逸，造成懒惰。应养成良好的生活起居规律。通过适度的劳动，以帮助气血运行，增强机体的抗御能力。

如何减轻痛经

相当数量的未婚女性，每次来月经时往往有下腹阵阵疼痛、腰膝酸软、全身倦怠乏力等不适感，有的还伴有头痛、恶心、呕吐、腹泻等症状，这就是令人特别苦恼的痛经。

经期出现这类症状的主要原因是青春期女性生长发育较快，神经系统发育不够完善，而造成自主神经功能紊乱及水盐代谢平衡失调。大多数青春期少女，会经历经期不适，但一般情况下属于正常生理现象，无须进行治疗。尽管如此，疼痛的刺激常使人坐卧不宁、睡眠不安，建议患有痛经的女性每晚睡前喝一杯加一勺蜂蜜的热牛奶，即可缓解甚至消除痛经之苦。对于严重痛经的青春期女孩，应到医院进行检查，针对引起痛经的原因，在医师指导下进行治疗。

此外，调整好心态，从容地面对生活压力，也是解决经期不适的有效方法。不妨在月经来之前就有意识地安抚自己，暗示自己："一切都没什么大不了，一切都会很顺利，即使疼痛也是为了换取更多的快乐，能月月都正常地来月经，说明我很健康，很女人。"在生活安排上，尽量让自己舒适、轻松、快乐一些。多休息，多娱乐，自我调节一下生活节奏。

什么是闭经

闭经是指已年满 18 周岁月经尚未来潮，或月经已来潮又连续 6 个月未行经。闭经分为二种：一是生理性闭经，一是病理性闭经。一般年龄超过 16 岁，第二性征已发育，以后月经 3 个周期或 6 个月未来者，称为原发性闭经；月经曾经来潮而后连续 3 个周期以上不来者，称为继发性闭经。原发性闭经常见的有以下几种情况。

(1) **疾病**：主要包括消耗性疾病，如重度肺结核、严重贫血、营养不良等；体内一些内分泌紊乱的影响，如肾上腺、甲状腺、胰腺等功能紊乱。这些原因都可能引起闭经，只要疾病治好了，月经也就自然来潮。

(2) **生殖道下段闭锁**：如子宫颈、阴道、处女膜、阴唇等处，有一部分先天性闭锁，或后天损伤造成粘连性闭锁，虽然有月经，但经血不能外流。这种情况称为隐性或假性闭经。生殖道下段闭锁，经过医师治疗，是完全可以治愈的。

(3) **生殖器官异常**：功能不健全或发育不良。

(4) **结核性子宫内膜炎**：这是由于结核菌侵入子宫内膜，使子宫内膜发炎，并受到不同程度的破坏，最后出现瘢痕组织，而造成闭经。因此，得了结核性子宫内膜炎，应该及时治疗，不可延误。

(5) 脑垂体或下丘脑功能不正常：脑垂体功能失调会影响促性腺激素的分泌，进面影响卵巢的功能，卵巢功能不正常就会引起闭经。另外，下丘脑功能不正常也会引起闭经。

心理因素会引起闭经吗

闭经往往由于生殖系统局部病变或全身性疾患引起，而其中心理因素引起的女性闭经占有一定的比例。

实际上，女性月经与神经系统、内分泌系统有着密切关系。例如，农村到城市打工的年轻女性，发生闭经的概率较高，是因为她们在农村的生活一般都很平静，但到了城市后，突然适应不了激烈竞争的环境和复杂的人际关系，大脑神经系统始终处于高度紧张状态。精神的紧张及情绪的波动影响了神经系统的功能，从而导致闭经。

医学上称为"假性怀孕"也是一种与心理因素有关的病例。有的女性发生了闭经以后，以为是怀孕了，但实际上并非怀孕，通常发生在非常想要孩子的妇女身上。这种妇女可能表现出怀孕的样子：不来月经、呕吐厌食、体重增加、喜食味酸水果、分泌乳汁，甚至病人自己还会感觉到胎儿的运动，然而，经过仔细检查却无怀孕临床迹象，是由于这些妇女对生儿育女的期望过于强烈的心理因素影响，使神经系统的功能失调，从而导致了"假性怀孕"。

神经性厌食也是心理因素影响导致食物摄取不足和营养不良，因而使月经停止。临床上常见的是年轻女性不恰当地减肥而过于限制进食导致出现闭经。

可致心理因素造成闭经情况还有学生考期将至、失业、调换工作和男友发生冲突或亲人亡故等。对于这种女性的闭经必须进行心理治疗，亲切的开导疏解是最常见的基本方式，一般无须求医。只要保持良好的心态，月经很快即可恢复正常。

什么是生理性闭经

凡年满 18 岁以上的妇女，月经尚未来潮或月经周期已经建立后连续 3 个月以上不来月经的，都叫闭经。前者为原发性闭经，后者为继发性闭经。闭经又分生理性和病理性两类。生理性闭经属于正常现象。青春期发育的早期，在初来月经的二三年内，由于卵巢功能尚不稳定，月经周期往往不规则；受孕后的妇女，由于卵巢黄体产生大量黄体酮，刺激子宫内膜不断增生而不脱落，所以就不会来月经；分娩以后，卵巢功能恢复需要一定时间，加之哺乳对卵巢的抑制，月经的恢复更晚；妇女到 40 岁以后，由于卵巢功能的逐渐衰退，月经经常数月一次直至绝经。这种在发育期、妊娠期、哺乳期和绝经期所发生的闭经称为生理性闭经，属于正常现象。

何谓病理性闭经

由于生殖系统的局部病变和全身性疾病引起的闭经，称为病理性闭经。引起病理性闭经的原因很多，可分为以下几个方面：

(1) 精神因素，精神上的创伤、恐惧、紧张等。

(2) 营养不良。

(3) 全身性疾病，如严重贫血、结核、肾脏病、糖尿病等。

(4) 子宫本身疾病，如先天性无子宫、子宫发育不良、创伤、刮宫过深、宫腔粘连等。

(5) 卵巢疾病，如卵巢先天性缺如或发育不良或手术切除、恶性肿瘤等。

(6) 内分泌腺疾病，如垂体、甲状腺、肾上腺等的病变。

另外尚需注意，有些闭经属于假性闭经，即有月经周期的变化，但因先天性畸形或后天的损伤使经血不能外流，而引起的这类闭经。这些病人往往有下腹周期性胀痛，并且逐月加重，与上述真性闭经不同。

闭经如何诊断

闭经是妇科疾病常见症状。是指月经停止至少6个月。根据发生的原因，分为两大类：一类是生理性闭经，即妇女因某种生理原因而出现一定时期的月经不来潮，例如初潮前、妊娠期、产后哺乳期、绝经后等。另一类是病理性闭经，是因某些病理性原因而使妇女月经不来潮。若按发病年龄来分又可分为原发性和继发性两类。前者系指凡妇女年满18岁或第二性征发育成熟2年以上仍无月经来潮者，后者是指凡妇女曾已有规则月经来潮，但以后因某种病理性原因而月经停止6个月以上者。引起病理性闭经的原因很多，也很复杂。归纳起来大致有这几方面的原因：如子宫发育不良、子宫内膜结核、刮宫术造成的子宫腔粘连、卵巢功能失调、卵巢早衰、多囊卵巢综合征、垂体肿瘤、产后大出血引起的垂体前叶坏死，或因精神创伤、忧虑恐惧或严重的营养不良等引起下丘脑功能紊乱而导致闭经。

闭经只是一种症状，引起闭经的原因很多，可归纳为以下几类：①子宫因素。如先天性无子宫、子宫内膜因严重感染、结核、产后或流产后感染。②卵巢因素。如先天性无卵巢或发育不良，卵巢因炎症、肿瘤、放射等损伤。③脑垂体因素。脑垂体因产后大出血而缺血坏死。④丘脑下部因素。精神创伤、过度忧郁、抑郁、紧张、恐惧、生活环境突变，都可影响丘脑下部的调节功能而引起闭经。

诊断时首先要寻找闭经的原因，即丘脑下部－垂体－卵巢轴的调节失常发生在哪一个环节，然后再确定是哪一种疾病引起的。

月经逾期就是闭经吗

闭经是妇科疾病中的常见症状，根据其发病原因，可分为生理性与病理性两大类。女性年满18岁仍无月经来潮，或以往曾建立正常月经，但以后因某种病理性原因而月经停止超过6个月以上的，才属闭经范畴，故月经逾期不来未必即是闭经。

青春期前、妊娠期、哺乳期、更年期的停经及绝经期后的月经不来潮均属生理现象。

青春期前，少女月经初潮后，由于卵巢功能尚未健全，故其月经周期也多无一定规律，可有闭经现象。

育龄妇女怀孕后黄体继而胎盘分泌大量雌激素及孕激素，对下丘脑及垂体的负反馈作用，导致促性腺激素分泌减少，故妊娠期卵巢无卵泡发育成熟，也无排卵，月经暂停。

哺乳期妇女在产后的一定时间内，体内促性腺激素水平低下，卵巢激素水平不高，因而可有闭经现象。

更年期女性的卵巢功能开始呈渐进性衰退，故更年期女性月经周期呈不规则状态，甚至闭经，绝经是卵巢功能衰竭的重要表现，是月经的最后终止。

人流术后为何闭经

有些未婚先孕的女孩子或是刚结婚的初孕妇女，常因不能结婚或因需要学习、进修等原因而去施行人流术。术后有人发现自己月经渐渐减少，甚至闭经，有时伴有周期性的下腹痛等，这是怎么回事呢？

这是由于不当的刮宫手术（包括无菌条件差，术者负压掌握不好和搔刮技巧过度）损伤子宫颈或是子宫内膜的基底膜造成子宫颈内口粘连或子宫壁部分粘连，继而导致闭经。这样，即使出现内膜周期性变化，因经血不能流出而潴留于宫腔内，形成周期性下腹痛。在临床上，被称为继发闭经。对于较轻的宫颈口粘连，可用探针分离开，对严重的颈口或宫腔粘连需进行手术分离。为防止再被粘连可于术后置入一枚宫内节育器。对过度萎缩的内膜，用人工周期治疗半年，可望恢复受孕能力，但往往再孕后发生流产、早产等，严重有胎盘植入，因此如若没有物质和思想准备接受妊娠的新婚夫妇一定事先避孕，以避免发生上述并发症。

闭经如何护理

要保持精神愉快，心情舒畅。少吃或不吃生冷食品，避免腹部受凉，人工流产后，分娩后尤应注意加强营养。本病较为难治，一旦诊断应积极治疗。

平时加强体育锻炼，常做保健体操或打太极拳，跳中老年迪斯科舞等。避免精神刺激，稳定情绪，保持气血通畅。经期要注意保暖，尤以腰部以下为要，两足不受寒，不涉冷水，并禁食生冷瓜果。经期身体抵抗力弱，避免重体力劳动，注意劳逸适度，协调冲任气血。经期不服寒凉药。加强营养，注意脾胃，在食欲良好的情况下，可多食肉类、禽蛋类、牛奶以及新鲜蔬菜，不食辛辣刺激食品。去除慢性病灶，哺乳不宜过久，谨慎避免人工流产术，正确掌握口服避孕药。肥胖病人应适当限制饮食及水盐摄入。

妇女经前期为何情绪低落

从生物学角度看，显然要涉及月经周期中固有的性激素的波动。在经前期、绝经期、产后及服用避孕药的妇女中常见抑郁的发生。由于传统习俗的长期影响，使妇女认为月经前必然出现焦虑，这是对妇女文化压迫的结果，她们在经前期总是期待焦虑、情绪低落的发生。

月经周期既反映了女性生殖器官功能的变化，也反映出与生殖功能有关的心理活动和行为的变化。月经周期中无论是性激素，还是垂体促性腺激素都将发生一系列变化，它们将通过一定的神经机制影响着妇女的心理活动和行为，引起一些情绪变化。当然，情绪变化和紧张也能影响生殖激素的水平，并导致排卵抑制和周期紊乱。

许多女性在月经周期中存在情绪波动问题，尤其是在月经前和月经期，情绪十分低落，抑郁或脾气急躁。主要表现为烦躁、焦虑、易怒、疲劳、头痛、乳房胀痛、腹胀、水肿等，她们常常会说："又快倒霉了。""倒霉"是一些女性对月经的俗称。统计表明，很大比例的妇女暴力犯罪活动和自杀都发生在经期4天和经期前4天这段时间内。将近半数的工厂女工会认为她们的工作有危险性，将近半数的女精神病患者是这几天入院的，将近半数的妇女紧急事故也发生在这几天。就连带孩子看病也受到这种情绪波动的影响，母亲因自身焦虑，哪怕孩子没多大问题也要往医院跑一趟。当然，并非所有妇女都存在这种情绪改变，情绪改变也不会全这么严重。

引起经前期综合征的原因有哪些

激素失衡并不是经前期综合征的唯一原因，还有很多其他的情况对发生经前期综合征及其严重程度负有不可推卸的责任。

（1）**遗传**：如果母亲、姨妈和姐妹都有经前期综合征，那么女孩就很有可能患上此病。

（2）**避孕药**：避孕药具有两面性。有些人服用避孕药会导致经前期综合征发作或使已有的症状加剧；而有些人服用则会使病情减轻。这取决于药物是使其激素达到平衡还是使之失去平衡。

（3）**不良饮食习惯**：饮食可以使经前期综合征恶化，尤其当摄入大量的咖啡因、酒精、糖、盐或饱和脂肪的时候。某些特定营养成分的缺乏会使病情加重。例如，维生素 A、维生素 B_6、维生素 B_{12}、维生素 C 和维生素 E、钙、镁、钾和锌缺乏，都会使症状加重。

（4）**脑内某些特定的化学物质失调**：能引发经前期综合征，导致激素生成失衡、水潴留、情绪和行为失常。脑内神经递质血清素的缺乏就对焦虑、易怒和失眠负有不可推卸的责任。

（5）**其他**：一些可能引起经前期综合征的因素还包括缺乏锻炼、紧张、甲状腺功能不良、食物过敏、水银补牙和寄生虫等，但目前所有这些尚未得到证实。但是，激素失衡、液体潴留、维生素缺乏和低血糖是引发经前期综合征的主要原因。

经前期综合征何时初次发作

经前期综合征的初次发作通常和青春期、第一次怀孕后、开始或停止服用口服避孕药有关。它随着怀孕或者年龄增长会逐渐加重，加重到一定的程度后，便稳定发作，直到绝经期（通常是在 55 岁左右）所有症状自行消失。但是外科手术（子宫切除术）引起的绝经一般不会导致经前期综合征的治愈。子宫或卵巢切除的女性，其经前期综合征的症状仍然存在，直到更年期的到来。很显然，无论这些器官切除与否，体内的激素周期都存在。

如何诊断经前期综合征

主要依靠了解病人病史和家族、家庭史。由于许多病人有情绪障碍及精神症状，故要特别注意这方面的情况。

（1）**现在临床主要根据下述 3 个关键要素进行诊断**：①在前 3 个月经周期中周期性出现至少一种精神神经症状，如疲劳乏力、急躁、抑郁、焦虑、忧伤、过度敏感、猜疑、情绪不稳等和一种体质性症状，如乳房胀痛、四肢肿胀、腹胀不适、头痛等。②症状在月经周期的黄体期反复出现，在晚卵泡期必须存在一段无症状的间歇期，即症状最晚在月经开始后 4 天内消失，至少在下次周期第十二天前不再复发。③症状的严重程度足以影响病人的正常生活及工作。凡符合上述 3 项者才能诊断经前期综合征。

（2）**定量（按症状评分）的诊断标准**：通过调查分析了 170 例经前期综合征妇女及无症状对照组，发现经前期综合征在情绪、行为、举止方面最常见症状 12 种、最常见的体质症状 10 种，它们依次为：疲劳乏力（反应淡漠）、易激动、腹胀气及四肢发胀、焦虑／紧张、乳房胀痛、情绪不稳定、抑郁、渴求某种食物、痤疮、食欲增加、过度敏感、水肿、烦躁易怒、易哭、喜独处、头痛、健忘、胃肠道症状、注意力不集中、潮热、心悸及眩晕等。每种症状按严重程度进行评分：有轻微症状，但不妨碍正常生活，评 1 分；中度症状，影响日常生活，但并未躺倒或不能工作，评 2 分；重度症状，严重影响日常生活，无法胜任工作，评 3 分，分别计算卵泡期（周期第 3～9 天）及黄体期（周期最后 7 天）7 天的总分。诊断经前期综合征的标准为：①黄体期总分至少 2 倍于卵泡期总分。②黄体期总分至少大于 42 分。③卵泡期总分必须小于 40 分，如大于 40 分应考虑病人为其他疾病。这一方法虽然烦琐，但不致误诊。总之纯粹的经前期综合征，在排卵前必存在一段无症状的间歇期，否则须与其他疾病（仅在月经前症状加剧）进行鉴别。

经前期综合征如何鉴别诊断

鉴别诊断需要识别一些引起类似症状的器质性或精神疾病。不在经前发生的症状不属经前期综合征，但有些经前加重的疾病，如偏头痛、盆腔子宫内膜异位症都不属于经前期综合征。经前期综合征与精神病的鉴别十分重要，特别是对那种兼有两种疾病者，经前期综合征患者的精神病发生率约30%，这类患者因经前精神症状加重的住院率明显增加。如果病史提示患者有精神病史或卵泡期的精神症状评分高，应指导患者到精神病科就诊。

经前期综合征的症状均非经前期综合征所特有，因而常需与其他疾病鉴别，尤其要与精神病疾患鉴别。首先要注意症状有无周期性出现这一特点，如忽视症状的周期性及经前期出现这一特点，经前期综合征就容易与通常的精神焦虑及抑郁症相混淆，后者在月经周期的3个阶段（卵泡期、排卵期及黄体期）症状相同，严重程度缺乏规律性改变。其次通过卵泡期有无症状存在这一特点与周期性加剧的慢性疾病相鉴别，如常遇见的特发性、周期性水肿，它是一种好发于女性的不明原因水肿，其特征是周期性肿胀及焦虑情绪发作，标志着水电解质平衡失常（醛固酮分泌增加）。与经前期综合征鉴别的依据是它在整个月经周期均可出现症状，而在月经前症状加剧。应用过多利尿剂可能加重症状，以转内科诊治为宜。又如复发性抑郁症月经前加剧，就难以与经前期综合征鉴别。

需要与经前期综合征鉴别的常见疾病有：①适应性障碍伴抑郁情绪抑郁。②情感性障碍。③焦虑症。④物质滥用症。⑤人格障碍。⑥痛经。⑦产后抑郁症。

需要与经前期综合征鉴别的少见疾病有：①精神病。②进食障碍。③乳房痛。④躁郁症。

如何治疗经前期综合征

经前期综合征患者症状一般不重，不影响工作和学习；少数患者症状明显，仍能工作，但注意力不易集中，工作学习效率低；极少数患者症状严重，影响工作和学习，因而需要治疗。根据其症状特点一般可采用以下治疗。

(1) **纠正水盐潴留**：如经前限制食盐的摄入，采用低盐饮食，同时加服一些利尿剂如氢氯噻嗪、氨苯蝶啶等，于经前 10 天开始服用，直至月经来潮，以排除体内钠盐而减轻或消除水肿。

(2) **镇静**：精神神经症状明显患者可服用一些镇静剂如地西泮、苯巴比妥、谷维素等以减轻症状。

(3) **性激素治疗**：合并卵巢黄体功能不足时可用性激素治疗。①用孕激素（黄体酮、甲羟孕酮等），以补充其体内的不足，并对抗雌激素以促进其排泄，消除体内过量的雌激素。②用雄激素对抗雌激素。③雌、孕激素联合应用以抑制排卵，或绒毛膜促性腺激素以促进黄体发育，增加孕激素的分泌等。

(4) **维生素**：维生素 A 能增进肝脏对雌激素的排泄；维生素 B_6 调整自主神经系统功能，用此治疗经前头痛等。

(5) **注意劳逸结合**：避免精神过度紧张、劳累，尤其是在月经前，平时精神不稳定患者更需消除顾虑，注意经期保健，建立良性月经周期循环。

经前期综合征如何护理

(1) 经前注意劳逸结合，避免精神紧张，进少盐饮食和足够的维生素和矿物质，可能有减轻症状的作用。

(2) 正确对待性知识，了解女性生理及解剖知识，消除对月经生理现象的神秘感或不洁感。

(3) 正确处理婚姻、恋爱等问题。正确对待同学、朋友、同志之间的关系。已婚妇女要注意及时调整自己的行为习惯，搞好与丈夫及其他家人的关系。

(4) 保持心情舒畅，性格开朗，不为一些小事斤斤计较。避免过于悲怒忧伤，以免加重病情。

(5) 合理安排生活、工作和学习，注意体育锻炼和适当的劳动，促进发育，增强体质，提高对疾病的抵抗力。

预防经前期综合征，要参加适当的体育锻炼，如气功、太极拳等，增强体质，锻炼意志。注意劳逸结合，避免精神紧张。增加营养，改善体质，进食高蛋白饮食，少盐饮食，限制食盐摄入量，每日 6 克左右。预防纠正低血糖。

为什么女性经前期不宜精神高度紧张

常有一些经前女性向医师诉自己有心慌、气短、心前区憋闷、全身无力等症状。有的还诉述常常失眠多梦。她们怀疑自己患了心脏病。可是经医师详细检查，心脏没发现什么问题，对这类症状，医师诊断为心脏神经衰弱症。

心脏神经衰弱症又称神经血循环衰弱症，是一种以心血管症状为主要表现的功能失调性疾病。大家知道，心血管系统是受神经、内分泌系统调节的，其中神经系统的调节起主导作用。高级神经中枢通过自主神经系统调节心血管系统的正常活动。当神经过度紧张或受外来强烈刺激等因素的作用，中枢的兴奋和抑制过程发生障碍，受自主神经系统调节的心血管系统也随着发生紊乱，引起一系列以心血管系统功能失调为主的症状。心脏神经衰弱症是全身神经官能症的一种。患者绝大多数为中青年女性。发病原因与精神因素和个性特征有关。这些妇女在性格上多偏于胆怯、敏感、多疑、心胸狭窄，也有的偏于过分任性；主观、急躁和自制力差，她们常过分地关心自己的健康状况，十分害怕得病，当有轻微不适时，情绪就会高度紧张，内心产生恐惧。另外，学习任务繁重；工作忙乱、睡眠、休息不足、长期情绪紧张、焦虑或心理抑郁、环境变化、精神刺激或某些偶然事件的影响等，也常能诱发这种病。

患有心脏神经衰弱症的中青年妇女不必紧张。只要采取积极有效的对策，例如树立乐观主义精神，纠正不良个性，合理安排工作、学习和生活，注意劳逸结合，坚持锻炼身体、增强体质，并在医师的指导下短期应用镇静剂等，本病是可以治愈的。

经前期女性如何消除孤独感

(1) **克服自卑**：人与人之间不可相比，每个人都有长处和短处，人人都是既一样又不一样。所以，一个人只要自信一点，就会钻出自织的茧，从而克服孤独。

(2) **多与外界交流**：如果感到孤独，可翻翻旧日的通讯录，看看自己的影集，也可给某位久未联系的朋友写信、挂个电话或请几个朋友吃顿饭，聚一聚。当然与朋友的交往和联系，不应该只是在感到孤独时，要知道，别人也和你一样，需要并能体会到友谊的温暖。

(3) **"忘我"地与人交往**：在与他人相处时，无论是什么样的情境下，都要做到"忘我"，并设法为他人做点什么，你应该懂得温暖别人的同时，也会温暖你自己。

(4) **享受大自然**：生活中有许多活动是充满了乐趣的。只要能够充分领略它们的美妙之处，就会消除孤独，如有些人遇到挫折，心绪不好，但又不愿与别人倾诉时，常常会跑到江边或空旷的田野，让大自然的清风尽情地吹拂，心情就会逐渐开朗起来。

(5) **确立人生目标**：现代人越来越害怕自己跟他人不一样，害怕在不幸时孤独、孤立无援，害怕自己不被人尊重或理解，这种由激烈社会竞争导致的内心恐慌，无疑使一些人越怕越孤独，心灵也越弱。那么要克服这种恐慌与脆弱，必须为自己确立一些人生目标，培养和选择一些兴趣与爱好，一个人活着有所爱，有追求，就不怕寂寞，也不会感到孤独。

经前期失眠者为何夜间娱乐不能过度

在一定意义上来说，休闲娱乐也是一种休息方式。娱乐活动对于丰富生活内容、培养乐观情绪、消除疲劳、缓解大脑的紧张状态、改善睡眠是很有用的。但是，经前失眠者的休闲娱乐活动应以温和不带刺激、不很剧烈者为好，否则会增加患者的精神紧张和体力的疲劳，这对经前失眠者的康复无益，并且还会更加重病情。经前失眠者可选择的休闲娱乐活动有玩牌，下棋，看娱乐片，唱歌，跳舞，写字，绘画，养花，饲养观赏动物，踏青，登山等。

都市的夜生活五彩缤纷，但娱乐活动过度则容易引起经前失眠。通宵影院里的常客，围城爱好者，长时间看紧张激烈的球赛者，或痴迷于舞场，或沉湎于聊天室的网虫，因大脑过度兴奋而造成经前失眠，还易诱发不少的疾病。还有的人习惯于睡在床上言谈欢笑，这样极易使大脑兴奋性增高，导致经前失眠。

锻炼对经前期综合征有何治疗作用

（1）**降低水潴留**：运动可以使体液流动，减轻女性器官的充血，消除腹部肿胀。过多的水分通过大量出汗排出，可以减轻水潴留和肿胀。

（2）**给身体补氧**：很多女性在疼痛时喜欢塌胸、弓起双肩、缩做一团，而且呼吸短浅，这就意味着运送到组织的氧气更少了，有毒物质开始堆积。但是，锻炼时以深呼吸为主，这会改善血液循环，同时为组织提供足够的氧。此外，锻炼还可以改变姿势，加强肌肉和结缔组织，减轻各组织器官和关节上的压力，缓解疼痛。

（3）**减轻肌肉紧张**：对于由精神紧张诱发的肌肉紧张和僵直，运动是最好的解毒剂。如果辛苦地工作了一天，感到身心俱疲，那么最好的放松办法就是运动。运动不仅能放松肌肉，减轻紧张，还可以消耗那些应激激素，减轻疼痛。

（4）**提升良好的感觉**：伴随运动，身体会产生大量的内啡肽——一种让人感觉良好的激素，可以帮助人们改善情绪，缓解抑郁，消除疼痛，提升良好的感觉。

（5）**减轻精神紧张**：运动可以缓解精神紧张，同时也可以消除焦虑、神经紧张、烦躁易怒。

（6）**改善睡眠质量**：可能会发现，运动后更容易入睡，而且睡得很沉。

（7）**增加人的活力**：一般说来，一旦开始长期有规律的锻炼，就会发现自己充满活力。这可能是受以下因素综合影响的结果：全身肌肉的放松使整个人都放松下来，内啡肽水平提高，肌肉的工作效率提高了，应激激素水平下降，睡眠更好了等。

经前期综合征患者饮食要注意什么

（1）**含咖啡因的饮料**：会使乳房胀痛，引起焦虑、易怒与情绪不稳，同时更消耗体内储存的 B 族维生素，因此破坏了碳水化合物的新陈代谢。

（2）**乳酪类是痛经的祸源**：如牛奶、奶油、酵母乳、蛋等，这些食物会破坏镁的吸收。

（3）**巧克力使情绪失控**：巧克力会造成情绪更加不稳与嗜糖，除了会发胖之外，也会增加对 B 族维生素的需求。

（4）**糖类会消耗 B 族维生素**：糖类会消耗身体内 B 族维生素与矿物质，并使人更爱吃糖类食物。

（5）**酒会毒害肝脏**：酒会消耗身体内 B 族维生素与矿物质，过多的酒会破坏碳水化合物的新陈代谢及产生过多的动情激素。

（6）**高脂肪食物**：牛、猪与羊肉是高脂食品，吃多会提高对矿物质需求。

（7）**高钠食物**：使乳房胀痛，造成水肿与乳房胀痛。

经前期综合征患者如何纠正水钠潴留

经前宜限制食盐的摄入，采用低盐饮食，同时加服一些利尿剂如氢氯噻嗪、氨苯蝶啶等，于经前 10 天开始服用，直至月经来潮，以排除体内钠盐而减轻或消除水肿。在黄体期体重增加大于 2500 克，则可给予醛固酮受体拮抗剂——螺内酯 25 毫克，1 日 4 次，于周期第 18～26 天服用。钾排出量少，不需补钾，且不易发生依赖性。除减轻肿胀感，降低体重外，还可缓解精神症状，包括失眠、抑郁、忧伤。

螺内酯是一种醛固酮受体拮抗剂，不仅具利尿作用，而且对血管紧张素功能有直接抑制作用，从而影响中枢的肾上腺素能活性。据报道，螺内酯 25 毫克，每天 2～3 次，不仅对减轻水潴留症状有效，而且对精神症状也有效。

在随机对照的临床试验中已证明，螺内酯对消极心境和身体症状有效；但在交叉研究中，当服螺内酯药物组转到安慰剂组症状并未见恶化，因此对螺内酯的有效性还有待进一步研究。

如何用性激素治疗经前期综合征

合并卵巢黄体功能不足时可用性激素治疗：①用孕激素（黄体酮、甲羟孕酮等），以补充其体内的不足，并对抗雌激素以促进其排泄，消除体内过量的雌激素。②用雄激素对抗雌激素。③雌、孕激素联合应用以抑制排卵，或绒毛膜促性腺激素以促进黄体发育，增加孕激素的分泌等。

(1) 黄体酮：近年来，采用天然黄体酮（栓剂或微粒型）或孕激素制剂的较大规模的设对照的临床研究同样未能说明黄体酮或孕激素制剂治疗经前期综合征有效。因此，尽管仍有一些临床报道推荐这种补充黄体酮或孕激素的治疗方案，但其有效性并未得到确认。

(2) 口服避孕药：近年来，有报道口服避孕药使经前期综合征症状延迟或反而加重症状，以孕激素为主的口服避孕药加重经前期综合征较雌激素为主的口服避孕药更为常见。有的报道口服避孕药剂型与其对经前期综合征的疗效有关，并认为采用单相口服避孕药能改善经前期综合征症状。由于性激素本身的精神作用，较难预测个体反应，因此至少不应将口服避孕药作为经前期综合征的第一线药物。

(3) 丹那唑：是一种人工合成的抗促性腺激素制剂，对下丘脑－垂体促性腺激素具有抑制作用。临床报道指出，丹那唑每天100～400毫克对消极情绪，疼痛及行为改变比安慰剂效果好；每天200毫克能有效减轻乳房疼痛。对某些严重的经前期综合征患者，可采用丹那唑200毫克，每天2次，通过抑制排卵和卵巢性激素分泌达到治疗作用。但由于丹那唑具有雄激素特性和致肝功能损害作用，限制了丹那唑在治疗经前期综合征的临床应用，因此只有在其他治疗失败时，且症状十分严重时，才考虑丹那唑治疗。

(4) 促性腺素释放激素类似物：促性腺素释放激素类似物在垂体水平通过降调节抑制垂体促性腺激素分泌，造成低促性腺素低雌激素状态，可达到药物切除卵巢的效果。

经前期综合征患者如何减轻乳房胀痛

用胸罩托起乳房，减少含咖啡因的饮料摄入，口服避孕药都有助于缓解症状。最经济且不良反应较少的方法为口服甲地炔诺酮，它是一种具有雄激素及抗雌激素、抗孕激素特性的合成 19- 去甲甾体，通过阻断乳腺的雌激素受体，消除乳腺的周期性改变，可有效地减轻乳房胀痛及触痛，并可消散乳腺结节或缩小结节体积。不良反应主要是可引起痤疮等。重症病人可应用丹那唑。

前列腺素抑制剂，如甲芬那酸用于黄体期，能减轻经前期综合征有关的许多身体症状，对改善情感症状的报道不一致。应用于有明显经前和经期疼痛不适，包括乳房胀痛、头痛、痛经、下半背痛及全身不适，于经前 12 天用药，250 毫克每天 3 次；为减少胃刺激应餐中服，有胃溃疡病史者禁用。

泌乳素的抑制剂——溴隐亭能降低和抑制泌乳素分泌，而有效地缓解周期性乳房疼痛和消散乳腺结节。但服药后有头晕、恶心、头痛等不良反应者占 40%。为降低不良反应的发生频率和严重程度，治疗应由小剂量开始。首次 1.25 毫克／日，逐渐增量，日剂量最大为 5 毫克，于月经前 14 天起服用，月经来潮停药。有些报道表明，溴隐亭对经前期综合征的情感症状也有效。1/5 患者有恶心、头痛、呕吐、头晕、疲乏和阵发性心动过速等不良反应，餐中服药可减轻症状。

经前期综合征患者如何控制精神症状

精神神经症状明显患者可服用一些镇静剂如地西泮、苯巴比妥、谷维素等以减轻症状。5 羟色胺能类的抗抑郁剂为治疗严重的经前期综合征提供了一类新药。迄今的临床研究提示 60%～70% 经明确诊断的经前期综合征，用 5 羟色胺类抗抑郁剂可有效减轻经前期综合征的症状。一般于第一或第二个治疗周期就出现症状的改善，不良反应经常出现在用药的开始；但是暂时的，随用药时间推移或经剂量调整不良反应能消失。有二类抗抑郁剂，即5羟色胺再摄入选择性抑制剂 (SSRIs) 与三环类抗抑郁剂。

经前焦虑性情感异常症状短于1周者应强调体育锻炼、调整饮食结构、补充维生素及矿物质等自助疗法。必要时可于黄体期服安定剂，甲丙氨酯200～400毫克，或氯氮（利眠宁）5～10毫克或地西泮5毫克，日服3次。头痛、肌肉痛、盆腹腔痛等症状较突出者，可服用萘普生，首剂500毫克，以后250毫克，日2次；或甲芬那酸250～500毫克，2～3次／日。睡眠异常（入睡容易，但常在半夜醒来，浮想联翩，不能再入睡），由于失眠导致白天疲乏、情绪改变者，可给多塞平，开始剂量10毫克，需要时可增至25毫克，睡前1～2小时服。

经前加剧的抑郁性情感异常可在整个周期服用抗抑郁剂，如三环抗抑郁药，或于每晚就寝前服去甲替林25毫克，需要时可增加剂量，直至125毫克；或氯丙咪嗪25毫克／日，必要时可增至75毫克／日。或每日上午服氟西汀20毫克，失眠突出者应避免开始即予服用。

躁狂情绪与轻度抑郁情绪交替出现者，可给予服用抗躁狂药物——丁螺旋酮。

经前期综合征患者如何服用5羟色胺再摄入选择性抑制剂

由于5羟色胺再摄入选择性抑制剂对经前期综合征有明显疗效，且容易耐受，所以目前5羟色胺再摄入选择性抑制剂是治疗经前期综合征的第一线药物。

(1) 氟西汀：即百忧解，是用于经前期综合征或抗抑郁研究最多的一种。该药对减轻经前期综合征的情感症状比减轻身体症状有效，大多数剂量采用每天20毫克，整个月经周期服用，无明显不良反应。但若用到每天60毫克，由于不良反应许多患者不能坚持服用，提示大剂量不适合经前期综合征。

(2) 帕罗西汀：该药除了对经前期综合征的抑郁和焦虑症状有效外，对一般症状也有效，剂量为每天10～30毫克，平均剂量为每天20毫克。若超过20毫克方能控制症状者，应于控制症状后逐渐减少剂量。

(3) **舍曲林**：即氯苯萘胺，近年多中心临床试验已证实其在治疗经前期综合征有效，研究剂量为每天 50 ～ 150 毫克，整个月经周期服用。

经前期综合征患者如何服用三环类抗抑郁药

氯丙咪嗪是一种三环类抑制 5 羟色胺和去甲肾上腺素再摄入的药物，每天 25 ～ 75 毫克对控制经前期综合征有效，最近报道该药仅在有症状的黄体期服用也有明显治疗效果。

5 羟色胺再摄入的选择性抑制剂与三环类抗抑郁药相比，无抗胆碱能、低血压或镇静的不良反应，并具有无依赖性和无特殊的心血管及其他严重毒性作用的优点。一些头晕、恶心、头痛和失眠的不良反应通常是暂时的、轻微的。但值得注意的是，三环类抗抑郁药与单胺氧化酶制剂和一些其他药物存在相互作用，因此 5 羟色胺再摄入选择性抑制剂不应与其他抗抑郁药合用。

经前期综合征患者如何服用抗焦虑药

抗焦虑剂适合于有明显焦虑及易怒的经前期综合征患者。阿普唑仑，即佳乐定、甲基三唑安定，是一种抗焦虑和抗惊厥剂，也具有一些抗抑郁特性，属对苯二氮唑类药物。

在一些安慰剂对照双盲研究中发现，黄体期用阿普唑仑治疗经前期综合征症状有效。阿普唑仑是仅有的能只在黄体期用药就能有效控制经前期综合征的药物。由于该药发挥作用快，剂量需个体化经前用药，起始剂量为 0.25 毫克，一天 2 ～ 3 次，逐渐递增，每天 4 毫克为最大剂量，平均剂量为每天 2.25 毫克，一直用到月经来潮的第 2 ～ 3 天，这种用药方法可消除任何轻微的撤药反应。用药一开始有嗜睡的不良反应，通常在短期内消失；该药限于黄体期治疗经前期综合征，一般不产生依赖性。对那些经后仍持续有轻微焦虑和抑郁症状者，该药无效。

病人对上述控制精神症状制剂均有特异反应性，因此应对病人对所给药物的反应性至少随访三个月，当症状减轻不充分时，应考虑换用其他药物和改用其他治疗方法。由于 5 羟色胺再摄入抑制剂的有效性和可耐受性，正迅速列为严重经前期综合征患者的第一线药物，阿普唑仑也是治疗经前期综合征的合适选择。

经前期综合征患者如何通过药剂补充维生素和矿物质

维生素 B$_6$ 是合成神经递质多巴胺和 5 羟色胺的辅酶。维生素 B$_6$ 治疗经前期综合征的推荐剂量为每天 50～100 毫克，用量超过 500 毫克会导致神经损伤。

维生素 A 能增进肝脏对雌激素的排泄。治疗经前期综合征的推荐剂量：维生素 A 每天 10 000 国际单位；如用 β－胡萝卜素，则是每天 15 000 国际单位。

用维生素 E 治疗纤维囊性乳房病的同时发现维生素 E 能明显改善经前期综合征患者经前的焦虑和抑郁症状。推荐剂量为每天 400～1 600 国际单位。

高剂量维生素 C 可以降低血液中的紧张激素水平。紧张激素会削弱免疫系统。目前对维生素 C 的每天推荐量仅是为了预防坏血病。摄取更多维生素 C 对身体大有好处。治疗经前期综合征的推荐剂量为每天 0.5～2 克。

每日服用钙 1 000 毫克，镁 360 毫克可改善黄体期的负性情绪、水潴留及疼痛，可是其作用机制并不了解。有病人治疗后症状显著改善，有些则完全无效。经前补钙已被证明可以减少情绪波动，分散精力，降低水滞留，并可预防骨质疏松。除服用钙片外，也可从食物中获取钙质。有报道表明，口服镁能有效地减轻经前精神症状，但机制不明。虽然曾有报道经前期综合征病人红细胞中镁有明显缺陷，但以后未见重复性报道，也未发现血液镁与经前症状有关系。

四、围婚期保健

什么是围婚期保健

围婚期是指从确定婚配对象到婚后受孕为止的一段时期，包括婚前、新婚及孕前 3 个阶段。围婚保健是围婚期内预防严重传染性疾病和婚后防止遗传性疾病延续和出生缺陷的发生，保证健康婚配和提高出生人口素质重要措施。国外围婚保健服务形式主要有以下几种。

(1) **阻止遗传性疾病延续为主的围婚筛查服务**：该服务形式的特点是在某一遗传性疾病负担较重的国家或地区，所有新人申请结婚程序时，都要接受该病的医学筛查，高危夫妇通过咨询被告知如何避免该病延续的措施。

(2) **防止严重传染性疾病传播的围婚筛查服务**：该服务形式主要是被美国所采用，主要以法律形式规定结婚前需要强制筛查的疾病，比如梅毒、淋病、结核病等。

(3) **综合的围婚保健服务**：该服务形式的特点是将生殖健康和医学遗传学知识和方法应用于围孕保健、识别遗传高危夫妇，并建议到遗传咨询诊所接受咨询；识别出非健康状况的夫妇（性传播疾病、妇科疾病等），保障孕前和孕早期间妇女健康，减少出生缺陷和不良妊娠后果，融咨询、医学检查和医疗干预为一体的保健服务形式。

(4) **减少出生缺陷发生的围婚筛查服务**：出生缺陷的婚姻前筛查形式有单独某项筛查，也有附带筛查。筛查的方式有强制的，也有自愿的。

为什么要开展婚前保健

婚前保健是对准备结婚的男女双方在结婚登记前所进行的保健服务，重点是提供相关的生殖保健技术服务，以保障结婚后家庭幸福和提高出生婴儿素质。

开展婚前保健技术服务，不但关系到结婚男女双方的健康，建立美满幸福的家庭，促进后代的优生，而且还会影响到民族的兴旺和社会的发展。如婚前保健服务要即将结婚的男女进行一次医学检查，可以从中发现一些疾病或异常情况，通过咨询，由医生提出一个医学指导意见，这样对男女双方和下一代的健康都有利，且可促进夫妻生活的和谐和有效地安排生育计划，使婚后生活能沿着健康的道路发展，对实现人人享有生殖健康起到积极的促进作用。

婚前医学检查是准备结婚的男女双方进行体格检查和一些必要的辅助诊断检查，重点是发现影响婚育的严重疾病，并由医生提出医学意见。

婚前卫生指导是通过讲课、放录像、录音或幻灯等多种形式对准备结婚的男女进行性道德、性生理、性心理、性卫生、计划生育、生殖健康、生殖保健等教育，以帮助准备结婚的男女提高保健知识水平，从而达到增强自我保健的意识和能力。

婚前卫生咨询是由医生对受检查对象提出的问题进行解答和咨询，并且对检查中发现的异常提出医学意见。

女子"小角落"里有何大问题

婚前检查难免要检查外生殖器，然而有些女青年对此很反感——或者害羞，或者以为多此一举。其实，女性生殖道畸形者不乏其人，如果不及时妥善解决，往往使婚后和性生活蒙上浓重的阴影。

(1) **处女膜闭锁**：又称无孔处女膜。青春少女月经迟迟不见踪影，或每月发生周期性下腹痛者，首先应考虑此病。检查时可看到处女膜突出而膨胀，膜后呈紫蓝色（月经血潴留），下腹部可摸到紧张度大，又有压痛的包块。其诊断明确后，可做 C 形切开处女膜，诸症状便"迎刃而解"，患者便恢复如常人，对性生活、妊娠、生育等均无不利影响。

（2）**阴道横隔**：在胚胎发育过程中，若发生故障，可形成阴道横隔。横隔发生在阴道较高段，而且部分闭锁，可不影响性生活，并可以受孕，但在分娩时可影响胎儿娩出，宜在分娩时做横隔切开术；横隔发生在阴道较低段，可影响性生活，如完全闭锁时，其症状与处女膜闭锁大同小异。患者应及时做阴道横隔切开术。

（3）**阴道纵隔**：在胚胎发育中有"故障"，可形成完全性或部分性阴道纵隔，亦称"双阴道"。患者往往无异样感觉，不会发生经血潴留，大多数对性生活也无影响，可不必治疗，影响性生活，可施纵隔切开术。

（4）**先天性或后天性阴道闭锁**：先天性阴道闭锁多发生在阴道下段，其上段可有正常阴道。其经血潴留症状与处女膜闭锁相类似。可根据阴道闭锁部位施行阴道成形术，术后继续扩张，保持阴道通畅；后天性阴道闭锁多为幼儿期罹患疾病，或阴道误用腐蚀性药物所致，可使阴道闭锁或狭窄，月经血因此潴留，确诊后应及时手术分离治疗。

（5）**先天性无阴道**：亦为胚胎发育过程中"故障"所致。患者多数先天性无子宫或子宫发育不良，故到青春期始终无月经来潮。但患者卵巢可以发育正常，第二性征不受影响，也有性欲要求，可在婚前做阴道成形术，以解决性生活问题，但婚后不能受孕。

应如何对待性病患者的婚育问题

性传播性疾病是指通过性接触传播的疾病，我国卫生部规定梅毒、淋病、尖锐湿疣、非淋菌性尿道炎、生殖器疱疹和艾滋病，对这些患者的婚育问题，原则上是这样处理的。

（1）**梅毒**：经确诊梅毒患者要立即进行正规驱梅治疗，治疗后症状与体征消失，血清学试验 RPR 滴度下降 4 倍以上者可以结婚，但仍要定期复查随访至血清 RPR 检测阴性。若在正规驱梅治疗之前男方已与其有过性接触，另一方仍然梅毒血清检测 RPR 阴性，亦要进行正规的驱梅治疗后才可结婚，待男女双方经正规驱梅治疗，血清随 RPR 转阴后，可以生育。

（2）**淋病**：患者经正规治疗、临床症状和体征消失，分泌物培养阴性，即治愈后可以结婚和生育。

（3）**尖锐湿疣**：治疗去除疣体后，观察 6 个月无复发时，可以婚育。

（4）**非淋菌性尿道炎**：经正规治疗痊愈后可婚育。

（5）**艾滋病**：确定为 HID 感染和艾滋病人都应劝导不宜婚育。

处女膜破裂出血该怎么办

当新婚之夜初次性生活时，女方处女膜破裂会发生轻微疼痛和少量出血，这就是我们所说的"见红"，一般不需要特殊处理。然而，我们也不排除这样一些情况，有时因女性的处女膜坚厚或处女膜孔太小，或男方性交动作粗暴，可能发生处女膜撕裂后出血较多的现象。最严重者不但造成处女膜有较大裂口，而且小阴唇出现撕裂伤，导致大出血。

对于一般出血量较多者，可立即用清洁纱布或手帕堵塞于阴道下段及阴道口，系上月经带；或用手指按压填塞物压迫止血；或用一小瓶云南白药（三七粉也可）撒入伤口，然后用消毒纱布堵塞。新娘可夹紧双侧大腿，侧卧休息，6 小时后取出纱布，出血大多可止住。但 3 天内不应该再有性生活，以防伤口重新破裂。如果出血量很多，或用上述止血法无效时，应立即去医院妇产科检查治疗，不可延误。在到达医院之前，仍应采用压迫止血法，并由汽车、担架或自行车送往医院，不可让新娘步行，以免导致出血过多引起休克而危及生命。缝合止血后，愈合前不可性交。

应该如何预防初次性交大出血的出现？关键要是新郎要有耐心，动作要温柔。阴茎应缓缓地插入，慢慢地扩张过紧的阴道，不可过快过深。如果性交不能一次成功，可分次进行，并注意在性交前对新娘充分地爱抚。新娘也要学习一些性知识，消除紧张心理，才能使阴部充分放松，避免阴道撕裂伤。

每周性交几次比较合适

每周性交的频次，每对夫妇之间差别很大。主要受夫妇双方年龄、职业、性格、精神心理和环境条件的影响。

其衡量频次合适的标准是：性交后的次日不感到疲劳，身心愉快，精力充沛。那么，通常情况下，从生理和有益身心健康的角度，每周性交几次为合适呢？

新婚蜜月，夫妻双方性欲强烈，心情舒畅，又多处在假日之中，性交后有足够的休息睡眠时间，即使是每天晚上性交，也算合适。但是新婚假日之后，双方都要忙于工作和学习，就不能像蜜月中那样安排频次了。

一对身体健康的青年夫妻，以每周3次性交为宜；一对壮年夫妻，每周1～2次性生活也不算过度；40～50岁的中年夫妻，每周可安排一次性生活；一对身体健康的老年夫妻，也不应该戒除性生活。诚然，这一性交频次的安排，不适于异地分居的夫妇。对为了工作、学习、事业而不能适时进行性生活的夫妻，应表示敬意和尊重。

婚后为何尿频

婚后尿频如果不是尿道感染，可能与以下3种情况有关：

(1) 结婚后开始性生活时，阴道及盆腔受到刺激，容易造成盆腔和生殖器官充血，因膀胱和尿道二者与阴道比邻，相应引起充血，就会出现老想小便的感觉。一般新婚性生活较为频繁，往往会加重此反应。

(2) 在性生活时，宫颈、阴道、前庭大腺均会分泌一些液体增加润滑度，加上丈夫的精液，使阴部明显湿润，如果事先不注意局部清洁，这种"小环境"很容易使细菌、病毒、衣原体等滋生，导致阴道炎及外阴炎，炎症波及尿道口，也会出现频繁的便意。

(3) 由于结婚不久即受孕，早孕期间，随着子宫的膨大，子宫和盆腔充血，使紧贴子宫前方的膀胱受到压迫，同样会出现老想小便的感觉。

上述第一和第三种情况属于生理变化，只要适当控制性生活频度，注意局部清洁卫生，每晚睡前用清洁温水冲洗外阴，性生活后起床排尿一次即可。第2种情况即属于病理变化了，可能是患了尿道炎，需要积极治疗。如果在尿频的前提下还伴有尿痛，刚排完尿又想排尿，淋漓不尽，有时尿到最后还有点出血，那就可能是患了蜜月膀胱炎，此时要暂停性生活，多休息、多饮水，有利于排出细菌。此外，还可请医生开一些消炎药，首次发作时一定要用够量，以防止复发。

什么是新婚尿道综合征

新婚尿道综合征是由于女子外阴部还不适应性生活时一系列的局部刺激，包括性交的机械性刺激、性兴奋时外阴局部的充血、尿道口及阴道口黏膜出现肿胀，这些因素造成女子尿道口持续性痉挛，以及尿道周围腺体的正常分泌功能受阻，于是就能出现尿频、尿急、尿痛或排尿时尿道口部位不适等症状，这些症状很容易与新婚蜜月性膀胱炎相混淆。

如果经多次尿液检查明确并非是细菌感染的话，可采用下列几条措施：①适当休息，减少活动，停止性生活至少一周，以减少对外阴部的各种刺激。②性交后多饮水、多排尿，以清除尿道口、尿道等部位残留的性分泌物。③热水坐浴和用温水洗涤外阴部和阴道口，加速局部血液循环，减轻痉挛。④服用小苏打片，每次1克，每日2～3次，以碱化尿液，减轻排尿不适症状。⑤排尿疼痛明显者，可自己用手指在外阴部两侧大阴唇皮肤周围作轻柔的按摩，有助于解除尿道口周围肌肉的痉挛。⑥服用清热利湿的中药，药如车前子、瞿麦、扁蓄各10克，生地黄、淡竹叶、滑石各12克，通草、甘草各3克，水煎服，每日一剂，连用3～5剂。⑦不穿化纤内裤，以免化纤对外阴的刺激，保持局部良好的透气性，也可减轻或避免症状的发作。

经过上述处理，以及过一段时间的适应，症状会很快消退。新婚夫妇应该适当自控，在性生活时，不要过于激动，动作应轻柔、温和。男方对女方应多加温存和爱抚，待女方性兴奋以后，外阴部开始湿润，才将阴茎插入，避免在未兴奋状态，阴道干涩的情况下就匆忙性交，给阴道口和尿道口带来较大的刺激。

新婚性生活卫生应注意什么

新婚开始注意性生活卫生十分重要，它不但可以预防因忽视性生活卫生而引起的一些疾病如蜜月膀胱炎等，还可以避免影响性功能的发挥以致造成生育上的障碍，故新婚性生活应做到以下几点。

(1) **经常保持外阴部的清洁卫生**：男女双方除经常洗澡外还应在每次性生活前后把外阴部清洗干净，以防感染或相互污染。

(2) **严格遵守女性各期对性生活的禁忌**：即女性在月经期、妊娠期、产褥期和哺乳期应禁忌性生活。月经期性交会增加生殖道感染和产生抗精子抗体的机会，同时还会引起盆腔充血、月经过多、经期延长或腰酸腹胀等不适。妊娠初3个月性交因性冲动会引起子宫收缩，可能导致流产，妊娠最后3个月性交会使腹部受压，甚至发生早产。产褥期因分娩后生殖器尚未完全复旧，至少要产后8周后才能进行性交。哺乳期女性生殖器处于暂时萎缩状态，性交活动可能会造成组织创伤，甚至引起出血。

(3) **选择合适的时机性交**：一般最好选择在晚上入睡以前进行，以便有充分休息的时间，最佳的性交时机应是双方都有性要求的时刻。

孕前保健的内容有哪些

孕前保健主要包括以下内容。

(1) **双方的年龄及健康**：如女性小于18岁或大于35岁是妊娠的危险因素。因为易造成难产或影响胎儿发育。

(2) **心理社会环境等问题**：工作或学习过于紧张疲劳，生活困难如居住拥挤、经济拮据、家庭不和、刚刚受到重大精神打击等时不宜妊娠。

(3) **疾病处理问题**：双方患有疾病均应考虑是否适合妊娠。尤其女方如患有心脏病、肾脏病、高血压等应考虑能否承受孕产全过程。轻者可在医生指导下妊娠；重者与内科医生会诊，如不适合妊娠应在避孕情况下积极治疗。

其他慢性疾病：如女方患有精神病、糖尿病、癫痫、甲状腺功能异常等，在治疗中不宜妊娠。一些良性肿瘤：如乳腺或盆腔内良性肿瘤以及经常发作的慢性阑尾炎等，均宜在孕前手术。否则孕期加重再行治疗，不论麻醉或手术中问题，均可影响妊娠或胎儿。恶性肿瘤均应治疗后再妊娠。男女一方患有传染性疾病：如肺结核、病毒性肝炎、淋病、尖锐湿疣等在传染期均不宜受孕。女方如患肝炎已不传染，但肝功能不良，不宜受孕或在医生指导下决定。

（4）**生活方面**：如烟酒嗜好孕前应尽量戒除。口服避孕药时间较久，应于停药后半年再怀孕，期间可改用避孕工具等。

（5）**男女双方的职业**：均应注意有无长期接受有害物质的历史，如有接触影响生殖细胞的毒物应做必要的检查，必要时脱离工作环境，等恢复正常再怀孕。怀孕后应继续避免接触有毒物质，直至哺乳期后。

孕前检查与优生有何关系

孕前检查的项目除一般的体格检查外，还有血常规、尿常规，乙肝表面抗原和一些特殊病原体的检测。有条件的地方应该进行染色体的检测，避免遗传性疾病。若男性接触放射线，化学物质，农药或高温作业等，可能影响生殖细胞时，应作精液检查；若可疑患有性病或曾患性病者，应进行性病检测，发现异常及时治疗，使双方在最佳健康状态下计划怀孕。

需要进行检查的一些特殊病原体是弓形体、风疹病毒、单纯疱疹病毒，简称 TORCH。这些特殊的病原体是引起胎儿宫内感染，造成新生儿出生缺陷的重要原因之一。虽然孕妇感染大多无典型症状，但胎儿感染后常可发生严重后遗症，严重危害新生儿健康。感染的发生与我们日常生活有关，如：接触过猫狗等宠物或与动物接触密切的；有进餐半熟或生肉、生鱼和生菜经历的；曾有输血、进行器官移植的；常到人群密集处的；有过低烧经历的；长期皮肤出现过红斑、皮疹的。孕前进行四种病原体的检查，确认自己的免疫状态，病原体检查阳性表示体内已经产生抗体，今后怀孕是安全的。病原体检查阴性表明体内没有抗体，应注射疫苗。要做到明明白白的怀孕，安安全全的优生。

所以，在怀孕前应自觉到医疗保健部门进行检查，了解自己是否能安全怀孕。以往经常是怀孕后才进行检查，若发现已经感染疾病就有可能面临一些沉重的选择：是终止妊娠？还是冒着出生缺陷儿的风险？使原本欢乐的家庭增添了忧愁和烦恼，影响了身心健康。因此，孕前双方进行健康检查是保证优生后代的必要条件之一。希望每一位准备做爸爸妈妈的人能够引起足够的重视。

孕前应该注意改变哪些生活习惯

准妈妈已经决定是时候要一个小宝宝了。但准妈妈做好准备了吗？现在开始改变一些生活习惯，准妈妈就可以尽可能给准妈妈的小宝宝一个良好的起点。

(1) **改善饮食**：适当的营养对健康的怀孕期和健康的宝宝非常必要。

(2) **实现健康体重**：体重太偏高或者太偏低都会影响准妈妈的生育能力，而且会影响小宝宝的健康。

(3) **制定锻炼计划**：现在开始一个锻炼计划，一个准妈妈可以在怀孕期间坚持下去的计划。

(4) **开始服用孕前维生素**：保证每天摄入足够的叶酸以及胎儿需要的其他营养物质。

(5) **停止吸烟、饮酒，停止服用药物**：晚会和怀孕不能同时存在。

(6) **消除环境中的危险因素**：准妈妈的工作可能不像准妈妈想象得那么安全，消除工作环境中的危险因素。

(7) **停止避孕措施**：需要根据准妈妈采取的具体措施来决定，准妈妈的身体需要一段时间来恢复到自然状态，然后才能开始准备怀孕。

(8) **保证有充足的经济基础**：为人父母是很昂贵的，而且准妈妈需要承担许多义务。

如何消除忧虑感

一些年轻妇女对怀孕抱有担心心理，一是怕怀孕后会影响自己优美的体型；二是难以忍受分娩时产生的疼痛；三是怕自己没有经验带不好孩子。其实，这些顾虑都是没有必要的。毫无疑问，怀孕后，由于生理上一系列的变化，体型也会发生较大的变化，但只要坚持锻炼，产后体型就会很快得到恢复。事实证明，凡是在产前做孕妇操，产后认真进行健美操锻炼的年轻妇女，身体的素质和体型都很快地恢复了原状并有所增强。另外，分娩时所产生的疼痛也只是短暂的一阵，只要能够很好地按照要求去做，同医生密切配合，就能减少痛苦，平安分娩。

妻子怀孕之后，由于生理发生变化，心理上也会发生变化，如烦躁不安、唠叨、爱发脾气，对感情要求强烈或冷淡等。对于这些变化，丈夫应当理解和体谅，并采取各种方法使妻子的心情愉快，顺利地度过孕期和产期。尤其要主动从事家务劳动，对妻子更加体贴，这即可减少妻子的疲劳，又可增加妻子欢愉。妻子怀孕之后，对食物的要求千奇百怪，为此，当丈夫的要有心理准备，做好经常采购、挑选、更换的思想准备。

受孕需要哪些条件

(1) **女方排卵**：育龄妇女有两个卵巢，每月排出一个卵子，卵子排到盆腔内被输卵管伞端吸入输卵管内。如月经周期为 28 天，排卵的时间在月经周期的第 14～15 天，即距离下次月经来潮的前 14 天。排卵与年龄有关，也受全身健康、精神状态及外界环境变化的影响。卵子排出后存活 16～24 小时。

(2) **男方精液必须正常**：如液化时间、精子数量、形态及活动能力。精子排出后可存活 48 小时，性交时间应当安排在排卵期前后。

(3) **女方子宫颈正常**：子宫颈黏液在排卵期变为清亮，精子才能钻入到子宫颈黏液中，并储存于子宫颈管内，一批一批释放，游向子宫腔内。如果子宫颈有炎症，子宫颈黏液很黏稠，精子不易进入。

（4）**输卵管通畅，蠕动能力正常，盆腔内无粘连**：输卵管伞端可以搜集盆腔液中的卵子，精子和卵子在输卵管壶腹部结合，受精卵一边分裂成多个细胞，一边沿输卵管向宫腔运行，约3天后进入宫腔，此时称为桑葚胚或早期囊胚，其体积与受精卵相同而无增大。

（5）**子宫内膜在排卵后增厚，有分泌期的改变**：桑葚胚在宫腔内吸取分泌物作为营养，并逐渐长大，成为胚泡，约3天后种植进入子宫内膜，谓之着床。此时胚胎是否能继续发育成长，取决于胚胎自身的生存能力。内膜分泌足够的营养，如内膜有炎症或既往有炎症，尤其是子宫内膜结核形成瘢痕，内膜则犹如土壤贫瘠，胚胎难以种植。

如何掌握好受孕规律

多数妇女排卵是在下次月经前14天左右。根据精子、卵子成活时间计算，在排卵前2～3天至排卵后1～2天为易受孕期，其余时间则为安全期。夫妻双方为了尽快达到怀孕的目的，在安全期应尽量减少房事，以便"养兵千日，用兵一时"。当易受孕期到来的时候，尽量不要错过房事，这样便极可能达到夫妻间的愿望。

在易受孕期，宫颈黏液增多，稀薄而透明。见到这种黏液，可考虑时值排卵期或排卵前期。结合基础体温测定，也可推测排卵期。妇女在排卵期时，体温可增高0.3℃～0.5℃，也就是说当准妈妈的基础体温是37℃时，那么排卵期的体温应该是37℃加0.3℃～0.5℃。体温升高应排除患病所致的体温升高因素。

我国目前尚无简便、易行、准确、可靠的排卵测试法供使用。女子一般从18岁开始，卵巢功能和内分泌功能进入最活跃的阶段，并能持续约30年左右。夫妻间只要感情融洽，生活规律，女方排卵一般都是有周期性的，那么就在这个周期性的排卵中，尽快而科学地孕育自己的小宝宝吧。

如何准备好优身受孕

怀孕前 3 个月要双方身体健康无病，任何一方如果患有结核病、肝炎、肾炎，特别是女性患有心脏病、糖尿病、甲亢、性病、肿瘤都不宜受孕。病愈后也要 3 个月后再受孕。孕前 3 个月双双停止酗酒和吸烟。孕前 3 个月都要慎用药物，包括不要使用含雌激素的护肤品。从事对胎儿有害职业的夫妻，尤其是女性一定要在孕前 3 个月暂时离开。长久采用工具和药物避孕的女性，要在停药 6 个月后再孕。不要在疲劳时性交受孕。肥胖和过瘦的女性应把体重调整到正常状态。

为减少"早孕反应"对身体的营养损失，要在准备怀孕前的 3 个月积极进食富含营养素的食物，如含叶酸、锌、钙的食物。在准备怀孕前的 3 个月，多吃瘦肉、蛋类、鱼虾、动物肝脏、豆类及豆制品、海产品、新鲜蔬菜、时令水果。男性多吃鳝鱼、泥鳅、鸽子、牡蛎、韭菜。少进火腿、香肠、咸肉、腌鱼、咸菜，不要吃熏烤食品如羊肉串等。少吃罐头及少喝饮料。洗蔬菜注意以浸洗方法去掉残留农药。

在心情愉悦，没有忧郁和烦恼的状态下进行负有受孕使命的性交。丈夫要重视并让妻子达到性高潮，它对于得到一个健康聪明的孩子至关重要。

促进性高潮的小秘诀：以受孕为目的的性交特别需要视觉刺激，所以要开灯，让室内沉浸在微弱的红粉灯光下，摆上鲜花，放送轻松优美的音乐，必须打破沉默。

孕前准妈妈需要补充哪些营养

（1）**热能**：孕期由于胎儿、胎盘以及母亲体重增加和基础代谢增高等因素的影响，在整个正常怀孕期间需要额外增加热能。世界卫生组织建议，早期每日增加热能 628 千焦，而在以后两期每日增加 1464 千焦。

（2）**蛋白质**：为了满足母体、胎盘和胎儿生长的需要，孕期对蛋白质的需要增加，妊娠中期应增加 15 克，妊娠晚期应增加 25 克。蛋白质供给不足尚有发生妊高征的危险。

(3) 脂类：再生殖过程中脂类生理变化最多。胎儿贮备的脂肪可为其体重 5%～15%。脂质是脑及神经的重要部分。

(4) 碳水化合物：葡萄糖为胎儿代谢所必需，多用于胎儿呼吸，五碳糖可被利用以合成核酸，为胎盘蛋白质合成所需。碳水化合物的供给应占热能的 60%。

(5) 无机盐及微量元素：①钙和磷。钙、磷是构成人体骨骼和牙齿的主要成分。我国营养学会建议钙供给量孕中期为 1000 毫克／日，孕晚期为 1500 毫克／日。②铁。妊娠期妇女缺铁性贫血发生率较高。我国营养学会建议供给量为 28 毫克／日。③锌。除儿童以外孕妇是易缺锌的人群。我国营养学会建议供给量为 20 毫克／日。④碘。碘是甲状腺素主要组成成分，甲状腺有调节能量代谢和促进蛋白质生物合成的作用，有助于胎儿生长发育。我国营养学会建议供给量为 175 微克／日。

(6) 维生素：孕妇的维生素需要量比一般成人高很多。

孕前如何锻炼

孕妇体质不好，也影响胎儿发育，因身体不够强健而导致子宫和腹肌收缩能力弱，不能保证胎儿顺利自然分娩。如借助产钳、吸引器等生产，容易造成孩子产伤并增加产后感染的可能性。女性若能拥有健壮的身体，对怀孕、生育是很有好处的。现代科学表明，夫妇经常通过体育锻炼保持身体健康，能为下一代提供较好的遗传素质，特别是对下一代加强心肺功能的摄氧能力、减少单纯性肥胖等遗传因素能产生明显的影响。

(1) 增强身体素质：孕前锻炼的时间每天不少于 15～30 分钟。一般适于在清晨进行，锻炼的适宜项目有慢跑、散步、做健美操、打拳等，并坚持做班前操、工间操，在节假日还可以从事登山、郊游等活动。而且，这些活动千万不要因为新婚后家务负担的加重而间断。

(2) 加强腹肌和骨盆底肌的锻炼：女性内生殖器官位于骨盆内，子宫居于盆腔中央。女性腹压的方向几乎和骨盆出口平面垂直，所以骨盆底肌承受着较大腹压。如骨盆底肌不够紧张有力，会造成子宫位置不正，或影响正常分娩。

（3）调整心态：可选择太极拳、瑜伽等进行练习，可帮助女性放松、调节神经功能，提高自我控制能力，调整心态。

（4）其他：注意尽量不要错过 25 ～ 29 岁的最佳生育期，注意饮食、睡眠和身体状况，保持愉快心情，这些对优生尤为重要。

孕前如何做好免疫总动员

免疫力是指人体与生俱来的自然抗病能力。准妈妈在怀孕的 280 天里要注意以下几个方面。

（1）合理营养，吃出免疫力：充足的蛋白质、适量的维生素和一些微量元素具有免疫调节功能。蛋白质是准妈妈免疫系统防御功能的物质基础，如果蛋白质营养匮乏，会影响免疫细胞和抗体的形成，导致机体抗病能力减退，各种传染性疾病会乘虚而入。维生素 A、维生素 C、维生素 E、泛酸、核黄素、叶酸和牛磺酸都是准妈妈维持正常生理功能所必需的营养素，它们的缺乏也会导致免疫力功能的降低。铜、铁、锌等必须微量元素与免疫功能也是密不可分，准妈妈如果缺乏这些元素，会抑制免疫功能，机体感染的发生率也会随之升高。

（2）良好睡眠：左右着准妈妈的免疫力，良好的身体状态与充足的睡眠息息相关。要知道，准妈妈如果睡眠不足会使体内的 T 细胞和巨噬细胞数量减少，患病的概率增加。当然，最好在晚上 11 点前睡觉，不必非要睡足 8 小时，只要第二天醒来精神舒爽就说明睡饱了。以下几个方法可有效改善睡眠：①睡前饮一杯热牛奶。②睡前 4 ～ 6 个小时内避免情绪兴奋。③卧室温度保持在 18℃ ～ 22℃之间。④中医传统理论讲究"头凉脚热"，夏天可以用冰枕、玉枕，冬天睡觉前一定用热水好好泡泡脚。

（3）每日运动一小会儿：对免疫系统来说，运动胜过所有的药物，也有试验表明，机体处于运动状态时，免疫细胞分泌干扰素的量比平时增加 1 倍以上。虽然准妈妈隆起的腹部影响了剧烈活动，但还可以选择散步、做孕妇操、游泳等较轻微的运动项目，每天坚持一小会儿，持续 12 周后，不仅免疫细胞数目会增加，免疫力增强，还有利于顺利分娩。

五、孕期保健

为什么生孩子不要太晚

近年来，由于社会竞争日益激烈，女性面临的压力越来越大，很多女人为了求学、就业甚或是由于没房子，生孩子这样的大事也就被一拖再拖。流行病学调查表明，母亲年龄越大，婴儿患先天性染色体异常导致先天愚型及患其他异常疾病的概率也越高。据统计，20 岁左右的产妇所产婴儿患先天愚型的比率是 1/1923，30 岁的比率是 1/885，35 岁的比率是 1/365，40 岁比率是 1/105，所以，生孩子还是别太晚。

35 岁或超过 35 岁第一次生孩子的产妇都是高龄初产妇。妇产医院通过对 1989～1999 年分娩的 186 例高龄初产妇进行分析，并和同期正常年龄组的产妇进行对照发现，近 10 年来高龄初产妇明显增多，其中以往有不良孕史、并发妊高征、合并子宫肌瘤的也比正常年龄组多；剖宫产率明显增加；新生儿体重明显增加。

尽管如此，但产后出血等不良妊娠结局却没有增加，高龄产妇也能平安生产，这是由于妇产医院产科技术水平更加过硬的结果。对高龄产妇，妇产医院坚持采取一系列先进检查、技术手段，耐心建议高龄产妇在 16～22 周内一定要做产前诊断，如羊水穿刺等，排除胎儿异常；从孕妇怀孕到生产都给予全程负责等，保证了高龄产妇产程安全。

怎样确定自己怀孕了

健康有性行为的育龄妇女，月经来潮时间推迟，停止半个月到 1 个月就应考虑有怀孕的可能。同时伴有胃肠症状，如偏食、喜酸、厌油腻，甚或有恶心、呕吐以及乳房胀等感觉，为怀孕的佐证。

也有些妇女怀孕后并无胃肠道反应，亦未感到有任何异于平时生活的情况，或平时亦有月经延期的情况，虽停经半个月到 1 个月亦难以确定是否已怀孕。还有些妇女盼子心切，由于神经内分泌的反应，出现停经及胃肠道反应等早期妊娠症状，实际并非怀孕。因此，只凭停经、早期妊娠反应这些表现来确诊早期妊娠是不完全可靠的。

现在，临床上多采用晨尿做妊娠免疫试验来确诊早孕。妊娠试验反应阳性者为妊娠，阴性则非妊娠。

怀孕以后，除了闭经、妊娠反应等症状之外，生殖器官还可出现一系列重要的生理改变，如阴道壁和子宫颈充血、变软、呈现紫蓝色；子宫体增大、变软。最初子宫略饱满，妊娠 5 ～ 6 周时呈球体，以后逐周增大，孕 3 个月时，子宫可超出盆腔。以上变化，通过妇科检查可清楚地表现出来，再结合临床症状及妊娠试验，可正确诊断早孕。

怎样知道怀了几个胎儿

孕早期，怀了双胎孕妇的妊娠反应常常很严重，到了妊娠 10 周以后，子宫生长得很快，比单胎孕妇的腹部增大明显。

到妊娠 20 周后，子宫增长得更快，双胎孕妇的腹部比单胎孕妇的更大。早孕时，如果妊娠反应很严重，就要想到怀孕双胎的可能，医师做盆腔检查就会发现，子宫明显大于停经时间应有的大小。

有时未做盆腔检查，但在妊娠 12 周以后，医师用多普勒胎心听诊器可以听到有两个不同速率的胎心，有时因可疑双胎或其他原因需做 B 超检查，孕早期 B 超可看见两个胎囊，在妊娠 8 周后，可看到两个胎心，并能够很清楚地看到有两个胎儿的存在，双胎的诊断就可以确诊无疑了；如果孕妇有多胎的家族史，或怀孕前服用过促排卵的药物，更要注意怀孕双胎的可能。

孕初期要做哪些事

（1）**首次体检**：孕妇的首次体检包括询问家庭史和本人病史、测量基础血压、称体重、听心肺、妇科检查以及化验小便、肝功等。

（2）**建立"孕产妇保健手册"**：在医师确定怀孕后，孕妇应立即建立"孕产妇保健手册"，俗称"建卡"或"建本"。在医师的指导下安然度过妊娠、分娩与产褥各期。

（3）**测算预产期**：妊娠通常持续 9 个多月。在这 9 个多月的时间里，胚胎从一个简单的细胞，变成由数百万个细胞组成的、极复杂的有机体。在整个人生过程中，任何时间都不会像这一小段时间那样生长得如此迅速。

一旦确诊妊娠，便可预计孩子出生的时间，这在医学上称为"预产期"。

计算预产期，只需在末次月经第一天加上 9 个月零 1 周即可。例如：末次月经是 1 月 1 日，加 9 个月为 10 月 1 日，再加 1 周（7 天），为 10 月 8 日。10 月 8 日就是预产期。

真正分娩可能发生在预产期的前后 2 周内。

每 3 周来 1 次月经的妇女，其妊娠期限应为 280 天 − 1 周 =39 周。

每 4 周来 1 次月经的妇女，其妊娠期限应为 280 天 =40 周。

每 5 周来 1 次月经的妇女，其妊娠期限应为 280 天 + 1 周 =41 周。

如果孕妇的月经周期不太规则，或者记不清末次月经的日期，就应在孕早期根据妇科检查来推算。

怎样做好早孕期的保健

早孕期是指受孕后的头 3 个月（即前 12 周），这时期是胚胎形成阶段，所以也可称为胚胎期。此期如不注意，可能影响胚胎的正常发育，甚至引起早期流产或先天畸形，因此保证早孕孕妇的健康非常重要。

首先要注意孕妇的工作性质和条件，凡是接触有害物质，如汞、苯以及放射线、噪声等工作环境的，就应申请暂时调离这些工作岗位，以免这些有害因素影响胚胎发育，造成畸胎。

其次要心情愉快、思想放松。早孕期有妊娠反应者，只要正确对待处理，一般3个月后会逐渐恢复正常。为了避免或减少恶心、呕吐等胃肠道不适，可采用少吃多餐的办法，注意饮食清淡，不吃油腻和辛辣食物，但一定要坚持进食，否则会影响孕妇健康，也不利于胚胎发育。孕妇可以吃些带酸味的食品，如杨梅、柑橘、醋等，以增加食欲，帮助消化。有时也可服用一些复合维生素B和维生素C或钙剂，以补充其营养。维生素B_6可能减轻妊娠反应。不能乱服"止吐药"、"秘方"或"偏方"等，以防发生不良后果。

早孕期注意避免感染，特别是病毒性感染。早孕孕妇如果患了风疹，就会导致胎儿先天性心脏病、小头畸形、神经性耳聋、智力障碍等。如果孕早期孕妇患了严重感冒，可引起胎儿唇裂，巨细胞病毒、乙型肝炎病毒等都可以使胎儿流产、畸形等，所以早孕的孕妇要注意卫生，少上街或串门，避免接触有病的人群，防止传染各种疾病。一旦有病，应去医师处诊治，说明自己已怀孕，不能自行滥服药物，一定按医嘱治疗。

怎样正确对待早孕反应

妇女在怀孕后，特别是孕早期，常常出现食欲不好、偏食、轻度恶心、呕吐、全身无力、头晕等现象。这些反应一般在清晨稍重，多数对正常生活没有多大的影响。但有些孕妇在孕早期会出现恶心、呕吐严重，不能进食、进水，更重者出现血压下降、体温升高、黄疸，甚至昏迷。

如出现以上情况怎样办呢？

(1)早孕反应轻者无须治疗，3个月后症状自然消失。

(2)严重到不能进食、进水者，应该到医院检查一下是否出现尿酮体阳性，必要时应输液，补充一定量的葡萄糖、维生素及水分。

(3)最重要的是对怀孕要有心理准备。早孕反应与孕妇的情绪关系非常密切，怀孕后心态正常、情绪稳定的人反应就小。未来的母亲怀孕后的心理是既高兴又担心，往往因为是第一次怀孕，担心的事多一些。如怕自己身体不能胜任；怕胎儿发育不好；怕万一这时生病了不能用药怎么办；怕家庭经济发生变化；怕自己的地位、人际关系发生变化等。这一系列的担心造成孕妇情绪不稳定。情绪不稳定可以产生早孕反应，此时丈夫的关心是至关重要的。丈夫应当了解孕妇的心理，解决她最担心的问题，往往比最好的良药还好。除了丈夫的关心外，周围的亲属、朋友也应当关心，让孕妇觉得生活在这个家庭和社会环境中非常温暖。孕妇本人更应当认识到，怀孕是正常的生理现象，不必存在恐惧心理，自己将是未来孩子的母亲，家庭中将要增加一名活泼可爱的宝宝，这该是多么高兴的事，这样一来早孕反应也就容易减轻甚至消失了。

怀了双胞胎应注意什么

当发现腹部明显增大与月份不符时，应尽早去医院检查；医师根据子宫明显增大、B超检查，可以早期诊断双胎，并会给予必要的指导。怀了双胞胎应注意下列事项：

(1) 由于双胞胎孕妇的血容量比单胎者明显增多，因此极易发生贫血。孕妇在孕期应尽可能多吃营养食品，特别是含铁量高的食物，并根据血红蛋白的情况及时补充铁剂。

(2) 双胞胎子宫比一般孕妇明显增大，这不仅增加了孕妇身体负担，还由于其对心、肺及下腔静脉的压迫而产生心慌、呼吸困难及下肢水肿等不适；双胞胎孕妇易合并妊娠高血压综合征；还可因子宫过度膨胀或子宫内压力不均而发生早产。因此，双胞胎孕妇常常提前住院待产，以保证产妇的休息。

双胞胎一般均可经引导顺利分娩，在少数情况下由于子宫过度膨胀使收缩力差，或胎位异常，而需要剖宫分娩。

哪些因素可致宫外孕

(1) 患慢性输卵管炎的妇女：正常情况下，输卵管通过纤毛的摆动及输卵管平滑肌的蠕动，把受精卵输送到宫腔。患有慢性输卵管炎的妇女，由于炎症及病变，使得孕卵到达宫腔发生困难。

（2）**输卵管发育不良或畸形的妇女**：输卵管肌层发育不良、内膜缺乏纤毛等病变，使输卵管输送孕卵的功能减退。输卵管畸形病变，也不易使受精卵顺利到达宫腔。

（3）**患子宫内膜异位症的妇女**：这是因为异位在输卵管间质部的内膜，致使管腔狭窄或阻塞，孕卵难以通过。另一方面，当孕卵与异位的内膜接触时，合体细胞从细胞滋养层细胞分化出来，并分泌一种溶解黏膜的蛋白分解酶侵蚀异位膜，使其形成一个缺口，让孕卵植入其中发育，从而导致在输卵管间质部发生宫外孕。

（4）**盆腔内有肿物的妇女**：由于肿物的挤压和牵引，使子宫或输卵管位置移动，结构异常，这就会影响孕卵正常达到宫腔。

（5）**输卵管结扎后再通的妇女**：不论是自然再通还是施行手术再通，输卵管均不像以前那样畅通，再通部位比较狭窄，孕卵容易被阻留在狭窄处安家落户。

（6）**有过宫外孕病史的妇女**：如果准备再次怀孕，但却没有查出和消除引起前次宫外孕的原因，则此次怀孕后发生宫外孕的风险要比一般妇女高。

孕妇什么时候开始感到胎动

开始感觉到胎动的时期因人而异，早的从妊娠 17 周即可感觉到，晚的到 20 周才感觉到。经产妇由于有经验，往往察觉得早。即便在这个月仍未感觉到胎动，也不必过分忧虑，等到下个月再看看。

最初孕妇感到在肚脐下边一带肠子转动，好像是腹泻时的感觉。初次妊娠的人往往不理会这就是胎动。最初的胎动不很活跃，不是每天都能感觉到，动也是悄悄地。但是随着妊娠周数的增加，在一天里能感觉到数次，觉得好像是胎儿在肚子里伸胳膊、伸腿。

胎动也是了解胎儿发育状况的一个标准，因此要记录首次胎动的日期，以便做检查时告诉医师。如果怀孕 5 个月还未察觉胎动时，应及时就医做进一步检查，以确定胎儿的情况。

孕妇的危险信号有哪些

(1) **宫外孕信号**：妊娠早期突然出现下腹部持续性疼痛，并伴恶心呕吐、面色苍黄、昏厥、头晕和欲大便的感觉。这是妇科急症，应立即去医院就诊。

(2) **葡萄胎信号**：表现为妊娠早期或中期子宫增长过快，与妊娠月份不符，并伴阴道少量流血，既无胎心也无胎动。

(3) **胎儿死亡信号**：增大的子宫及腹部变小，胎儿停止生长，胎动消失。数天后孕妇口臭，全身疲乏无力。

(4) **胎儿宫内缺氧信号**：12 小时胎动少于 10 次。

(5) **胎儿宫内发育迟缓信号**：子宫增长过缓，宫底达不到孕周应有的高度。

(6) **先兆流产或早产信号**：妊娠 37 周前，如果出现阵发性宫缩痛并有规律，伴少量阴道流血，应想到先兆流产或早产。

(7) **重度妊娠中毒症信号**：全身水肿近期内急剧增加，包括面部、胸、腹、大腿、小腿等处，并有头痛、眼花、血压高、尿中出现蛋白质。病情进一步发展，还会发生子痫。

(8) **前置胎盘和胎盘早剥的信号**：孕晚期发生无痛性阴道流血是前置胎盘的危险信号；孕晚期如发生腹部外伤或有妊娠中毒症史，并伴持续性宫缩痛，腹部胀大如鼓，子宫触摸较敏感或板状腹，并有阴道流血者，是胎盘早剥的危险信号。前置胎盘与胎盘早剥均是产科急症，如不及时就诊，可造成母子丧命。

怎样减轻早孕反应

在妊娠早期，约有半数以上的孕妇会发生恶心、呕吐、厌油、偏食等不适现象，称为早孕反应。有的孕妇轻些，感觉不那么难受就过去了；有的孕妇较重，每天多次恶心呕吐，尤其是进食后更为严重。

这是正常的生理现象，精神上不应紧张，轻者，要保持充足的睡眠时间，可以少量多餐进食，选择自己喜欢吃的食品，以及易消化且富含维生素 B 类的食物。在早晨起床前，先喝点米汤、稀饭等，再稍等一会儿起床。也可以辅以药物治疗，如口服维生素 B_6 10 毫克、维生素 B_1 10 毫克及维生素 C 100 毫克，每天 3 次；也可口服苯巴比妥 0.3 克或 10% 溴化钠 10 毫升，每天 2 ~ 3 次。

病情较重的，呕吐严重，吐绿水，不能进食，应卧床休息，暂时禁食 12 ~ 24 小时，然后再少量进食，不吐时可逐渐增加饮食量。若病情需要，还可给予静脉输液。

经过调理，大多数孕妇可恢复正常，减轻或消除早孕反应，只有极少数反应严重者需住院治疗。

孕妇怎样做好家庭自我监护

（1）**孕妇自测胎动**：测胎动时间从孕 7 个月开始至临产前。根据自我感觉，感到腹内胎儿活动时，用笔、纸记录，或以硬币、棋子或火柴棍等辅助计数，每日早、中、晚各观察 1 小时，每胎动一次就投出一个小物品，然后数出 1 小时共有多少次胎动，将 3 小时的胎动总数乘 4，即为 12 小时的胎动数。一般 12 小时内胎动 30 次，反映胎儿情况良好，若下降到 20 次，需立即找医师采取措施。

（2）**他人协助听胎心**：孕妇仰卧，双腿伸直，丈夫或他人可直接用听筒贴在脐左或右下方的腹壁上，耳朵紧贴在木听筒上听胎心。正常胎心跳动应该每分钟 120 ~ 160 次，如果过快、过慢或不规则都属异常现象，应及早就医。

（3）**测量子宫高度**：此项检查可间接了解胎儿在宫内生长及羊水量的情况，一般从满 4 个月后即可开始，每周测量一次。一般增长速度为每周增长 0.8 ~ 1 厘米。孕妇排尿后，在床上仰卧，两腿屈曲，双脚要实实在在落在床上。用无伸展性的皮卷尺作量具，从耻骨联合上缘的中点开始，将尺紧贴腹壁向上测量即可以触摸到的子宫最高处，这段距离叫作宫高，如增长过快、过慢都不正常。

家庭自我监护是产前检查的辅助方法，孕妇还应坚持按时去医院做系统全面的产前检查。

为何高龄初产妇生产风险大

虽然现在医学上把 35 岁定义为高龄初产，随着年龄的增长。妊娠与分娩的危险系数升高。首先是妊娠成功率下降，易于流产，与 20～29 岁的年轻孕妇相比，自然流产率增加了 3 倍。

年龄超过 35 岁的孕妇，孕晚期易并发妊娠高血压综合征，致使胎儿宫内生长发育迟缓，死胎、死产的发生率及围产儿死亡率也随之升高。据统计，高龄初产妇的妊娠高血压综合征发病率约为年轻初产妇的 5 倍。

孕妇年龄接近 40 岁甚至 40 岁以上时，胎儿畸形率较高。

孕妇年龄越大，发生高血压、糖尿病、心脏病并发症的机会越多，对胎儿的生长发育不利。

根据临床报道，30 岁已是生育最佳年龄的上限，请生育年龄的夫妇切记。

高龄初产妇会面临哪些问题

(1) 年龄的增加会给受孕带来一些困难。根据统计，30 岁的女性平均要在 7 个周期后怀孕，比 25 岁的女性多两个周期，因此在受孕这个问题上，不要操之过急。

(2) 30 岁的女性已适应自己身体的常态，所以她们需要更长的时间来接受怀孕所带来的身体变化。与无忧无虑的年轻妈妈相比，她们更清楚呵护身体和养生与优生的密切关系，情绪上会有一些波动，先是大喜过望，然后是对未来的恐惧。

(3) 胎儿出现问题的机会比年轻孕妇要多。

(4) 高龄孕妇的并发症（如心脏病、高血压、糖尿病等）可能增多，会对母婴产生一定影响。而且，高龄孕妇在整个孕期更易发生妊娠并发症（如妊娠高血压综合征、妊娠期糖尿病等），容易造成复杂的高危状况。

(5) 高龄产妇的产程可能比年轻产妇长，剖宫产率也比年轻产妇高，这些可能会使高龄孕妇紧张和焦虑。

为什么高龄产妇容易生痴呆儿和畸形儿

通常所说的晚婚晚育妇女指年龄在 23 岁以上的育龄妇女，而高龄妇女则指年龄在 35 岁以上的妇女，此时生育的子女痴呆儿和畸形儿的发生率明显增高，产妇年龄过大也会导致难产、胎儿死亡率增加。因为产妇年龄过大，卵细胞可发生变化，人体包括卵巢所承受的各种射线和有害物质的影响也就越多，这些因素都会使遗传物质发生突变的机会增多，遗传物质染色体在细胞分裂过程中发生不分离现象，最常见的是 21 号染色体不分离，结果出现先天性愚型儿。患儿的染色体分析检查可见有 3 条 21 号染色体，故又称 21 三体综合征（唐氏综合征）。这种人智能极低下，长大后生活也不能自理。除了体表异常外，尚有心脏、消化道等内脏畸形。近年还发现母亲年龄太轻或父亲 55 岁以上时，亦可能有影响。

因此凡母亲年龄在 35 岁以上，生过先天愚型儿，或家族中有先天愚型患者，都应去咨询门诊进行必要的检查，并且再次妊娠后对子宫内的胎儿应作产前诊断，以了解是否有患唐氏综合征的可能。若此胎儿染色体正常，则可继续妊娠，直至分娩；若发现有染色体异常，应及早终止妊娠。

高龄孕妇如何预防缺陷儿

如果确实无奈，"高龄"了怎么办？除了产检之外，最好在怀孕 18 周左右进行产前诊断，以防严重的缺陷儿出生。

高龄生育不是意味着就要进行剖宫产，还是要视情况而定，听听医师的建议，并且要保持良好的情绪，以迎接孩子的来临。

高龄产妇更要注重怀孕前后的准备。在围孕期（怀孕前 3 ~ 6 个月）时男女双方都要保持身心的健康，不可在工作压力很大，经常喝酒、吸烟的情况下受孕。

在孕早期时（孕 3 个月左右）一定要注意避免细菌病毒的感染，不要乱服用药物。有些人有早孕反应，在饮食方面最好少食多餐。

孕中期要多注重食物的营养，这期间不仅要经常到医院检查，接受医院的健康教育指导，尤其要注意自我监护，例如，孕妇在怀孕七八个月时，每天进行 1 ～ 3 个小时的胎动计数或者丈夫帮助听胎心跳动，及时地了解胎儿的发育情况，以免出现问题没有及时告知医师而造成生命危险。

此外，在怀孕期间多些音乐、阳光（但不要曝晒）、家庭的关爱，多出去散散步，对母子都大有裨益。

孕期补钙会导致分娩困难吗

很多孕妇都明白补钙的原因和好处，但也有少数孕妇常常会担心：补钙会不会使胎儿骨骼过硬而影响分娩呢？

其实，这种担心是不必要的。因为从胎儿分娩机制的角度来讲，绝大多数胎儿都是采取头先露的位置进入骨盆入口的，通常称为入盆。对胎儿而言，胎头是胎体最大的部位，其颅骨由额骨、颞骨、顶骨各两块及枕骨构成，骨与骨之间有颅缝连接，而颅缝与囟门间均有软组织遮盖，故胎头具有可塑性，在分娩过程中，颅缝轻度重叠使头颅径线缩小，胎头便于娩出。除非是巨大儿或骨盆狭窄或胎位异常等会使分娩发生困难，如果产力、胎儿、产道三方面均正常且能相互适应，则分娩可顺利进行。再说，孕期补钙，主要是为了满足胎儿生长发育和母体各器官功能状况和物质代谢变化的需要，根据中国营养学会制定的钙供应量标准，孕中期钙供给量为 1000 毫克／日，孕晚期为 1500 毫克／日，胎儿钙需要量为 400 ～ 500 毫克／日，至妊娠末期胎儿体内含钙约 25 克左右，其钙的来源主要靠母体摄入食物所供给，当满足需要时，多余部分可通过尿液排出。

因此，孕期补钙绝不会导致胎儿骨骼过硬而给分娩造成困难。

什么是高危妊娠

高危妊娠是指对孕妇、胎儿、新生儿有高度危险的妊娠。

(1) 有下列情况之一者即为高危妊娠：①孕妇年龄小于 16 岁、大于 35

岁的初产妇。②身材矮小（140厘米以下）。③体重过轻（40千克）或过重（超过85千克）。④既往有不正常妊娠分娩史，如流产、早产、死胎、死产、生过畸形儿、难产。⑤有过妊娠并发症，如合并肾脏病、糖尿病、心脏病、内分泌病、贫血等。⑥这次妊娠有Rh溶血症、妊娠高血压综合征、多胎、臀位、产前出血、过期妊娠等。

高危妊娠是引起围生期死亡的重要原因，产妇、胎儿及新生儿的发病率和死亡率明显高于正常妊娠。高危孕妇必须定期到医院检查，接受医院的指导和治疗是非常重要的。

(2) 高危妊娠的识别：①孕妇年龄小于18岁或大于35岁。②有不正常的妊娠分娩史，如自然流产、早产、死胎、死产、难产（包括剖宫产史）、新生儿死亡、新生儿畸形或有先天遗传性疾病等。③有各种妊娠并发症，如妊娠高血压综合征、前置胎盘、胎盘早剥、羊水过多或过少、胎儿宫内生长迟缓、过期妊娠、母儿血型不合等。④有内科并发症，如心脏病、糖尿病、高血压、肾脏病、肝炎等。⑤可能发生分娩异常的孕妇，如胎位异常、巨大胎儿、多胎妊娠、骨盆异常等。⑥胎盘功能不全。⑦妊娠期接触大量放射线、化学毒物或服用对胎儿有影响的药物。⑧盆腔肿瘤或曾有手术史的孕妇。⑨身高低于140厘米的孕妇。

高危妊娠如何做好自我监护

高危妊娠，是指高度危及母婴健康和安全的妊娠，包括高龄初产妇、胎位不正、母婴血型不合、胎儿在宫内发育迟缓、妊娠高血压综合征、胎膜早破、羊水过少和过期妊娠等。

高危妊娠孕妇，首先不要紧张，因为紧张有弊无益。只有有了良好的心境，才有利于母婴的身心健康。

其次，要学会计数胎动。每日计数胎动3次，每次数1小时，时间分别在上午7~8点钟，中午12~1点钟，晚上9~10点钟。三次胎动次数相加乘4，便是12小时的胎动次数。正常胎动次数每小时3~5次，12小时不能少于10次。胎动过频或过少，均提示胎儿缺氧；胎动消失，则是求救信号。

第三，睡姿应取左侧卧位。这种睡姿有三大优点：①避免子宫压迫下腔静脉，增加血液排出量，减少水肿，增加子宫、胎盘和绒毛的血流量。②使右旋子宫转向直位，有利于胎儿发育，减少胎儿窘迫和发育迟缓的发生率。③避免子宫对肾脏的压迫，使肾脏保持充足的血流量，有利于预防和治疗妊娠高血压综合征。

高危孕妇只有做好自我监护，密切配合医师的观察、处理，才能顺利度过怀孕期，迎接"小天使"的降临。

高危孕妇要注意什么

(1) 去指定的医院或保健机构进行产前检查，按医嘱做好系统保健。

(2) 高龄孕妇和产下过先天缺陷儿的孕妇应到遗传咨询门诊做有关的检查。

(3) 学会自我保健，做好孕期自我监护，家人也应学会家庭监护的方法。

(4) 加强营养及休息，摄入富含蛋白质、维生素、铁、锌、钙等的食品。积极纠正贫血。休息时，孕妇采取左侧卧位较好。

(5) 间歇定时吸氧，每日 2 ~ 3 次，每次 30 分钟，提高胎儿缺氧的耐受力。

(6) 输注葡萄糖、维生素 C、多种氨基酸等药物。

(7) 制订分娩计划，对阴道分娩困难、有较严重的内科疾病、全身情况差，难以自然分娩的孕妇，可择期做剖宫产。

(8) 当继续妊娠将严重威胁母体健康或胎儿生存时，应适时终止妊娠。

(9) 凡在孕期检查中发现属于高危妊娠的孕妇都要在医务人员的重点监护下进行治疗处理。

(10) 预防早产，孕妇应对可能引起早产的因素进行纠正。

孕期体重增加多少为好

保持孕期适当体重对新生儿的健康是非常重要的。比如：身高 1.65 米，体重为 50 千克的妇女，在孕期则应增重 13 ~ 18 千克；体重为 60 千克者，应增重 11 ~ 16 千克；若体重已超过 70 千克者则增重不应超过 7 ~ 14 千克。妇女在怀孕的前 20 周内，应保证体重增加 2 ~ 4.5 千克，以使新生儿的体重不致低于 2500 克。

孕后 12 周内，孕妇多有恶心、呕吐等早孕反应，导致营养吸收障碍，甚至影响到中晚期胎儿的营养不良。此阶段饮食可多以牛乳、豆浆、禽蛋、果蔬为主，适当多食些山楂、酸枣、话梅和柑橘等酸味食品，不宜多食油腻大的或辛辣的不易消化的和刺激性强的食物，应谨防消化不良或便秘等，因其可导致先兆流产。

孕中期，胎儿发育较快，每日增重约 10 克，需求营养亦最多，孕妇自身对营养的消耗量比平时多 10% ~ 20%，所需营养及热能均多。主食应以谷物为主；副食多吃瘦肉、鱼虾、禽蛋、豆类等及钙剂。

孕 28 ~ 40 周是孕晚期，此间胎儿发育最快，需求的营养更多、更广，极需要猪血、胡萝卜等多种维生素、钙、磷、铁、锌、硒、骨汤，碳水化合物、脂肪的摄入应适度限制，以免胎儿过大而导致难产。

孕期性生活为什么会腹痛

有些孕妇会出现性交腹痛，这与生殖道的肌肉发生收缩有关。性交是一种机械性刺激，可以使女性的外阴和盆腔、生殖器官充血。当女性进入性兴奋之后，通过阴道、子宫颈周围神经末梢的反射，使会阴、阴道、骨盆肌肉、子宫肌肉发生不随意的节律性的强烈的收缩，以致产生腹痛。

性交激发子宫收缩，还与前列腺素密切有关。因为前列腺素中的 E、F 对妊娠子宫具有较强的兴奋作用，能激发子宫收缩。性生活时，子宫受到机械性刺激，通过神经反射和体液调节，引起子宫内源性前列原素释放，加上男方精液中含有大量的前列腺素，在男女双方的前列腺素作用下，子宫发生强烈的收缩，导致女方房事后感到腹痛。

子宫的收缩，不仅会使孕妇感到腹痛，还有可能会引起流产、早产、胎盘早期剥离和胎膜早破等情况，从而危及母婴健康。因此，妇产科医师提醒准爸爸、孕妇们，孕早期和晚期不宜性交，孕中期性生活也应有所节制，一旦发生性交腹痛，更应禁忌合房。

孕妇为什么爱吃酸

年轻的孕妇受孕后，常常爱吃酸的东西，这是什么缘故呢？千百年来一直是一个不解的谜，最近，医学家们通过先进的放射免疫技术检测，终于揭开了这一秘密。

妇女在怀孕后，胎盘能分泌出一种奇妙的物质，称为人绒毛膜促性腺激素，它有抑制胃酸分泌的作用，使孕妇胃酸分泌量显著减少，各种消化酶的活性也大大降低，从而影响了孕妇正常的消化功能，导致恶心、呕吐和食欲不振，这时只要吃些酸的东西，就会使这些症状改善。这是因为酸能刺激胃的分泌腺，使胃液分泌增加，还能提高消化酶的活性，促进胃肠蠕动，并能增加食欲，有利于食物的消化吸收。因此，妇女怀孕后适当吃些柑橘、杨梅等酸性水果，对身体大有好处。

英国医学科学家对此进行研究和调查时还发现，怀男孩或女孩时绒毛膜促性腺激素分泌的多少并无差异。因此，民间流传的"酸男辣女"之说，实在是没有科学根据的。

孕妇喝茶会影响胎儿吗

茶叶，含有茶多酚、芳香油、无机盐、蛋白质、维生素等营养成分。孕妇如能每天喝茶 3 ~ 5 克，特别是淡绿茶，对加强心肾功能、促进血液循环、帮助消化、预防妊娠水肿、促进胎儿生长发育，是大有好处的。

各种茶所含成分不同，绿茶含锌量极为丰富，而红茶的浸出液中含锌量则甚微。锌元素对胎儿的正常生长发育起着极其重要的作用。因此，喜欢喝茶的孕妇可以适量喝点淡淡的绿茶。

但是，孕妇如果喝茶太多、太浓，特别是饮用浓红茶，对胎儿就会产生危害。茶叶中含有 2% ~ 5% 的咖啡因，每 500 毫升浓红茶大约含咖啡因 0.06 毫克。咖啡因具有兴奋作用，饮茶过多会刺激胎儿增加胎动，甚至危害胎儿的生长发育。调查证实，孕妇若每天饮 5 杯红茶就可能使新生儿体重减轻。茶叶中含有鞣酸，鞣酸可与孕妇食物中的铁元素结合成为一种不能被机体吸收的复合物。孕妇如果过多地饮用浓茶就有引起妊娠贫血的可能，胎儿也可能出现先天性缺铁性贫血。科学家进行过试验，用三氯化铁溶液作为铁质来源给人服用，发现饮用白开水者铁的吸收率为 21.7%，而饮用浓茶者的吸收率仅为 6.2%。

饮用淡绿茶对孕妇对胎儿有益，但绿茶中也含有鞣酸，也能妨碍铁的吸收。怎样做才能使喝绿茶既对孕妇及胎儿有利又不影响铁的吸收呢？孕妇在饭后 1 小时后再饮用淡绿茶，就可以解决这个矛盾了。

没有饮茶习惯的孕妇最好用点富含维生素 C 的饮料，因为维生素 C 能帮助铁的吸收，还能增强机体抗病能力。

妊娠期营养缺乏会引起哪些后果

妊娠期营养对母体的健康、胎儿及新生儿的正常发育都有重要意义。有些孕妇顾虑增加营养会使胎儿生长过大，造成难产或产后肥胖。因此，限制饮食。这是非常错误的想法。妊娠期营养不良会导致以下不良后果。

(1) **胎儿和新生儿死亡率增高**：母体营养不良会导致胎儿和新生儿营养缺乏，全身各器官发育不成熟，血浆丙种球蛋白含量降低（出生体重越低，其值越低）。因此，对各种感染的抵抗力极弱，即使轻微的细菌、病毒或真菌感染，均可酿成致死的败血症。

(2) **流产、早产和畸形**：妊娠期维生素 A、B 族维生素、维生素 C、维生素 D、维生素 E 等的摄入量不足或缺乏，均可导致流产及死胎。叶酸缺乏可致胎儿神经管畸形。维生素 D 缺乏还可引起新生儿先天性佝偻病。

(3) **新生儿体重下降**：新生儿体重与母体的营养状况有密切关系。营养缺乏的母亲将产出低体重儿，体重越低其死亡率越高。

(4) **贫血**：妊娠期膳食中缺乏铁或铁利用不好，叶酸和维生素 B_{12} 缺乏，均可致母婴患缺铁性贫血和营养性巨幼红细胞性贫血。

(5) **婴幼儿智力发育落后**：妊娠期营养缺乏可致胎儿脑细胞生长发育延

缓，脱氧核糖核酸合成减慢，将影响脑细胞增殖和髓鞘的形成，影响婴幼儿智力发育，学习成绩落后。

孕早期饮食应该注意什么

孕早期，胎儿生长缓慢，每日体重只增加1克左右，孕妇营养的需要量较少。但是，由于大部分人都会出现轻重不同的妊娠反应，例如头晕、恶心、呕吐、身体不适、食欲不振、嗜睡、乳房胀痛、厌油腻、偏好酸食或清淡食物等，影响了对营养的充分摄取，所以应尽量进食，以加强营养。瘦猪肉、猪肝、豆腐、青菜、海菜、水果等都是营养丰富的食物，稀粥、豆浆、小米等较易消化，应该多多食用。为了使孕妇吃多吃好，还应把饭菜做得清淡、爽口、不油腻，以激起她们的食欲。为了防止呕吐，可以在头一天晚上准备好一点容易消化的食品如馒头片、蛋糕、面包等，在早晨起床前，先喝一杯白开水，将食物吃下去，稍躺一会儿再起来。这样，就可以防止或减少呕吐，又保证了身体对营养成分的需要。

孕妇在怀第2～3个月时，应进食适量的含蛋白质、脂肪、钙、铁、锌、磷、维生素A、B族维生素、维生素C、维生素D、维生素E的食物，这样才能使胎儿正常地生长、发育。否则，就很容易发生流产、早产、死胎、畸形等。这时，孕妇切记主食及动物脂肪不宜过多摄入，因为过多的脂肪摄入会产生巨大儿，造成生产困难。

孕妇偏食有何坏处

有些女性在孕前就有偏食的习惯，等到怀孕后就变本加厉了，她们往往只吃自己喜欢吃的食物，并认为只要多吃就是有营养了，其实偏食和不合理的营养就会影响胎儿的正常生长发育。一些女性在孕前就为了保持体形而很少摄入主食，她们认为主食是体形发胖的主要原因，其实主食为人们带来孕期需要的大部分能量和B族维生素、膳食纤维等，放弃主食将使母体严重缺乏能量使胎儿停止发育。也有些孕妇为了保障孩子的营养而拼命摄入大量的动物性食物，每天每餐都有超量的鸡鸭鱼肉，同时炒菜用很多油脂，这将大大超过身体的需要而存积为脂肪，结果孕妇体重猛长，孩子却营养不良。也有孕妇日日与蔬菜水果为伴，不吃其他食物，结果热能和蛋白质入量缺乏，胎儿生长缓慢。根据目前流行的说法，很多孕妇每天吃大量的坚果类食物，希望补充必需脂肪酸和优质蛋白质有助于胎儿大脑的发育，甚至说核桃的形状像大脑，多吃些能够补脑，其实孕期对必需脂肪酸的需要只比正常人略高，而普通的烹调用植物油就能满足这一需要，过多的坚果类食物同时含有极高的热能和脂肪量，将影响其他营养素的吸收。这要求孕妇通过学习营养知识，端正自己的看法，尽量让饮食接近平衡膳食，才能确保母婴平安。

为什么孕妇要保证一定的饮水量

孕妇要负担着母子两人的代谢任务，新陈代谢旺盛，主要表现为心跳加速、呼吸急促、容易出汗、排泄增加等，机体的物质消耗量大大增加，因此不能忽略饮水。

孕妇的阴道分泌物增多，给细菌繁殖创造了有利环境；女子尿道口距阴道口很近，易被细菌污染，如果饮水量不足会使尿量减少，不能及时冲洗尿道，细菌很容易进入泌尿系，导致泌尿系感染，重者可损害肾脏。多饮水、多排尿有助于保持泌尿系洁净。部分孕妇会因便秘导致痔疮和脱肛，过度用力地排便还会增加流产和早产的可能，多饮水能及时补充丢失的体液，是治疗便秘、防止脱肛和减少流产、早产的有效方法。

是否需要饮水，单以口渴与否来衡量是靠不住的。因为人感到口渴时缺水已十分明显。再说人的个体差异很大，对缺水的耐受性不尽相同，如不渴就不饮水，就会一直处于缺水状态中。当然，饮水过量也会增加身体负担，不能从一个极端走向另一个极端。正常成人每昼夜尿量是 1000～2000 毫升，孕妇每日的饮水量和尿量都稍多于一般人，孕妇每日的饮水量应以保证尿量不少于 2000 毫升为佳，故每日约需摄入水分 3000 毫升左右。孕妇可根据季节及自身情况加以调整。通常饮用白开水就可以了，不习惯者可饮淡茶水、糖水或果汁兑水，便秘者最好饮用蜂蜜水。但不可过量饮用浓茶和咖啡等。

孕期如何合理补充无机盐

无机盐是构成人体组织和维持正常生理功能的必需元素，如果上班族孕妇缺乏无机盐，会导致出现以下情况：①妊娠合并贫血。②上班族孕妇发生小腿抽搐、容易出汗、惊醒等症状。③胎儿先天性疾病发生率增加。因此，上班族孕妇应注意合理补充无机盐。

(1) 增加铁的摄入：食物中的铁分为血红素铁和非血红素铁两种。血红素铁主要存在于动物血液、肌肉、肝脏等组织中，这种铁消化、吸收率较高，一般为 11%～25%。植物性食品中铁为非血红素铁，主要含在各种粮食、蔬菜、坚果等食物中，此种铁吸收率低，一般为 1%～15%。鱼和肉除了自身所含的铁较容易吸收外，还有助于植物性食品中铁的吸收，因此，上班族孕妇最好在同一餐中食入适量鱼或肉。维生素 C 能增加铁在肠道内的吸收，应多吃些维生素 C 含量多的蔬菜、水果。而药物补铁则应在医师指导下进行，因为过量的铁元素的摄入将影响锌的吸收利用。

(2) 增加钙的摄入：上班族孕妇在孕中期，应多食富含钙的食品，如虾皮、牛奶、豆制品和绿叶菜、硬果类、芝麻酱等。应注意不能过多服用钙片及维生素 D，否则会导致新生儿患高血钙症，严重者将影响胎儿的智力。上班族孕妇每日钙的摄入量可在 1 000 毫克左右。

(3) 增加碘的摄入：上班族孕妇应多食含碘丰富的食物如海带、紫菜、海蜇、海虾等，才能保证胎儿的正常发育。

(4) 其他微量元素：随着胎儿发育的加速和母体的变化，需要量也相应增加

孕中期，上班族孕妇食欲增加，只要合理调配食物，一般不会影响各种微量元素的摄入。

如何为胎儿创造一个良好的环境

自古就有这样的说法"如果每天看俊男靓女的照片，生的孩子就漂亮"，

"经常听音乐，生出的孩子便爱好音乐"等等。这些说法虽然有些夸张，但一般认为，怀孕的母亲，在孕期的所见所闻都会传给胎儿，胎儿会受其影响。这种想法是为了使孕妇生活规律，告诉孕妇只要孕期精神修养好，生出的孩子就会长得漂亮、聪明。那么，从医学的角度来看，又是怎样的呢？

实际上，母亲与腹中的胎儿是通过胎盘和脐带连接的，而并不与神经相连。即便是相连，胎儿的脑细胞也极不成熟，没有接受影响的能力。

那么，母亲是不是什么都不能传给胎儿呢？遗憾的是母亲经受的强烈刺激容易传给胎儿。例如：剧烈的打击和人际关系的纠纷，可引起激素或血液的变化，影响胎儿。即孕妇的喜、怒、哀、乐都会使血管收缩，造成胎儿供氧不足。

相反，孕妇处于轻松愉快的环境中，就可以给胎儿创造一个良好的胎内环境。因此，孕妇除了健康之外，心理、情绪的稳定也是至关重要的。夫妻关系和睦，家庭以及周围人的友好相处，可以说是最好的胎教。

孕妇的居住条件有哪些要求

(1) **整洁通风的房屋**：不要求豪华漂亮，但要求较好的通风，室内应整齐清洁，舒适安静。

(2) **适宜的温度**：最好在 20℃ ~ 22℃。温度太高（25℃以上），会使人感到精神不振，头昏脑涨，全身不适。温度太低，会影响人的正常工作和生活。

调节温度的方法：夏天室温高，可开窗通风；亦可使用电风扇，但不能贪凉或对着电风扇直吹，因易患感冒或生病。冬天以暖气取暖可调节室温；若以煤炉取暖应防止发生一氧化碳中毒，因一氧化碳中毒而造成的缺氧对母婴有害，所以即使在冬天，也不要忘记定时开窗使空气流通。

(3) **适宜的湿度**：最好的空气湿度为 50%。若相对湿度偏低，会使人觉得口干舌燥，喉痛，流鼻血等。调节的方法是在火炉上放上水壶，暖气上放水槽，室内放置水盆，或地上喷洒水等；若湿度太高，则室内潮湿，衣服被褥潮湿，并会引起消化功能失调，食欲降低，肢体关节酸痛、水肿等。调节办法是移去室内潮湿的东西及沸腾的开水，或打开门窗，通风换气以散发潮湿的空气。

孕妇睡眠时间以多少为宜

睡眠能使身体得到完全的休息，是消除疲劳的主要方式。工作、休息是有规律性的，就如同自然规律中有白天、晚上一样。白天从事各种工作，晚上应停止工作去睡眠，让体力、脑力得到恢复。如果睡眠不足，会引起疲劳过度，使身体抵抗力下降，不能对抗外来的细菌或病毒的感染，从而发生各种疾病。睡眠时间的长短有个体差异，有的人睡 5 ~ 6 小时即感到体力恢复，有的则需要更多的时间。正常成人一般需要 8 小时；孕妇因身体各方面的变化，容易感到疲劳，故睡眠时间应比平时多 1 小时，最低不能少于 8 小时。怀孕 7 ~ 8 个月后，每天中午最好有 1 小时的午睡时间，但不要睡得太久，以免影响晚上的睡眠，因此午睡最多以不超过 2 小时为宜。

孕妇身体负担重且容易疲劳，需要充足的睡眠休息。除了晚上至少有 8 个小时睡眠外，中午最好有 1 ~ 2 小时的休息。卧室要常开窗通风，室内温度不宜过冷过热。至于睡眠姿势以舒适为原则，孕早期、中期子宫不太大，侧卧仰卧均可，孕晚期子宫增大时应取侧卧位，避免妊娠子宫对下腔静脉的压迫，以保证胎盘的血流量，从而促进胎儿的发育。

孕期应采取什么样的睡眠姿势

妊娠 4 个月以前，由于子宫增大还不明显，体位对胎儿和母亲的影响比较小，孕妇可以采取自己感觉舒适的体位。但到了妊娠几个月以后，子宫增大的较迅速，就应注意睡眠姿势了。当孕妇仰卧位时，增大的子宫就可压迫脊柱前的腹主动脉，导致胎盘血液灌注减少，使胎儿出现由于缺氧、缺血引起的各种病症。如宫内发育迟缓，宫内窘迫，严重者还可造成死胎。对孕妇来说，由于腹主动脉受压，回心血量和心输出量均降低，则母体各脏器供血不足，出现头晕、心悸、脉搏增快、出虚汗，严重时还可引起低血压。

仰卧位时还可压迫下腔静脉，加重或诱发妊娠高血压综合征。也可引起排尿不畅，下肢水肿，下肢静脉曲张，痔疮等。

乙状结肠位于左下腹，致使增大的子宫右旋，使子宫血管受牵拉或扭曲，同样可引起胎盘血流量减少，进而引起胎儿发育障碍。

由此可见孕妇不宜仰卧。最佳的睡眠姿势是左侧卧位。当然，整个晚上只保持一个睡眠姿势是不太可能的，可以左右侧卧位交替，建议采用左侧卧位，短时右侧卧位，避免仰卧位，尤其是孕中期和孕晚期更应如此。

妊娠晚期睡眠时采取哪种姿势较好

妊娠晚期子宫逐渐增大，孕妇如果仰卧时间过长，增大的子宫就会压迫其后面的下腔静脉和腹主动脉。压迫下腔静脉，可使下肢和下腹部的血液不能很快地回到心脏，使心脏搏血量减少，导致头晕、眼前发黑、恶心甚至呕吐、面色苍白、出冷汗、脉细而快、心跳加快等症状，并出现下肢和外阴部的静脉曲张和水肿，这种现象被称作妊娠期仰卧综合征。增大的子宫还可压迫腹主动脉，使子宫和胎盘的供血量明显减少，影响胎儿的生长发育。因此，妊娠后期不要长时间仰卧位，最好采取侧卧位，以利于下肢静脉血回流，减轻下肢水肿，并维持胎盘丰富的血流灌注，为胎儿的生长发育提供足够的营养。

妊娠晚期侧卧位又以左侧卧位较好，如果右侧卧位，由于乙状结肠的挤压，子宫可向右旋转，使保持子宫正常位置的韧带和系膜处于紧张状态，而系膜中营养子宫的血管受到牵拉，会影响胎儿血液供应，造成胎儿慢性缺氧和营养不良。采取左侧卧位则可以使因妊娠造成的右旋子宫转向正位。

引起孕妇失眠的原因有哪些

对于一个女性来说，等待孩子呱呱坠地的 280 天里，也会有不少的忧虑与烦恼，除了妊娠反应之外，孕期还有以下几种疼痛，往往是引起失眠的主要因素：

(1) 头痛：少数孕妇在怀孕 6 个月后，会出现一种日趋严重的头痛，有的还伴有呕吐，看东西模模糊糊；同时有下肢水肿，血压增高，检查尿中有蛋白，这就是我们常说的妊娠高血压综合征的表现，医学上又称为子痫。

（2）**胸痛**：孕期胸痛时有发生，好发于肋骨之间，疼痛部位不固定，可能是由于怀孕引起某种程度的缺钙，或是由于膈肌抬高，造成胸廓膨胀，导致胸痛。

（3）**胃痛**：孕期由于消化器官肌肉蠕动减慢，孕妇有胃部饱胀不适感；还有的孕妇因不断返酸水和胃灼痛而一筹莫展，这是因为怀孕引起胃的逆行蠕动，致使胃中酸性内容物反流，刺激黏膜而引起的。

（4）**腰痛**：随着怀孕时间的增加，孕妇会感到身体沉重，站立或步行时，为保证重心前移的平衡，必须挺胸，突肚，再加上双脚外八字分开，这样就必然造成腰部脊柱过度的前凸弯曲，引起脊柱性腰痛。

（5）**腹痛**：有些妇女（尤其是子宫后倾的妇女）在怀孕初期感到骨盆区域有一种牵引痛或下坠感。倘若怀孕期间下腹部痛比较剧烈，而且有阴道出血，可能是流产或子宫外孕的征兆，必须迅速就医。日益增大的子宫进入骨盆，还易引起耻骨联合或骶髂关节的疼痛。

为什么孕妇要远离舞厅

舞厅是人多嘈杂的公共场所，那里空气不好，含菌量非常高。据测定，每立方米空气中含菌量高达 400 万个，比普通居室高 4 000 倍左右。

首先，舞伴的频繁变换会增加孕妇感染病毒的机会。若孕妇感染了肝炎、风疹、流感等病毒，会通过胎盘血液循环进入胎儿体内，影响胎儿器官组织的正常分化，导致胎儿各种先天性畸形，还会造成流产、早产、死胎等。

其次，舞厅空气中的一氧化碳、二氧化碳和尼古丁等含量很高，孕妇常在这样空气污染严重的环境中逗留，一定会受到危害，易生痴呆儿或造成胎儿的天生性缺损。

再有，舞厅里大多安装的是用大功率立体声扩音装置，其噪声都在 100 分贝左右。孕妇若常常处在强噪声环境中，会使听力下降、血压升高、激素分泌紊乱，直接影响胎儿的生长发育。如果孕妇经常处在强噪声环境中，胎儿的内耳就会受到损伤，出生后的听觉发育也会受影响，甚至还会伤害脑细胞，使出生后的孩子大脑不能正常发育，造成智商水平低下。

孕妇一定要远离舞厅，若想听音乐、跳舞，可以在家里或环境安静、整洁、优雅的环境中进行，这样既能使孕妇安全娱乐，又能让胎儿得到音乐胎教。

孕妇为何更需要空气和阳光

孕妇除了必要的食物营养之外，水和空气也是必需的营养物质。但是，这两样营养却经常被人们所忽视。水占人体体重的60%，是人体体液的主要成分，饮水不足不仅仅是喉咙的干渴，同时关系到体液的电解质的平衡和养分的运送。调节体内各组织的功能，维持正常的物质代谢都离不开水。所以，在怀孕期间要养成多喝水的习惯。

清新的空气对生活在大城市的人们来说确实是一种奢侈品，随着近年来机动车辆的增多，空气污染已经成为一种社会的公害，而这种公害靠我们自己是无法解决的。但是，有些孕妇因为怕感冒，常年不开窗，影响了新鲜空气的流通，长此以往，会对孕妇的健康带来损失。因此，一定要注意室内空气的清新。

阳光中的紫外线具有杀菌消毒的作用，更重要的是通过阳光对人体皮肤的照射，能够促进人体合成维生素D，进而促进钙质的吸收和防止胎儿患先天性佝偻病。因此，在怀孕期间要多进行一些室外活动，这样既可以提高孕妇的抗病能力，又有益于胎儿的发育。

孕妇如何预防家电病

研究表明，各种细菌、真菌都可在空调室内生长繁殖。室内空气一旦被污染，加之长时间的封闭，易诱发空调肺炎，出现发热、咳嗽、胸闷、气急等症状。由于空调室温与外界气温相差大，长时间在空调环境下生活、工作，一旦离开空调环境，对外界的高温环境就很难适应，容易诱发感冒、皮肤病和胃肠道疾病。

有空调的房间要保持清洁和充足光线；间隔一定时间要关机开窗，通风换气；既舒适又不影响健康的室温最好是 27℃ ~ 28℃，室内外温差以不超过 5℃ 为宜。如果在这种空调室温下孕妇感到凉，可适当增添衣服；如果孕妇觉得热，可在室内装一风扇，加快空气流通，以增加凉意。不过孕妇要记住，即使天气再热，空调室温也不宜调到 24℃ 以下。

冰箱病又称耶尔细菌肠炎。耶尔细菌广泛存在于牛奶、肉、鱼以及蔬菜等许多食品中，适合在零下 4℃ 的低温下生长繁殖。冷藏在冰箱里的食品污染了此菌就可能引发肠炎。耶尔细菌肠炎的症状与普通肠炎相似，不过比一般肠炎的腹痛、腹泻厉害些。冰箱内的食品要生、熟分开，进食前要重新烧熟煮透。夏天人们爱吃凉拌蔬菜、乳制品和自制冷饮，更要预防细菌的污染。

电扇病的主要症状为头痛、头晕、疲劳、失眠等。由于电扇以一定的转速转动，空气的流动和振动也以一定的频率进行，吹得过久，便会使人感到疲劳，甚至引起失眠、头痛。因此，使用电扇时不宜正对着吹，时间也应适当控制，风速不宜过快。晚上不能吹着电扇入睡。

夏季孕妇要舍得流汗，汗水不仅能排泄废物，调整体液，还能调节人的体温。

孕妇穿鞋有何讲究

脚是人体之根，是人体元精元气凝聚之点。连接人体脏腑十二经脉有一半起止于脚，有 60 多个穴位汇集在脚上，因此脚被国外医学科学家称为人体"第二心脏"。

为了健康，我们应该像保护心脏一样保护好脚，特别是那些因怀孕水肿的孕妇，在怀孕期间，更应根据脚的变化选择合适的鞋。不少孕妇怀孕 3 个月以后，大脚趾下面就开始肿，6 个月以后整个脚都会出现肿胀，像平脚一样。孕晚期，脚和腿水肿就更加突出，走起路来不平衡。随着体重的增加，血液循环更加不畅，脚受的压迫感更明显。

怀孕时脚的压迫感使腰痛症状加剧，也会压迫胎儿，影响胎儿生长发育。因此，孕妇应从怀孕第 3 个月开始换穿对脚负担小、行动方便的鞋。

适合孕妇穿的鞋，最重要的是跟要低。如果跟高，给脚和腰都会增加负担，因此要穿跟高 2 厘米以下的鞋。

另外，要选择宽松、轻便、透气性好的天然材料做的鞋。沉重，不透气的鞋会加重脚的水肿。因此，要尽量避免穿合成皮鞋或用尼龙做的鞋。脚水肿严重的孕妇，从怀孕第 6 个月以后，则应选择比自己脚大一点的鞋。但是过大的鞋不跟脚，走起路来不方便，应掌握好鞋的尺寸。

脚肿的孕妇易跌跤，所以宜穿防滑的鞋。要选用那些有弹性、用柔软材料做成的宽松的鞋。

孕妇勤刷牙对胎儿有什么好处

妊娠牙龈炎多见于孕早期。怀孕的女子如果有口腔炎症，即使只是牙龈炎，而引发牙龈炎的细菌就有可能进入血液，通过胎盘，感染胎儿而引起早产。

妊娠期牙龈炎将随妊娠的进展而日益加重，但产后会逐渐自行消退。保健方面要注重勤刷牙，每次进食后都用软毛牙刷刷牙，刷牙时注意顺牙缝刷，尽量不碰伤牙龈，不让食物碎屑嵌留。因为食物残渣会发酵产酸，有利于细菌生长，破坏牙龈上皮，加剧牙龈炎。挑选质软、易于消化的食物，以减轻牙龈负担，避免损伤。多食富于维生素 C 的新鲜水果和蔬菜，或口服维生素 C 片剂，以降低毛细血管的通透性。孕产妇一定要注意口腔保健，避免造成口腔组织内感染的机会。

在患严重牙龈炎的病人中，心脏病病人的比例高于一般人。这是因为温暖和湿润的口腔，是培养细菌的温床。如果这些细菌经过牙龈上的伤口进入血液，到达心脏，就很容易引起心脏病。美国北卡罗来纳大学的研究者从这一发病机制出发，对早产儿与口腔疾病关系进行调查。他们在一些早产儿体内，发现了与其母亲口腔细菌相对应的抗体，初步证实孕妇口腔的病菌与一些早产有关。在工业化国家里，死婴中有 2/3 是早产造成的。而早产儿中有 18% 可能与母亲的口腔疾病有关。所以，孕妇早晚和三餐之后用软毛牙刷刷牙，保持孕期口腔卫生是安胎的重要措施之一。

为什么孕妇应常洗头洗澡

妊娠后由于汗腺和皮脂腺分泌旺盛，头部的油性分泌物增多，阴道的分泌物也增多，因此妊娠期间应当经常洗头洗澡和更换衣服。头部的油性物清洗后能保持头发清洁、光亮、柔软；全身清洁可以促进血液循环和皮肤的排泄作用；会阴部则应每天清洗，保持清洁，以免发生感染。

洗澡的方式最好采用淋浴，不用盆浴。因为妊娠后，特别是在怀孕 7 个月以后，洗盆浴会将细菌带入阴道，产后易引起产褥感染；若澡盆为公共使用者，不易将澡盆洗净消毒，更易发生传染病如滴虫性阴道炎、真菌性阴道炎等，淋浴时不用弯腰，尤其适合于孕晚期弯腰困难的孕妇。在没有洗淋浴的条件时可以擦澡，或用脸盆、水桶盛水冲浴。洗澡时注意扶着墙边站稳，不要滑跌。孕晚期，由于行动不方便或合并高血压、水肿等，最好请别人擦澡。洗澡水不宜太热，洗澡时间不宜过长，以免全身血管扩张，引起脑贫血而发生晕厥。

孕妇如何护理牙齿

牙齿具有咀嚼食物的功能，是保证营养摄取的重要前提，孕妇牙龈受大量雌激素影响而肥厚，易发生牙龈炎致牙龈出血等，所以孕期需要加强牙齿的护理。孕妇正常的牙齿护理是：①孕妇于起床后，进餐后以及睡前要认真用软毛牙刷仔细正规刷牙，注意去除牙刷间的乱丝。②饭后口腔内酸性唾液分泌增多，所以主张使用碱性漱口液中和，因为这种酸性唾液损害牙釉质并为细菌生长提供培养基。③于孕早期，就开始牙的定期检查，并接受有关孕期牙齿保健指导。④妊娠期间有牙齿需要修补或有感染情况，应及时治疗。轻微的牙科问题，选择孕中期进行处理，因为此时孕妇较少有恶心反应。较大的牙科治疗，最好推迟到产后进行。

孕妇如何护理皮肤

妊娠期新陈代谢旺盛，孕妇的汗腺、皮脂腺分泌增多，阴道分泌物也增加，常导致不适感。经常沐浴、更换内衣可以促进舒适。沐浴和擦身可以在孕期任何时间进行（胎膜已破者禁止沐浴）。经常洗澡既可以保持全身皮肤清洁，又可以刺激皮肤、促进血液循环，有助于松弛肌肤、清除污物、消除疲劳、振作精神、促进心神爽快，同时促进皮肤的排泄功能，减轻肾脏的排泄负担。妊娠的最后 3 个月阶段，由于沉重的腹部致使孕妇身体不易保持平衡，进出浴盆动作笨拙，容易滑倒，所以不主张盆浴，建议采用坐位淋浴方式。出于对安全的考虑，护士要提醒孕妇：①沐浴时，地面加用防滑垫。②沐浴时间不宜过长，以防发生头晕。③沐浴水温适中，过冷或过热均可刺激子宫，诱发早产。

孕期呕吐如何护理

妊娠期作呕主要因为孕妇体内的激素上长得很快，孕激素、黄体酮上升，令身体不能适应而作呕。作呕的情况约在怀孕期第 6 周开始，至第 10 ～ 12 周后，孕妇身体完全适应后减少。孕期呕吐的护理方法是：

(1) 姜属行气的食物，能化湿行气、驱寒，有降逆止呕之效，将胃气下降，更能中和胃液分泌。可以将姜榨汁混在茶中或用姜炒饭、在烹煮时多加些生姜片，也有帮助。

(2) 而肚子胀者，将柚子皮煮水喝，可以消除胀气。

(3) 容易紧张及压力大的人，则应放松心情。

(4) 最好不要多吃油腻或刺激性食物，避免食物长时间停留在胃内，引发呕吐。

(5) 少吃点汽水，汽水糖分重，可乐汽水又有咖啡因，孕妇还是少喝为妙。

(6) 孕妇应少吃多餐，在餐与餐之间喝热水，减少因呕吐而出现的缺水情况。

(7) 吃苏打饼干，能有助于吸胃气，不容易呕出来，对止呕也有帮助。

早孕反应严重时，会发展到疾病状态，完全不能进食、进水，伴脱水、发热、出冷汗、四肢痉挛、心跳加快。一旦发现必须住院治疗，补充水分和营养，如果住院治疗后症状仍相当严重，孕妇又很虚弱，必须终止妊娠。

怎样安胎保胎

怀孕 12 周以前出现阴道流血叫早期流产。一般孕妇有轻微下腹坠感，也有无腹痛者；阴道流血量少，这时必须到医院，请专科医师进行检查：阴道内诊看子宫口是否开，B 型超声显像检查子宫内有无胚囊、胎动及胎心，与怀孕周数是否符合，留尿做尿妊娠试验等，除外其他妊娠的疾病后，确诊为先兆流产，才能保胎。

(1) 给孕妇以精神安慰，解除顾虑，症状重者可卧床休息，禁止性生活。

(2) 镇静剂苯巴比妥 0.03 克口服，一日 3 次。或氯氮（利眠宁）10 毫克，口服，一日 3 次。

(3) 维生素 E 30 ~ 50 毫克，口服，一日 3 次，有类黄体酮安胎作用。

(4) 经医师检查有黄体功能不全，或尿中孕二醇水平低的孕妇，可用黄体酮 20 毫克，肌内注射，每日 1 次。

(5) 甲状腺功能低下者，可口服甲状腺素 0.03 克，一日 1 次，在医师的指导下应用。

(6) 中药可服安胎散。

(7) 保持大便通畅。

如果在保胎中发现阴道流血增多，超过月经血量，腹痛加剧，应立即到医院检查，可能已成为不可避免的流产，千万不要在家不敢动，而耽误了病情。

妊娠期过度肥胖有何危害

近年来发现不少妇女在妊娠期明显胖起来，尤其是她们为了生个胖娃娃而一味加强营养，忽视了控制饮食，因而在短时期内胖起来。其实这样做增加了母体的负担。妊娠初期肥胖，常可导致妊娠高血压病的发生，并有产生妊娠毒血症的危险。曾有人统计 50 名妊娠毒血症患者，妊娠初期平均体重为 61.8 千克，比正常妊娠者要重（正常妊娠者平均体重为 58.5 千克），肥胖孕妇流产率为 8.7%，而体重正常的孕妇流产率为 2.1%，肥胖孕妇难产的机会也大大增加。

肥胖对胎儿也有影响，有人统计 80 名肥胖妊娠妇女，其中有 5.3% 的胎儿出生前就死亡，而对照组只有 1.5%。据统计，妊娠 20～30 周，体重增加 7.5～9.1 千克者，胎儿死亡率可增加 1 倍；如果体重增加 9.1 千克以上，则胎儿死亡率增加 3 倍。

由此可知，肥胖孕妇在妊娠、分娩、产后各期，并发症均增多，例如妊娠高血压病、过期妊娠、子宫乏力、手术产、产后出血、软产道损伤、胎盘早剥、会阴撕裂、产后宫缩乏力等，从而影响胎儿及新生儿发育生长。

因此，妇女在妊娠期必须十分重视饮食的调节，防止妊娠期肥胖症的发生。在妊娠期定期检查身体，注意母子健康，防止体重明显上升，造成肥胖症。

妊娠期肥胖怎么办

(1) **母亲要养成良好的饮食卫生习惯**：不偏食、不挑食，不论粗细粮、动植物副食、各种瓜果蔬菜，都要样样都吃，合理地调配，保证供给人体正常生理功能所需要的各种营养素，防止孕妇体内必需微量元素的缺乏。

(2) **合理调配膳食营养**：根据不同年龄和孕期的生理特点，在适当摄入蛋白质、脂肪和糖的同时，一日三餐应多选食富含碘、锌、铜、铁等微量元素的食物。在天然食品中，以各种瘦肉、肝、蛋、花生、核桃、杏仁、黄豆、土豆、胡萝卜等含锌量较高。而牡蛎，鲱鱼，其含锌量高达 1 000 毫克／千克以上。在各种蔬菜、大豆及豆制品、猪肝等食品中都含有丰富的铁，芝麻、芝麻酱、黑木耳、海带中含铁量较高，平时只在饮食中注意多吃些这类食物，缺铁是完全可以避免的。含碘丰富的食物有海带、海鱼等。一般认为，孕妇每日食物中摄入碘元素 200～300 微克，就可达到预防的目的。

(3) **加强孕期保健**：妇女怀孕后，应定期到医院或妇幼保健院遗传专科咨询就诊。

(4) 适当活动：如果孕妇过于肥胖，适当的控制饮食也是可以的，但关键是要活动。以前有人怕伤了胎气而不主张活动的观点是错误的，多活动不但可以减轻肥胖，而且对减轻分娩时的痛苦也是大有好处的。

肥胖女性怀孕时应注意什么

肥胖对于孕妇来说，有很多不利的影响。其中最为重要而直接的影响主要有：

(1) 肥胖可以诱发妊娠高血压综合征以及胎位异常或过期妊娠。

(2) 肥胖易导致流产、难产和死胎。

(3) 由于腹部脂肪堆积较多，容易使产前检查困难，胎位较难固定，造成分娩困难；如需做剖宫产，操作亦多有不便。

鉴于此种情况，肥胖妇女在怀孕前就应注意减肥治疗，但在怀孕以后则不要继续进行减肥治疗。要对肥胖孕妇进行更多的监护，包括定期做产前检查，并自检胎动的变化情况，即将手放在孕妇的腹部直接体会胎动的感受，每日1次，每次数胎动1小时。当连续2天中胎动少于4小时，则提示有可能发生了胎儿窘迫、胎儿慢性缺氧、胎盘功能不全，要及时请医师救治。有些妊娠不胖的妇女，妊娠后肥胖，说明是营养失调，摄入了过多的热能，摄入蛋白质不足，造成血管内血浆渗透压下降，导致体内胞外液潴留而致超重。此时只要把孕妇每日的营养成分加以调整，既不过分强调节食，也不过量进食，使动物蛋白质占总饮食量的2/3，少吃主食，即使体重增长了1千克，也不会对胎儿有很大的影响。一直肥胖的妇女，在分娩时要做好剖宫产的准备，在需要剖宫产时，才能与医师较好地配合。此外，分娩以后更要注意饮食结构，避免再度发生肥胖。

肥胖的孕妇如何自我护理

肥胖是指超过标准体重20%。统计表明，肥胖孕妇的产科并发症明显增多，如妊娠毒血症、分娩时宫缩无力和流血过多，以及孕期合并糖尿病、静脉炎、贫血、肾炎，还有巨大胎儿和围产期胎儿死亡率等均比一般孕妇显著增高。因此，肥胖孕妇必须认真加强孕期自我保健。

首先，最好在决定怀孕之前就采取有效措施，进行合理地减肥，如能把体重减到"显著肥胖"的标准之下是最为理想的。但值得注意的是孕前减肥不可急于求成，减得过快会妨碍正常受孕。

其次，经诊断如属于症候性肥胖，即肥胖属于某些疾病所引起，应在医师指导下使用某些药物治疗。对于单纯性肥胖应进行饮食控制，每日热能限制在 5021 ～ 6276 千焦为宜。但在妊娠 28 ～ 32 周，孕妇血浆蛋白最低，蛋白质摄入量一日不得少于 40 ～ 60 克，同时应适当限制脂肪和糖。在饮食品种上，应多吃蔬菜、水果和一些粗粮，少吃动物脂肪，食盐限制在每日 7 克，主食减半，并停止吃零食，注意补充各种维生素和铁质。定期测量体重，孕初期增加不超过 0.7 千克，孕中期不超过 2.1 千克，孕后期不超过 4.2 千克，总共以不超过 7 千克左右为宜。

孕妇能参加体育锻炼吗

孕妇在户外活动，既能呼吸到新鲜空气，又能受到阳光紫外线照射，促进身体对钙磷的吸收利用，有助于胎儿骨骼发育，防止孕妇发生骨质软化症。体育锻炼还能增加腹肌的收缩力量，防止腹壁松弛而引起的胎位不正和难产，从而能缩短产程，减少产后出血。更主要的是孕妇体育锻炼有利于增进母子健康和优生。

孕妇进行体育锻炼，虽然有利于母婴的健康和下一代的优生，但是，在进行锻炼的项目和强度上，还必须考虑"腹内有胎儿"这一特殊性。如果还是像未怀孕时那样进行剧烈的大运动量的锻炼，这对孕妇来说也是不适宜的。

孕早期时，即怀孕 1 ～ 3 个月之间，胚胎在子宫内扎根不牢，此时锻炼要防止流产；孕晚期时，即怀孕 8 个月以后，需防止早产。所以，在怀孕的早、晚两个时期中，不能做跳跃、旋转和突然转动等激烈的大运动量锻炼，可以散步、打太极拳、做广播操等（但跳跃运动不能做）。怀孕 4 ～ 7 月时，可以打乒乓球、托排球、篮球，进行散步、慢跑、跳交谊舞（跳慢步，不宜跳快节奏的迪斯科舞和霹雳舞）。锻炼时间，每次不宜超过半小时。锻炼的运动量，以活动时心跳每分钟不超过 130 次，运动后 10 分钟内能恢复到锻炼前的心率为限。

孕妇不但能锻炼，而且应该锻炼，这样，才有利于母婴健康和优生。不过，有习惯性流产史的孕妇，不属应锻炼之列。

孕妇最适宜的运动是什么

散步是孕妇最适宜的运动，可以提高神经系统和心肺的功能，促进新陈代谢。有节律而平静的步行，可使腿肌、腹壁肌、心肌加强活动。由于血管的容量扩大，肝和脾所储存的血液便进入了血管。动脉血的大量增加和血液循环的加快，对身体细胞的营养，特别是心肌的营养有良好的作用。同时，在散步中，肺的通气量增加，呼吸变得深沉。鉴于孕妇的生理特点，散步是增强孕妇和胎儿健康的有效方法。

孕妇在散步时首先要选好散步的地点。孕妇在马路上散步不利于健康，由于马路上的车辆川流不息，其所排放的尾气中不乏致癌致畸物质，严重影响着人体的健康。汽车尾气中的一氧化碳与人体血红蛋白的结合能力是氧气的 250 倍，对人的呼吸循环系统有着严重的危害。尾气中的氮氧化合物主要是二氧化氮，对人和植物都有极强的毒性，能引起呼吸道感染和哮喘，使肺功能下降，对孕妇及胎儿的影响更甚。此外，马路、大街上空气混浊，汽车马达轰鸣声、刺耳的高音喇叭声等噪声都会对孕妇及胎儿的健康造成极为不利的影响。

花草茂盛、绿树成荫的公园是最理想的场所。这些地方空气清新、氧气浓度高，尘土和噪声少。孕妇置身于这样宜人的环境中散步，无疑会身心愉悦。可以在自家周围选择一些清洁僻静的街道作为散步地点。散步的时间也很重要，最好选在清晨，也可以根据自己的工作和生活情况安排适当的时间。散步时，要穿宽松舒适的衣服和鞋。

孕妇站立、坐和行走时应注意些什么

　　孕早期，孕妇身体没有明显的变化，随着妊娠周数增加，腹部逐渐向前突出，身体重心位置发生变化，而骨盆韧带出现生理性松弛，容易形成腰椎前倾，给背部肌肉增加了负担，易引起疲劳或发生腰痛。孕妇站立、坐、行走时如果能保持正确的姿势，就可以减少这些不舒服症状的发生，故应采取如下的正确姿势。

　　(1) 坐的姿势：坐椅时先稍靠前边，然后移臀部于椅背，深坐椅中，后背笔直靠椅背，股和膝关节成直角，大腿成水平状，这样不易发生腰背痛。

　　(2) 站立姿势：将两腿平行，两脚稍微分开，这样站立，重心落在两脚之中，不易疲劳。但若站立时间较长，则将两脚一前一后站立，并每隔几分钟变换前后位置，使体重落在伸出的前腿上，可以减少疲劳。

　　(3) 行走姿势：不弯腰、驼背或过分挺胸，要背直、抬头、紧收臀部，保持全身平衡，稳步行走，不用脚尖走路。可能时利用扶手或栏杆行路。

孕期活动应该注意什么

　　怀孕的妇女并不需要整天待在家休息，实际上适当的活动可以加强盆底肌肉的力量，有助于分娩。但是活动时应该注意什么呢？

　　首先，早上起床时不要从仰卧位置直接立起，以免腹部压力突然增加造成流产。正确的做法是，起床时先侧卧，然后双手扶着床边慢慢起床。

　　第二，空气好时，可以多做一些散步，但注意走路时应挺胸抬头，直视前方，不要弯腰低头。上下楼时应扶着扶手，待全脚掌完全落地后再迈下一步。

　　第三，不要弯腰捡拾物品，正确的动作是直腰屈膝伸手够物，然后直腰起立。

　　第四，坐下时也应该腰背挺直坐在有靠背的椅子上，注意不要只坐在椅子半边上，以免摔倒。

　　第五，避免从事需要腹部用力的工作或家务，如提重物、够高处的东西等。

骑自行车的孕妇怎样进行孕期保健

自行车已成为人们的主要交通工具和健身工具。特别是妇女怀孕以后，骑自行车上下班比挤公共汽车好处更多。它不但是孕妇的一种适量的体育活动，而且还能避免因乘公共汽车遭受碰、撞、挤而发生意外。不过孕妇骑自行车应注意以下几件事：

(1) 适当调节车座的坡度，使车座后边略高一些，坐垫也要柔软一点，最好在车座上套一个海绵座座，以缓冲车座对会阴部的反压力。

(2) 孕妇要骑女式车，因为骑男式车遇到紧张情况时，容易造成骑跨伤。骑车速度不要太快，防止因下肢劳累，盆腔过度充血而引起不良后果。孕妇因体态的关系，上下车子不太方便，所以不要驮重物。

(3) 一般情况下，孕妇不适于骑车长途行驶，因过于疲劳及气候环境的变化，对孕妇和腹中的胎儿都是不良的刺激。骑车遇到上下陡坡或道路不太平坦时，不要勉强骑行，因剧烈震动和过度用力易引起会阴损伤，也容易影响胎儿。

孕妇在孕晚期，由于体型、体重有很大变化，为防止羊水早破出现意外，最好步行上班，以保母子安全。怀孕期间，一旦出现小腹阵痛，阴道出血等情况，应立即就近诊断和采取保护性措施，切不可麻痹大意。

孕妇能旅游吗

部分妇产科医师不赞成孕妇在怀孕 3 个月内旅游，因为这段日子容易流产。也不赞成孕妇在 7 个月以后做长途旅行，因在 7 个月以后容易发生早产、胎盘早期剥离、高血压、静脉炎，或在旅途中不慎摔倒，增加子宫或胎盘的伤害概率。孕妇需要乘飞机出去旅游时，在登机前 2 周，必须先向妇产科医师做咨询检查，若有以下健康问题，不可成行。

(1) 曾有过自然流产、子宫外孕、妊娠毒血症、早产史、子宫颈闭锁不全、难产史、胎盘早期剥落、子宫及胎盘先天异常、高血压、盆腔发炎、下肢静脉栓塞、Rh 血型阴性者或孕早期有严重的妊娠反应。

(2) 有糖尿病、心脏病、严重贫血、气喘、癫痫、静脉炎、晕动症，某些需长期服药的慢性病，以及某些严重的过敏性疾病，病情未能控制者。

(3) 怀孕所伴随的并发症，如尿蛋白、糖尿病、子痫、妊娠高血压综合征。

旅游途中要特别注意防止意外摔跌、腹部挫伤。若发生腹部挫伤，最主要的伤害器官就是胎盘。据临床统计，腹部受到挫伤后，导致胎盘分离的概率为 1% ～ 5%；严重的腹部挫伤，胎盘早剥的概率高达 20% ～ 50%，此时会出现剧烈腹痛以及严重出血，胎儿死亡率则高达 70%。旅游途中发生产科急症应立即就医。其症状包括有：①阴道出血。②阴道排出类似胎盘组织或血块。③不正常的下腹痛、绞痛甚至有子宫收缩的感觉。④阴道大量排出水样的液体（羊水膜破裂）。⑤剧烈头痛、视物模糊、脚踝水肿。⑥不明原因的腹痛除产科原因外，还应考虑是否患急性阑尾炎、急性尿道感染，或单纯的消化不良。

孕妇旅游要注意哪些事项

随着交通的日益方便，旅游业的蓬勃发展，旅游方式的多元化，当今休闲旅游已经成为现代人的一项重要生活，甚至成为一种时尚。然而孕妇也可以享受它吗？旅游对于健康的孕妇并不会产生伤害，旅游对孕妇也不是一律禁忌的。只是相对于一般人来说，孕妇旅游仍然是有一些风险，当然也有一些需要注意的事情。

(1) 怀孕 18 ～ 24 周不太有流产的危险，是孕妇出游比较安全的时段。孕妇也不像早期恶心、呕吐不舒服，也没有早产的顾虑。

(2) 若是长途飞行，至少每隔 1 ～ 2 小时要站起来在飞机上走动一下，以降低发生静脉血栓的风险。乘车时要系上安全带，因为安全带并不会增加胎儿伤害的机会，反而能保护孕妇的安全。此外最好不要骑乘摩托车、脚踏车、电动车或自行长途开车。

(3) 在外饮食要注意卫生，以免造成腹泻等疾病的发生。多吃营养丰富的食品，避免刺激的食物应该戒除烟酒等。

（4）衣着以舒适宽松为宜，穿平底防滑的鞋子，以免造成意外伤害。

（5）若旅游中发生腹痛、阴道出血等现象时，应该中止旅游立即就医。

孕妇如何做定期的产前检查

（1）**产科初诊**：医师需要了解孕妇的一般情况，如姓名、年龄、病史、婚育史等，孕妇应如实回答，医师还要做全身检查，测量身高、体重、血尿作为基础数据。测量身高时要脱去鞋帽，身体紧靠标尺站直。测量体重时应穿单衣裤，脱鞋，且以后每次测量时都穿同样的衣服，尽量在相同的时间，以免影响准确性。测量血压前不要进行剧烈活动。排尿后，孕妇仰卧，头稍垫高，双腿略曲分开，使腹肌放松，腹部检查的目的是了解子宫大小、胎产式、胎方位、先露下降等情况。骨盆测量的目的是了解骨盆的形态、大小，预测胎儿能否从阴道分娩。测量时的体位主要有：①伸腿仰卧位（测量髂棘间径等）。②侧卧位，上面腿伸直，下腿弯曲（测量髂耻外径）。③仰卧位，两腿弯曲，双手抱膝，尽量靠近胸部（测量出口横径和耻骨弓角度）。阴道检查了解产道、子宫、附件有无异常情况。

（2）**产科复诊**：产科初诊以后，应按时进行复诊。正常情况下 28 周以前每 4 周检查 1 次，28 周以后每 2 周检查 1 次，36 周以后每周 1 次。有特殊情况或属高危孕妇需酌情增加检查次数。

（3）**其他检查**：胎儿监护，测量胎心率，观察胎动时的胎心率变化，孕妇通常取左侧卧位。做正规糖耐量试验时，空腹取血、留尿，然后将 100 克葡萄糖溶于 300 毫升水中喝下，1 小时，2 小时，3 小时时分别取血留尿。注意服糖量一定要准确。试验结束前，不能进食、饮水。

产前检查的具体要求和内容是什么

产前检查是保障孕母及胎儿健康的一项重要措施，每一个孕妇必须与妇产科医师配合，在整个妊娠期至少进行定期的 12 次产前检查，必要时还要增加检查次数，这样才能保证优生和安全分娩，对母婴有利。

(1) 孕早期：首先要通过妊娠试验确诊已怀孕。第一次检查要详细询问病史，并做全面体检及产科检查，必须量体重、测血压、检查小便常规及血红蛋白，以作为基础。根据孕妇情况，必要时要做肝功能检查，尤其在疑有性病时，必须彻底查明情况。这时要根据末次月经来潮推算出预产期。早孕检查的最主要内容是排除孕妇有无内科并发症或遗传性疾病，若有异常，必须积极治疗，如为妊娠禁忌证，应及时终止妊娠，这是正常妊娠的第一步。

(2) 孕中期：孕妇应每月做一次产前检查，重点观察胎儿生长发育情况和对孕妇的健康、营养指导。每次要注意子宫大小、孕妇体重变化、胎位、胎动及胎心、羊水量的多少等。随访孕妇的血压，有无贫血、水肿等并发症。这阶段必须做好骨盆测量，包括骨盆外测量和内测量，如果骨盆有狭窄等问题应与孕妇说明，以保证分娩安全。必要时在这阶段可进行一次 B 型超声波检查，以观察胎儿的生长动态情况。对孕妇的健康及营养摄入、起居问题等，应给予指导和帮助。

(3) 孕晚期：这时应每 2 周做一次产前检查，最后 1 个月应每周检查 1 次，重点是防治妊娠并发症，预防早产，及时纠正异常胎位，加强监护，做好分娩准备。

孕期 B 超检查做多少次为宜

孕期到底做多少次 B 超检查合适？这是许多的孕妇经常提出的问题。对于正常的妊娠来说，一般孕期做 1 ～ 2 次 B 超检查就可以了。除非孕早期有阴道出血，否则此期不需做 B 超检查。多数情况第一次超声检查应在 18 ～ 20 周进行，此时，主要的目的是筛查畸形。因为在这一期间，胎儿的各个脏器已发育完全，仔细的 B 超检查，可看到每一个重要的脏器有无异常。若真的发现了畸形，立即行中止妊娠，也比以后要容易，对母亲身体的影响也较小。以后，如果母亲、胎儿在各个方面都正常，可以不再做，或在妊娠最后几周做一次 B 超检查，估计胎儿的大小，了解胎盘的位置及羊水量的多少。如果在妊娠期发现有异常的情况，如可疑胎儿的畸形，胎儿生长发育异常（过大或过小），羊水过多或过少，胎盘有异常，妊娠过期等都需要随时做 B 超检查，有时 B 超还要重复做数次，如疑有胎儿生长迟缓，通过给予治疗，到底治疗是有效还是无效？胎儿的生长迟缓的状态有无改善？需通过数次 B 超检查才可以很好地明确；又如妊娠过期了，常常有胎盘的老化，同时羊水迅速地减少，此时每周都需做 1 ～ 2 次 B 超检查来看羊水量，因为羊水量越少，胎儿发生缺氧，出生时发生窒息的可能性就越大。目前多数国家也主张正常的孕期 B 超检查做 1 ～ 2 次。

B 超检查是否安全

某些孕妇对 B 超检查有些害怕，担心会不会造成对胎儿损伤，有没有致畸形的作用等。B 超应用于临床已有 40 多年，其检查的安全性已得到肯定，理论上高强度的超声波通过它的高温及对组织的腔化作用，可能会对组织有损伤作用，但事实上医学上使用的 B 超检查未能证实有过不良的生物效应，由于在医学上诊断用的 B 超是低强度的，低于 94 毫瓦／立方厘米，对胎儿是没有危险的，直至目前也从未有过 B 超检查引起胎儿畸形的报道。这并不意味妊娠期可以随意地做，多少次也无关。从检查的必要性，及经济的观点，正常妊娠检查不超过 2 次为宜，第一次检查在妊娠 18 ～ 20 周，重点在于除外畸形；第二次检查可以做，也可以必要时才做，在妊娠后期了解胎儿生长发育情况，羊水状况及胎盘有无异常等。如果妊娠不正常，就需要根据病情决定 B 超检查的次数了，例如羊水过多时，可能要在治疗前后经常重复测量羊水量；又如妊娠超过 40 周后，可能需要 1 ～ 2 次／每周 B 超检查，测量羊水量及评估胎儿在宫内的状况。

孕妇用药有什么特点

妇女的生理变化比较复杂，随之而来的是用药方面也有不同的要求，其主要特点是怀孕期和哺乳期用药比较特殊。孕妇通常不能随意用药，因为很多药物可以通过胎盘对胎儿造成不良影响。雌激素、合成黄体酮、睾酮等都能引起生殖器官的畸形，雌激素可致阴道癌；四环素族抗生素可使胎儿乳齿发黄、质脆，抑制骨骼生长及短肢畸形；链霉素及卡那霉素可致听力障碍；氯霉素可以损害肝脏；呋喃妥因、磺胺类药物可引起胎儿溶血症及黄疸；甲丙氨酯（眠尔通、安宁）可使胎儿发育迟缓等。所以，孕期用药应特别慎重，在要医生指导下用药。

在妊娠中期，凡能引起子宫收缩的药物如麦角、奎宁、垂体后叶素等，应严禁使用。泻药、利尿药也应慎用，以免导致流产。中药中的一些毒性强或药性较猛烈的药物，如巴豆、黑白丑、斑蝥、麝香、桃仁、红花、牛膝等能导致流产，也不能在孕期使用。凡能引起胎儿畸形的药物，如反应停、氨甲蝶呤、己烯雌酚、甲巯咪唑、四环素、可的松等，禁止使用。特别是在怀孕头一个月，胚胎的组织器官正处于相继分化和联合阶段，各系统器官尚未形成，极易受药物的影响而造成畸形。孕妇如产前使用安眠药、麻醉药，可使胎儿死亡，也应引起特别注意。

总之，孕妇用药不能损害母子健康，对药品说明书上注明"孕妇忌用""孕妇慎用"的药物不能冒险使用，对未注明要忌用、慎用的药物也应在医生指导下使用，以免对孕妇及下一代造成损害。

孕妇为什么不宜多服补药

有些妇女怀孕后，就多吃补品，希望胎儿长得快、长得好，不管是人参还是鹿茸，样样都吃。这些补药对孕妇和胎儿实在是弊多利少。

人参虽属老少皆宜的大补元气之品，然其作用原则为"虚则补之"。如孕妇怀孕后久服或用量过大，就会气盛阴耗，阴虚则火旺，亦即气有余，便是火。人在内服3%人参酊100毫升后，就会感到轻度不安和兴奋；如内服200毫升后，可出现中毒症状，如全身玫瑰疹、瘙痒、眩晕、头痛、体温升高和出血等。孕妇滥用人参，容易加重妊娠性呕吐、水肿和高血压等，也可促使阴道出血而致流产。胎儿对人参的耐受量也很低。曾有报道，某妇女怀孕后1个月开始常服人参，2周后出现心悸、胸闷、头痛、失眠、鼻腔出血和下肢水肿等症状，继而出现阴道流血，待4个月后检查时，胎儿已死亡。所以孕妇不可滥用人参。

孕妇除了不可滥用人参外，因鹿茸、鹿胎胶、鹿角胶、核桃肉等也属温补助阳之品，孕妇也不宜服用。如果病情需要，应在医师指导下服用。如孕妇想服补药，也应本着产生宜凉的原则，酌情选用清补、平补之品，如太子参、北沙参、怀山药、白术、百合、莲子、麦冬等。若孕妇脾胃功能良好，食欲正常，没有恶心、呕吐和腹泻，也可适量服用阿胶，以利养血安胎。常言道：药补不如食补。若孕妇想进补，不如注重日常生活中饮食的搭配、多样化，多食新鲜蔬菜和水果，注意调养，这样做更比吃补药强。

孕妇用药应采取什么措施

为使胎儿和新生儿对不必要的药物接触减至最低限度，应采取下列措施：

(1) 加强宣教。育龄妇女未采取避孕措施者，应当了解医用药物、烟、酒，以及生物系统以外的化学物对胎儿可能有不良影响。须知胎儿先天性缺陷是在早期妊娠，并多在尚未做出妊娠的诊断，即妊娠第 1 个月时发生的。

(2) 医务人员应认真考虑给孕妇用药的利弊，有一定的指征时才用药。避免应用对胎儿或新生儿有不良影响的药物，特别是在妊娠头 2 个月内不用或慎用疑有致畸作用的药物。

(3) 应根据药物的临床效果，或根据药物浓度的测定，来决定孕妇用药的最适当剂量。药物浓度检测最好是测定血浆游离药物的浓度，而不是全药浓度。

(4) 分娩时如必须给母亲快速静脉注射药物，应当计算好时间，以减低婴儿出生时体内药物的浓度。从开始注射药物到婴儿分娩出的时间应短于或长于从开始注射药物到胎儿体内出现药物最高浓度的间隔时间。

(5) 须详细记录孕、产妇的用药情况，特别是分娩前 1 周和分娩时以及分娩后需要长期服用的药物的剂量和时间。应了解婴儿从母乳中也可能受到某些药物的不良影响。

为什么说孕妇补充维生素并非多多益善

不少孕妇，为了达到优生目的，就盲目大量补充维生素。殊不知，结果往往会适得其反，不仅无益于自己，也害了腹中的胎儿。

例如，维生素 A 是一种脂溶性维生素，缺乏时可以发生夜盲症和皮肤干燥症，过量又会出现蓄积中毒，孕妇超量服用维生素 A 不仅可能引起流产，而且还可能发生胎儿神经和心血管缺损及面部畸形。一般来说，每日合理的混合性食物可提供 5 000 ～ 8 000 国际单位的维生素 A，这已能充分满足孕妇每日维生素 A 的需要量。此外，孕妇要忌服治疗痤疮和银屑病的维生素 A 类药物，如维甲酸，因为这类药是最强烈的致畸药物。

不少妇科医师常用大剂量维生素 B_6 治疗妊娠呕吐，作用至今尚未得到证实。据报道，孕妇每日需要维生素 B_6 的量仅比未孕时增加 0.6 毫克（正常人每日需要量为 2 毫克），况且日常食物完全可以满足孕妇对维生素 B_6 的需要量，孕妇完全不需要补充服用维生素 B_6。

总之，孕妇不可随意滥服维生素类药物，即使需要补充，也须遵照医嘱，适可而止。

孕妇可以接种哪些疫苗

(1) 如有外伤史可注射破伤风类毒素，预防感染破伤风。

(2) 如被狗咬伤，可于咬伤当天及第 3、7、14、30 天各注射狂犬疫苗一针，如多处咬伤或深度咬伤应注射狂犬免疫球蛋白或注射狂犬病血清，然后按以上时间注射狂犬疫苗。

(3) 孕妇及家庭成员有澳抗阳性者，应在分娩后给孩子注射乙肝疫苗。然后隔 1 个月、6 个月各注射 1 次。

(4) 甲型肝炎病毒感染的孕妇可注射胎盘丙种球蛋白。但水痘、风疹、麻疹、腮腺炎等病毒性减毒活疫苗、脊髓灰质炎疫苗、百日咳疫苗等孕妇禁用。有流产史者不宜接受任何疫苗接种，

(5) 流感疫苗接种不会对胎儿造成不良后果。流感疫苗在孕期任何阶段接种都是安全的，但流感疫苗并不是任何人都能接种的。对鸡蛋蛋白或疫苗成分过敏者，6 个月以下的婴幼儿不宜接种。镰状细胞贫血者和严重发热性感染及慢性病正在发作者应延缓接种。

子宫颈内口松弛对妊娠有何影响

子宫颈分为外口与内口，分别与阴道及宫腔相通。在正常情况下，由于分娩等影响，外口可呈不同程度松弛，而内口则紧闭以使宫腔与外界隔绝。由于某些原因可引起宫颈内口松弛，如孕中期多次流产、早产史、扩宫时引起宫颈损伤、宫颈手术史及先天发育异常等。此类患者妊娠后，特别是中期妊娠后，由于羊水增多、胎儿长大，使宫腔内压力增高、重力增加，致使原来松弛的内口不能承受，胎囊可自宫腔内口突出，直接压迫宫颈，使其逐渐缩短、扩张，在压力达到一定程度时则引起胎膜早破，胎儿排出而流产。诊断宫颈内口松弛应详细询问病史，此类患者流产的特点是首先有胎膜早破，然后胎儿随之娩出，可无明显腹痛。检查时，以扩张器试行通过宫颈，可无阻力，也可行子宫碘油造影了解内口情况。子宫颈内口松弛是晚期习惯性流产的原因之一，因此在诊断明确后可行手术结扎关闭内口，时间可在非孕期及孕期 12 ~ 15 周进行。若结扎有效，妊娠至足月则应行剖腹产分娩，如果未至足月即有宫缩发动，应立即拆除缝线以免损伤宫颈，胎儿可自阴道分娩。轻度宫颈内口松弛也可保守治疗，即孕妇绝对卧床，减轻宫腔内压力，维持至胎儿可活期。

尽量避免流产及损伤宫颈，可预防部分宫颈内口松弛发生，对可疑患者尽早明确诊断并予以恰当治疗，亦可使患者获得一足月活婴。

孕期患痔疮怎么办

怀孕妇女常有便秘的问题，原因不甚清楚，但是怀孕第二、三期，由于黄体激素升高，胃肠内食物通过时间延长，且大肠吸收水分增加，而引起便秘。

因此在饮食中应注意增加纤维素的摄取，多喝水是首要采取的步骤。

便秘易引发痔疮，如孕妇患上痔疮应注意以下事项：

一般妇女怀孕时，若有痔疮是一个极为头痛的问题，因此在怀孕前如发现有痔疮最好先予以治疗。怀孕中若有痔疮症状时仍以高纤食物，温水坐浴及软便药为主。局部的软膏及栓剂也有作用，但是使用软膏栓剂时，必须使用安全的药物。一些含有类固醇的药物，尤其是怀孕初期的妇女应尽量避免使用。有一些局部非手术的疗法，在怀孕妇女身上进行是否安全无虞须加以考虑。至目前为止，橡皮圈结扎及局部的碳酸注射，在文献上的报告均为可行、安全的。但是红外线凝固器及激光，在怀孕妇女使用是否安全，因仍未广泛使用而无定论。

若症状严重，外科疗法也不能避免。需要手术时应该尽量避免在怀孕初期，因为那是胎儿器官形成时期。怀孕末期时，因为孕妇的肚子较大，较难安排手术时的姿势，而且怕因手术而提早生产，所以手术最好在怀孕中期。手术时最好使用局部麻醉药，而且避免手术前给药，使用的药物要避免对胎儿产生不良反应。

孕期腹痛常见哪些情况

在孕期的不同阶段，孕妇可因某些异常或病变而腹痛。孕早期引起腹痛的常见疾病有各种类型的流产、宫外孕，均表现为阵发性小腹痛伴下坠感，并有少量阴道出血，应及时去医院检查确诊。妊娠晚期的先兆早产，可出现比较频繁的小腹痛；血压高或有外伤的孕妇如发生腹部持续性胀痛，腹部发硬和多少量不等的阴道出血，应考虑有胎盘早期剥离的可能性，此病可危及母子安全，应立即去医院诊治。如在孕期检查发现有卵巢肿物，在改变体位或大小便后突然发生持续性下腹部绞痛伴恶心呕吐，可能为卵巢肿物发生蒂扭转，应立即到医院观察、治疗，疼痛不能缓解时，需开腹切除肿瘤。妊娠合并肌瘤并不少见，当肌瘤血运不足发生红色变性时，表现为持续性腹痛伴低热，应住院保守治疗。

急性阑尾炎是孕期常见的外科并发症，表现为腹痛、恶心、呕吐、低热。

由于妊娠子宫的逐渐增长，阑尾的位置也不断上升，疼痛部位不像非孕期那样典型，确诊后一般可保守治疗。急性胆囊炎一般既往有发作史，疼痛在右肋下放射到右肩部，疼痛剧烈，绞痛伴恶心、呕吐，胆道受阻时可出现黄疸，应立即到外科就诊。急性胰腺炎虽不常见，但病情危重，疼痛性质与胆囊炎相似。

总之，孕期腹痛的病因较多，宜早期确诊以免延误病情。

孕妇皮肤色素沉着与妊娠纹是怎么回事

孕妇体内各种内分泌腺活动增强，脑垂体前叶分泌的促黑色素细胞激素增加，使体内黑色素增多，于是在孕妇面部、乳头、乳晕、腹中线等部位出现色素沉着或色素斑，面部的色素沉着常对称地分布在两颊部，俗称"蝴蝶斑"。这些色素沉着随着妊娠的进展日益加重，妊娠终止后自然消退，有时不能完全消退，而在原处留下淡淡的痕迹。有的孕妇觉得面部的色素沉着有碍美观，想在局部涂抹去色素斑的化妆品，这样做是没有必要的，可以等到产后体内妊娠的变化完全复原了，而面部色素沉着尚未退再治不迟。

妊娠纹可以说是母体较明显的生理变化。简单地说即是皮肤扩张的速度赶不上子宫扩大及母体生长的速度，因此形成妊娠纹。由于妊娠纹皮肤部分，会产生一些类似引起过敏的介质，引起不同程度的瘙痒，特别是在肚皮及臀部的地方。有些孕妇会因搔抓而引起细菌感染。因此，如有剧痒症状，可用药物治疗。初产妇的妊娠纹最为明显，个别妇女皮下脂肪沉积过快，于是在脂肪主要堆积的部位，如臀部和大腿后部也出现了这种纹理。待到产后腹部缩小，臀部和大腿过多的脂肪因分娩及产后带孩子比较劳累而逐渐消耗减少，原有纹理变为白色，永不消失。少数孕妇的胎儿不大，皮肤弹性良好，也可以不出现妊娠纹。

孕期抽筋如何护理

孕晚期，孕妇的脚部所受的压力会随着胎儿愈来愈大而增加，胎盘的重量会压着大腿的动、静脉，淋巴等位置，令血液循环减慢，而腿部肌肉负担增加，容易造成劳累，增加抽筋的机会。如果孕妇钙摄入量不足，就会引起母体血钙降低，因血钙低增加肌肉神经的兴奋性，所以孕妇很容易出现小腿抽搐的现象。

孕期抽筋的护理方法是：

(1) 简单的伸展、放松的腿部运动，能帮助积聚在小腿的水分泵回心脏，保持小腿的柔韧度。

(2) 孕期应该多晒太阳。孕妇可多吃含钙的食物，如鱼、排骨汤等，也可口服钙片和鱼肝油。钙质不足的孕妇腿部容易抽筋，应该多吃豆腐、豆干、鱼干等，也可以服用珍珠粉，珍珠粉的目的是增加钙质，附加作用可清热解毒、降火、皮肤美白。服用珍珠粉的孕妇，宝宝出生后骨骼会长得比较强壮，生产不会遭受惊吓。但宜购买水飞的珍珠粉，即在水中研磨而取浮在水面上的较干燥，一天吃一小匙即可。

(3) 少吃点空心菜，空心菜有凉血的作用，如果孕妇本身有贫血的话，令孕妇更容易抽筋。

孕妇下肢水肿是怎么回事

在怀孕的中期和晚期，孕妇会出现水肿。开始仅仅踝部皮肤发紧发亮，手指按下去有凹坑，可以逐渐向上蔓延到小腿、大腿，严重时腹壁和全身水肿，甚至会发生腹水。

水肿的出现与身体内水、钠代谢有关。经测定，孕妇在孕期体重平均增加 9 ~ 12.5 千克，其中总体液量增加约 8.5 升，约占增加体重的 70%，这增加的水分分布在胎儿、胎盘、羊水、血浆、子宫和乳房的新生细胞及组织间隙。孕期水、钠潴留是正常生理现象，也是母体和胎儿生长所必需的。

妊娠最后 10 周内，水、钠潴留主要在组织间隙。组织间液增长速度加快，皮下组织范围广、疏松，是液体潴留的好场所。另外，孕妇姿势也很重要。当仰卧时，增大的子宫压迫下腔静脉，坐或站立时阻碍髂总静脉回流，都会引起下肢静脉血淤滞，静脉压增高，迫使血管内液体过滤到组织间隙，出现可凹性水肿。这种水肿一般较轻,经过休息可以恢复。如果经过休息仍不恢复,或程度越来越重,或者虽然没有可见的凹陷性水肿,但体重增加每周超过 0.5 千克,都说明有过多的水、钠潴留,可诊断为妊娠水肿或轻度妊娠高血压综合征,这就需要治疗了。

孕期水肿如何护理

怀孕 6 个月之后较容易出现,因在怀孕当中,肾小球对水分的再吸收会发生变化,水分或钠离子容易滞留在体内,较会发生水肿。一般脚按下去若有凹陷,即可能是水肿。而孕早期、孕中期和孕晚期的体重增加,分别为 3、3、5 千克,如果体重在 1 周内增加 500 克以上,即可能是隐性水肿。

可以服用千金鲤鱼汤,用一条鲤鱼剖肚,将内脏清理干净。用当归、白芍各 10 克,陈皮 6 克,肉桂 2.5 克,把这五种药材塞到鱼肚中煮汤或清炖来吃。而脾肾虚者,用黑豆 150 克加大蒜 100 克、红糖 30 克,煮到黑豆烂熟便可食用。另外,无习惯性流产者可吃薏苡仁,而体质不燥热者可吃一些赤小豆。妊娠水肿也可能是气滞(合并胸闷、腹胀),宜保持心情愉快,勿胡思乱想。

孕妇应避免长时间的站立,睡眠时抬高下肢,可减少水肿的发生。孕妇应尽量少取站立姿势,工作间歇可坐下抬高下肢或侧卧片刻。夜间入睡应采取左侧卧位,以减少对下腔静脉的压迫,增加回心血流量及尿量。下肢潴留的液体可通过尿液排出,水肿也会随之减轻。每次产前检查时要准确测量体重,以便及时发现隐性水肿。当孕晚期每周体重增加超过 0.5 千克时,就要引起重视,轻度水肿不必过多限制食盐和水的摄入,严重水肿则需使用利尿药物。

孕妇心慌气短就是有心脏病吗

在妊娠后半期,妇女常在活动时心慌气短,即使活动量并不大,也不像孕前时容易承受。

妊娠期孕妇各器官组织的工作量都要增加,需要的氧也增多,氧吸进的多少一是靠每分钟呼吸次数，二是靠每次呼吸的深度，孕妇就是靠加深和加快呼吸来获得更多的氧气。氧吸入后，和血红细胞里的血红蛋白结合，再送到各组织去利用。妊娠期，血容量约增加1500毫升，其中血浆增加40%～50%，红细胞增加18%～30%，出现了生理性的血液稀释现象，每单位容积血液中红细胞数较孕前减少了，而身体对氧的需求高，就不得不靠增加每分钟的心跳次数和增多每次心脏排出的血液量来代偿。如孕前心率为70次／分左右，孕后要增加到80～90次／分。试想，循环系统增加了这么多的血量，心跳次数和每次排出血量又要增加，再加上增大的妊娠子宫推挤横膈，使心脏向上向左移位，则机械性地增加了心脏负担。在此情况下稍做活动，自然会出现心跳加快、心慌气短的症状了。只要能注意适当休息，不做过多过重的活动，不会对孕妇有什么不良的后果。

孕妇如何预防便秘

便秘一直困扰着现代人，孕妇的便秘问题尤应注意和防范。孕妇应定期到医院检查，发现胎位不正应及时纠正，以免下腔静脉受压导致回流受阻而发生痔疮，给排便带来严重影响。

孕妇往往因进食过于精细而排便困难，因此要多食含纤维素多的蔬菜、水果和粗杂粮，如芹菜、绿叶菜、萝卜、瓜类、苹果、香蕉、梨、燕麦、杂豆、糙米等。定时进食，切勿暴饮暴食。平时多喝水，坚持每天清晨喝一大杯温开水，这样有助于清洁和刺激肠道蠕动，使大便变软而易于排出。

定时排便，在晨起或早餐后如厕。由于早餐后结肠推进动作较为活跃，易于启动排便，故早餐后1小时左右为最佳排便时间。不要忽视便意，更不能强忍不便。更为重要的是蹲厕时间不能过长，不仅使腹压升高，还给下肢静脉回流带来困难。最好采用坐厕排便，便后清洗会阴部和肛门，既卫生又避免长久下蹲增加腹内压。

适量运动可以加强腹肌收缩力，促进肠胃蠕动和增加排便动力。需要注意的是，采用揉腹按摩促进排便的方法是不可取的。

合理安排工作生活，保证充分的休息和睡眠，保持良好的精神状态和乐观的生活态度。孕妇不要因呕吐不适感而心烦意乱，烦躁的心态也可导致便秘，不妨多做一些感兴趣的事，比如欣赏音乐、观花、阅读等，尽量回避不良的精神刺激。

怎样防治弓形体感染

如果妇女是在怀孕期间感染上弓形体，就会对胎儿造成危险。一般说来，养猫的家庭如果注意日常卫生管理，应该是安全的。摸过猫之后一定记得洗手，只吃熟的肉食，彻底清洗蔬菜水果，不吃未经消毒的羊奶及奶制品，每天至少清理一次猫的粪便和食盆，这样，受感染的危险程度就会降低很多。

(1)注意饮食卫生，肉类要充分煮熟，避开生肉污染熟食。

(2)猫要养在家里，喂熟食或成品猫粮，不让它们在外捕食。因为猫的传染是吃了感染弓形体的老鼠或鸟类，或者吃了污染猫粪的食物。

(3)要注意日常卫生，每天清除猫的粪便，接触动物排泄物后要认真洗手。

(4)除非孕妇血清检查证明已经有过弓形体感染，否则孕妇怀孕期间要避免接触猫及其粪便。

(5)弓形体感染有多种简便有效的药物治疗，如磺胺类加乙胺嘧啶，和螺旋霉素等，治疗须按医嘱进行。孕妇感染后及时治疗可使胎儿感染机会减少。

如果您实在不放心在怀孕期间养宠物，可采取一个折中的办法：找您的父母亲戚朋友或者是要好的同学同事，在您怀孕期间把您的猫或者狗放到他们家里寄养，等到孩子半岁以后再把猫接回来，一家人共享天伦之乐。

如何应对孕期腰痛

腰痛是孕期常见病症，轻者腰酸背痛，重者还伴有腿抽筋、坐骨神经痛等症状。孕妇可以学习一些居家就可实施的缓解技巧，在家轻轻松松完成。

(1) **享受按摩**：症状轻微者，可以在家做居家按摩操。此时，可是准爸爸大献殷勤的绝好时机，赶快学几招专业、地道的按摩技巧，为爱妻每天定时做甜蜜按摩。另外，也可以做局部热敷，用热毛巾、纱布和热水袋都可以，每天热敷半小时，也可减轻疼痛感觉。

(2) 勤换姿势：一天之中，要避免太单一的活动，如长期坐着或站着对身体都没好处。即使有没完成的事，也要适当换一下姿势，不然，时间久了会引起腰痛。如果工作性质就是需要长期坐着或站立，也要勤换姿势，每隔40～50分钟就要尽量换一下姿势，停下来休息几分钟，放松一下筋骨，做一做踢腿、伸腰、伸臂等动作，但动作幅度不要过大或太激烈。

(3) 适当地"懒"：平时再勤快的孕妇，这时也要学会"偷懒"。在孕早期，要注意适量的休息，让自己身体轻松、减少疲劳。孕中期和孕晚期，就更不能多干粗重的活了。像洗衣服、登高放东西、提重物、背太沉的包等都会殃及腰部的，能让丈夫干的就让丈夫干吧。

以上方法适用于腰痛不太严重的孕妇。如果孕妇腰痛得厉害，可不要硬撑着，得赶快看医师。

如何避免病毒感染

孕早期罹患病毒很容易通过胎盘屏障进入胎儿循环，诱发细胞染色体畸变，并抑制其有丝分裂，从而影响胎儿器官的正常分化与发育。在妊娠头3个月内，宫内感染病毒，胎儿患先天性畸形的发生率较高，感染风疹在孕早期第1个月有50%致畸率，第2个月有30%的致畸率，第3个月有20%的致畸率。孕早期感染风疹可发生流产、死胎、多发性畸形（动脉导管未闭、房缺、室缺、肺动脉狭窄）、眼缺陷（白内障、视网膜脉络炎、青光眼）、肝脾大及出血性紫癜等。有的症状不一定出生即有，如耳聋、白内障可在以后逐渐表现出来。包括智力发育不全、小头等症状亦是如此。故孕早期感染风疹应做人流术。有条件接种风疹疫苗的应在1岁至妊娠前接种。

巨细胞病毒感染或因潜伏病毒的再活动，均可导致胎儿感染，婴儿出生时可无症状或有轻重不等的症状。重者肝脾大、黄疸、血小板减少、小头畸形、视网膜脉络膜炎和视神经萎缩，存活者都有听力、视力、言语、智力障碍，亦可有其他精神发育障碍。单纯疱疹病毒，可经胎盘传递而引起婴儿初生期疱疹感染，或于出生时以母体生殖器的疱疹病毒传染给新生儿。初生时感染单纯疱疹常易导致病毒全身播散，累及多个器官，肝、脾、肺、肠、肾上腺等均可出现灶性坏死，并可从中分离出疱疹病毒。腮腺炎病毒、流感病毒、麻疹病毒感染，均可造成胎儿死亡。

妊娠期脱肛怎么办

妇女在怀孕期间，尤其是孕晚期，容易发生痔疮。这是因为妊娠期间，盆腔内的血液供应增加，胎儿发育后，长大的子宫会压迫静脉，而造成血液的回流受阻，再加上妊娠期间盆腔组织松弛，都可以促使痔疮发生和加重。分娩以后，这些因素自然会逐渐地消失，痔疮的症状也会得到改善，甚至消失。

如果在妊娠期间对脱出来的痔疮进行套扎、冷冻、激光等特殊治疗，或手术切除，均会有一定的风险。因此，只要不是大量或经常出血，还是等到分娩之后，再进行彻底治疗。万一痔疮脱出不能托回肛内，应及时到医院进行诊治。

妊娠期间患此病一般采用保守疗法。就是平时以饮食疗法为主，多吃富含粗纤维的蔬菜和水果；对于习惯性便秘者可经常食用一些润肠通便的食品。这样，才能保持大便通畅。另外，在上厕所时，应采用坐式马桶，而且排便时间不宜过长。如果在排便时，痔疮脱出应及时进行处理。排便后，先洗净肛门，然后躺在床上，垫高臀部，在柔软的便纸上放些食油，手拿油纸，将痔疮轻轻推入肛门，再用手指将痔疮轻轻地推入深处，然后塞进一颗刺激性小的肛门栓。此时，不要马上起床活动，最好还要做提肛运动 5 ～ 10 分钟。如果在走路、咳嗽时，都会使痔疮脱出，那么，按上述方法处理以后，在肛门口还要用多层纱布抵压住，外加丁字带固定。

妊娠期牙龈炎怎么办

有些妇女怀孕以后，妊娠反应较小，就是牙龈常出血，甚至偶有一宵醒来，枕头上血迹斑斑，但毫无痛觉。如果张嘴对镜看看，没准吓一跳。全口牙龈水肿，齿间的牙龈乳头部还可能有紫红色、蘑菇样的增生物。只要轻轻一碰，脆软的牙龈就会破裂出血，出血量也较多，且难以止住。

这种怪毛病，称为妊娠牙龈炎，多见于孕早期。引起上班族孕妇牙龈发炎的原因，以孕后体内孕激素增多使牙龈血管发生变化为基础，外加其他因素作祟，像不注意口腔卫生、有牙垢沉积、牙齿排列不整齐或张口呼吸等。

妊娠期牙龈炎将随妊娠的进展而日益加重，但产后会逐渐自行消退。因此，一旦发生，唯有从减少牙龈出血和减慢炎症的发展着手。

（1）勤刷牙，每次进食后都用软毛牙刷刷牙，刷牙时注意顺牙缝刷，尽量不碰伤牙龈，不让食物碎屑嵌留。须知食物残渣发酵产酸，有利于细菌生长，会破坏牙龈上皮，加剧牙龈炎及出血。

（2）挑选质软、不需多嚼和易于消化的食物，以减轻牙龈负担，避免损伤。

（3）多食富含维生素 C 的新鲜水果和蔬菜，或口服维生素 C 片剂，以降低毛细血管的通透性。

孕期常见的牙周问题有哪些

孕期较常见的牙周问题有以下几种。

（1）**妊娠牙龈炎**：孕期常见的牙周问题是牙龈发炎，这是由于怀孕时期激素改变，使得牙龈充血肿胀，颜色变红，刷牙容易出血，偶尔有疼痛不适的感觉。这些症状并非每个孕妇都会发生，若如发生的话，通常在怀孕第二个月开始出现，在第八个月时随激素分泌浓度达到高峰变得较为严重。

（2）**妊娠瘤**：这种病症较少见。一般多发生在孕中期，这是由于显著的牙龈发炎与血管增生而形成鲜红色肉瘤，大小不一，生长快速，常出现在前排牙齿的牙间乳头区（两相邻牙齿间的牙龈尖端）。妊娠瘤通常不须治疗，或只给予牙周病之基本治疗（洗牙、口腔卫生指导、牙根整平），这是为减少牙菌斑的滞留及刺激。肉瘤会于生产后随激素恢复正常而自然消失，若出现以下症状，如：孕妇感觉不适、妨碍咀嚼、容易咬伤或过度出血时，可以考虑切除，但孕期做切除手术容易再发。

（3）**其他症状**：怀孕期间的牙周症状，也可偶尔见到牙周囊袋加深、牙齿容易动摇等症状。事实上，口腔卫生不良及原先有牙龈炎的孕妇，在牙周问题上都有较大的发生风险，所以怀孕前先做口腔检查与预防治疗，怀孕期间定期检查及做好口腔清洁卫生，绝对是有帮助且必需的健康行为。孕妇不能因为牙周症状会在产后自然消失，而遗忘或疏忽了重要的口腔清洁工作。

如何防治前置胎盘

有的上班族孕妇其胎盘生长的位置不是正常地在子宫上部的内壁上，而是在子宫的下部覆盖子宫颈内口称为前置胎盘。本病是妊娠中、晚期出血的主要原因之一，也是妊娠期严重并发症，如处理不当或不及时会危及母婴生命。

前置胎盘的症状特点是无痛性阴道流血，常常反复发作。出血前没有预兆，常可以发生于半夜睡梦中，病人因阴道流血多而醒来发觉。一般第一次出血发生的时间越早（在妊娠 28 周左右或更早），则反复出血次数越频，出血量也较大，有时一次大出血即可使病人陷入休克状态。

前置胎盘发生原因至今不明，可能与产时感染、刮宫、多产、剖宫产等因素引起的子宫内膜炎或子宫内膜损伤有关。所以，要做好避孕，防止多产，避免不必要的刮宫，尤其要避免多次刮宫或宫腔感染，更不要非法私自堕胎，是预防前置胎盘的主要原则。

孕中期，B 超发现胎盘位置低而超过子宫颈内口者约高达 30%，但随着妊娠进展，子宫下段形成，子宫体升高，胎盘跟着上移，相当一部分人在孕晚期就不是前置胎盘了。所以，若无出血症状，在妊娠 34 周前 B 超发现胎盘位置低者一般不做前置胎盘诊断，亦不需处理。

怀了巨大胎儿怎么办

胎儿出生体重达到或超过 4 000 克者称为巨大胎儿。由于胎儿过大，可能给分娩带来困难，并给母婴带来一定的危险。分娩时由于胎儿过大，常引起胎儿肩部娩出困难，时间过久就可出现胎儿因缺氧而窒息甚至死亡，在牵拉过程中用力过猛也可引起胎儿上肢神经损伤、颅内出血或母亲骨盆底部肌肉撕裂等；产后由于孕期子宫过度膨胀，子宫肌肉收缩力差，可引起产后大出血。巨大胎儿的诊断单纯依靠观察上班族孕妇腹部大小来判断是不可靠的，因为它受上班族孕妇身高、胖瘦、初产或经产、羊水多少等因素的影响。一般应测量上班族孕妇子宫底高度、腹围大小，并通过 B 超测量胎头大小、肢体长短、胎儿胸围及腹围、羊水量等来科学地、较为准确地估计胎儿大小。

若确诊为巨大胎儿，医师通过仔细判定胎儿大小与母亲骨盆是否相称，即胎儿能否顺利地通过母亲的骨盆娩出而决定分娩方式。如胎儿大小与骨盆明显不相称者应进行剖宫产；若估计胎儿大小与骨盆大致相称，即可试行阴道分娩，必要时可行阴道助产协助胎儿娩出。其他因素（上班族孕妇是初产或经产、妊娠有无过期、羊水多少等）对巨大胎儿的分娩也有一定的影响，医师会综合考虑，酌情放宽手术指征。产前检查过程中如发现胎儿过大，上班族孕妇应适当限制饮食，并在确诊为巨大胎儿后，听从医师意见，接受合适的分娩方式。

什么叫胎儿宫内发育迟缓

由于某些原因影响胎儿在子宫内生长发育，以致使其小于同等孕龄的胎儿，医学上称此种现象为胎儿宫内发育迟缓。常见原因系由于上班族孕妇患有严重的并发症如妊娠高血压综合征、慢性高血压、慢性肾炎、心脏病、贫血等，致使胎盘功能障碍、母体缺氧，从而影响了母体对胎儿的供血、供氧，造成胎儿的营养障碍。多胎由于母体营养供应不足或营养不能充分分配到各个胎儿，可使多胎胎儿或其中某个胎儿发生宫内生长发育迟缓。如无并发症，其原因则主要由于先天遗传因素即胎儿宫内发育受父母身高、体重的影响。另外少数由于先天胎儿畸形。

怎样防治胎儿宫内发育迟缓呢？首先上班族孕妇要定期进行产前检查，医师根据上班族孕妇腹围大小、子宫高度及 B 超各项指标监测来进行早期诊断，一旦确诊即应积极治疗。治疗主要包括一方面针对所发现的并发症如妊娠高血压综合征等进行治疗；另一方面上班族孕妇应加强饮食营养保证热能的摄入，必要时应入院进行高营养治疗，即静脉给予上班族孕妇葡萄糖、能量合剂、维生素等以改善母体及胎儿的营养状况，纠正胎儿营养障碍。在胎儿宫内发育迟缓监测中除应观察胎儿生长发育状况外，还要注意有无胎儿缺氧现象，必要时应予以胎心监护决定。

宫内生长发育迟缓的胎儿，其体力、智力均不及同年龄婴幼儿，但若经过积极治疗及后天足够的营养补充，多数是可以赶上同龄儿童的。

羊水过多有哪些危害，应怎样防治

羊水是由孕妇血清经羊膜渗透到羊膜腔内的液体及胎儿尿液所组成。它可保护胎儿免受挤压，防止胎体粘连，保持子宫腔内恒温恒压。正常羊水约为 1 000 毫升左右，羊水量超过 2 000 毫升称羊水过多。若羊水在数天内急剧增加超过正常量称为急性羊水过多；若羊水逐渐增加超过正常量称为慢性羊水过多。羊水过多的危害是：

(1) 急性羊水过多时由于羊水急剧增加，使上班族孕妇子宫迅速过度膨胀，可以引起腹痛，腹胀不适；压迫横膈、心脏、肺，可引起心悸、气短、不能平卧等；压迫下肢静脉可出现下肢、外阴水肿及腹水。慢性羊水过多，由于羊水量是逐渐增加的，一般上班族孕妇已能适应，上述症状较轻。

(2) 生产时，由于子宫过度膨胀导致子宫收缩无力而引起难产。

(3) 胎儿频繁活动于过多的羊水中，有时可引起胎位异常。

(4) 子宫过度膨胀或羊水压力不均，易发生胎膜早破而引起早产。

(5) 羊水急剧流出，可引起胎盘早期剥离及脐带脱垂。

(6) 产后由于子宫收缩力差而易发生产后出血。

(7) 羊水过多常合并胎儿畸形，其中以无脑儿、脊柱裂等神经管畸形为多。

由于产生羊水过多的原因尚不明了，故上班族孕妇一旦发现腹部增大明显时，即应去医院检查，以明确是否为羊水过多，胎儿有无畸形，及有无其他并发症如双胎、妊娠高血压综合征等。若胎儿畸形，应尽早中止妊娠；若胎儿正常，可根据羊水多少，上班族孕妇症状轻重，予以适当限盐，口服利尿剂治疗，并注意避免胎膜早破。

羊水过少怎么办

羊水量少于 300 毫升称为羊水过少。最少时甚至仅有数毫升，此时胎儿皮肤与羊膜紧贴，几乎无空隙存在，B 超检查时可见羊水水平段小于 3 厘米。

羊水过少对上班族孕妇影响较少，对胎儿威胁较大。常与胎儿泌尿系统畸形同时存在，如先天肾缺如、肾发育不全等；孕晚期常与过期妊娠、胎盘功能不全同时存在。定期产前检查及 B 超检查可发现羊水过少。在证实羊水过少时应警惕有无胎儿畸形、胎儿缺氧和胎盘功能不全表现。若无胎儿畸形，上班族孕妇应密切注意胎动变化，并随诊子宫增长情况及 B 超检查羊水水平段，必要时应连续做胎盘功能测定，及了解有无胎儿缺氧情况，一旦发现异常情况应考虑剖宫产，使胎儿尽快娩出，以保证胎儿安全。如果发生胎儿畸形，则应立即中止妊娠。

上班族孕妇为什么容易发生鼻出血

有些年轻孕妇身体健康，也无急慢性疾患，鼻子无病，更无挖鼻孔的坏习惯，但常会鼻出血。这是因为怀孕后血中的雌激素量要比妊娠前增加25 ~ 40 倍，在雌激素影响下，鼻黏膜肿胀，局部血管扩张充血，易于破损出血。鼻中隔的前下方，本来就血管丰富，且位置浅表易受损伤，是鼻出血的好发部位，再加上妊娠引起的变化，即使鼻子未受伤，亦会出血。

通常为鼻子的一侧出血，并且出血量不多，或仅鼻涕中夹杂血丝而已。由于鼻出血的部位多数在鼻中隔前下方，所以，只需把出血侧的鼻翼向鼻中隔紧压或塞入一小团干净棉花压迫一下即可止血。若双侧鼻孔出血，可用拇指和食指紧捏两侧鼻翼部以压迫鼻中隔前下方的出血区，时间稍微长些（5分钟左右）；再在额鼻部敷上冷毛巾（不时更换）或冰袋，促使局部血管收缩可减少出血、加速止血。鼻出血时，千万别惊慌，要镇静，因为精神紧张，会使血压增高而加剧出血。如果血液流向鼻后部，一定要吐出来，不可咽下去，否则将刺激胃黏膜引起呕吐，呕吐时，鼻出血必然增多。倘若采用上述措施鼻出血继续，则须赶快去医院耳鼻喉科就诊处理。上班族孕妇若反复、多次发生鼻出血，应予重视，需到医院进行详细检查是否存在局部或全身性疾病，以便针对原因，彻底治疗。

妊娠并发肺结核怎么办

妊娠并发肺结核时，若肺结核为非活动期一般无影响；若肺结核为活动期，尤其是病变范围大时，对病情和对妊娠都有不利影响。在自我保健方面应注意：

(1) 结核病活动期间避免妊娠，待病灶稳定 2 年以上再考虑妊娠。肺叶切除后的病人还须先估计通气功能。

(2) 患有或疑有肺结核者，孕前应常规拍摄放射线胸片；孕期有临床症状者应进行胸片检查，但不宜选择胸部放射线透视，这不但因为胸透诊断价值不如胸片，更重要的理由是一次胸透中人体所受到的放射线量几乎是一次胸片的 15 倍。孕期发现肺结核可疑者，亦应摄胸片检查。

(3) 妊娠并发肺结核的治疗原则与非妊娠时相同。但抗结核药物选择要考虑到胎儿。链霉素不宜用；异烟肼、乙胺丁醇、利福平等都是可选用的药。

(4) 上班族活动期肺结核孕妇应提前住院待产。除非有产科指征，尽量不采用剖宫产。分娩时不要过分用力屏气，应予助产缩短第二产程。

(5) 活动性肺结核产妇因有排菌而应与婴儿严格隔离，也不宜母乳喂哺，以减少母亲消耗，避免新生儿感染。

(6) 婴儿出生后及时接种卡介苗。

甲亢患者怀孕了怎么办

甲状腺功能亢进患者若病情未得到控制而怀孕时，对妊娠不利的影响较明显，而妊娠也能使甲亢患者心血管系统症状加重，甚至出现心力衰竭和甲亢危象。

(1) 重症病人伴有甲亢性心脏病或高血压者不宜妊娠，一旦妊娠，应在孕 3 月内人工终止妊娠。其余病人应控制病情稳定后再妊娠。

(2) 上班族甲亢孕妇的治疗，要考虑到胎儿的正常生长发育。孕期用药以丙基硫氧嘧啶为首选，甲状腺素也常用。孕期抗甲状腺药物用量宜少，谨防过量。

(3) 分娩方式应尽量争取阴道分娩。产后如需继续服用抗甲状腺药物，应停止哺乳，因硫脲类药物在乳汁中浓度为乳母血中浓度的 3 倍，哺乳会影响胎儿甲状腺功能。

(4) 妊娠中，尤其是分娩、手术和产后感染时，若孕产妇出现心率大于 140/ 分钟，高热伴烦躁不安、谵妄和昏迷等症状时，要想到很可能是凶险的甲状腺危象的表现，应配合医师积极抢救。

妊娠并发肾盂肾炎怎么办

因妊娠期解剖生理上的变化，容易并发急性肾盂肾炎。常见症状有寒战、高热、肾区叩痛、尿痛、尿频等，最严重者可发生中毒性休克。高热可引起流产、早产，在孕早期高热还可使胎儿神经管发育障碍。

自我保健措施主要为：

(1) 注意孕期卫生，预防泌尿道感染。左右轮流侧卧，减少仰卧时间可减少妊娠子宫对输尿管压迫，使尿液通畅。

(2) 发生本病即予抗感染治疗，并注意侧卧和多饮水。抗菌药最好是在尿液细菌培养及药物敏感试验结果出来后选用。常用的有呋喃妥因、复方新诺明及氨苄西林或头孢类抗生素 (妊娠最后 2 周不用磺胺类药)。

(3) 治疗应力求彻底，肾盂肾炎的治疗应用药至尿培养和尿常规 3 次阴性方可停药。

(4) 无症状性菌尿 (尿细菌培养阳性而无自觉症状) 也必须治疗，因 30% 的病人以后会发展成症状性肾盂肾炎，用药 2 周为 1 个疗程。

(5) 慢性肾盂肾炎发展到肾功能不全者，治疗除了用抗菌药外基本同慢性肾炎。

妊娠期急性肾盂肾炎如何治疗

治疗原则为疏通积尿，杀灭病菌，最好能及时做尿细菌培养，查出致病菌，并做抗生素敏感试验，同时又必须防止药物对母子的不良影响，以及对肾功能的损害。目前多采用 14 日抗菌疗法，具有肯定的疗效，尿细菌阴转率可达 90%。但复发率仍较高，延长疗程，也不会降低停药后的复发率，且会增加药物不良反应。

(1) **妊娠期轻型肾盂肾炎**：仅有轻度的泌尿系统刺激症状者，以口服药为主要治疗方法。诺氟沙星 0.2 克，每日 3 ~ 4 次，或呋喃妥因 0.1 克，每日 3 ~ 4 次，或羧氨苄西林 0.5 克，每日 4 次，连服 14 日。

(2) **妊娠期重症肾盂肾炎**：有全身中毒症状，如寒战、发热、腰痛及外周血白细胞计数增高者，可肌内注射或静脉滴注抗生素。根据药敏试验选用有效抗生素。氨苄西林 3 克，每日 2 次。如治疗有效，则继续应用，症状控制后 2 日，改口服抗生素，完成 2 周疗程。在治疗过程中，应经常做尿培养和药敏试验，作为更换抗生素的依据。

慢性肾炎对妊娠有何影响

慢性肾炎合并妊娠后，对母子的影响主要视肾脏病变损害程度及妊娠后有无并发妊娠高血压综合征。

(1) 仅有蛋白尿而无高血压，肾功能正常，肾小球损害较轻，病变范围局限，孕妇并发症较少，则胎儿宫内窒息发生率及死亡率均较低。且并发妊娠高血压综合征的发生率低，获得活婴率可达 90% 左右。

(2) 出现蛋白尿又伴有高血压 20.0/13.0 千帕(150/100 毫米汞柱)以上，多提示肾脏缺血及肾血管痉挛，并发妊娠高血压综合征的机会达 70%，获得活婴率则降至 50% 左右。

(3) 妊娠前血压越高，则妊娠高血压综合征发生率越高，胎盘血管痉挛及胎盘梗死的发生率也越高，胎儿发育迟缓、宫内窒息及宫内死亡的发生率也越高。

(4) 肾炎合并妊娠，病程较长者，孕妇容易发生流产及早产。有半数孕妇可维持到孕晚期，胎儿体重减轻，死亡率达 20% 左右。有 60% 左右的孕妇合并妊娠高血压综合征。

妊娠期急性肾小球肾炎如何治疗

急性肾小球肾炎有 70% 左右可治愈，少数患者病变持续存在 1 年以上，并发展为慢性肾小球肾炎，治疗措施如下。

(1) **卧床休息**：直至临床症状消失。

(2) **控制和预防感染**：可用青霉素 80 万单位，肌注，每日 2 ~ 3 次，10 ~ 14 日为 1 个疗程；或红霉素 0.25 克，每日 3 ~ 4 次，整片吞服，10 ~ 14 日为 1 个疗程。

(3) **纠正血容量、严格限制钠盐和水分入量**：血压下降后改为少盐饮食，尿常规正常后改为普通饮食。

(4) **限制蛋白入量**：尿素氮增高时，每日蛋白入量限于 30 克 ~ 40 克，每日液体入量 1000 毫升。

(5) **利尿**：可服氢氯噻嗪 25 毫克，每日 3 次，或呋塞米 20 毫克，每日 3 次。水肿严重者可静脉或肌注呋塞米、甘露醇等。

(6) **中药治疗**：风寒型可用宣肺利水法。风热型可用疏风清热、凉血解毒法。湿热型可用清热利湿法。

(7) **治疗并发症**：高血压可用利舍平每次 1 毫克；或硝苯地平 10 ~ 20 毫克，每日 3 次；或琉甲丙脯酸 25 毫克，每日 3 次；或复方降压片，每次 1 片，每日 3 次。高血压脑病可用呋塞米静脉注射。急性左心衰竭肺水肿时，可用毛花苷 C 或毒毛花苷 K。同时，利尿，限制钠盐和水入量。

(8) **恢复期治疗**：病情稳定后，感染控制 3 个月以下可清除感染的原发病灶。尿已正常但仍有乏力及腰部酸痛时可服六味地黄丸。

贫血对妊娠有何不良影响

（1）**轻度贫血对妊娠影响不大**：重度贫血易并发妊娠高血压综合征，这是由于贫血导致子宫和胎盘血流量减少，血流减慢，引起子宫胎盘缺血、缺氧，血管痉挛及血压升高。

（2）**贫血引起心力衰竭**：当血红蛋白降至 50 克／升时，常可引起贫血性心脏病，出现心慌、气短、发绀、呼吸困难及不能平卧，两肺部可闻及湿罗音，是引起孕产妇死亡的重要原因。

（3）**易发生出血性休克**：产妇分娩时即使失血量不多，因为原有贫血使休克的发生率升高，甚至导致产妇死亡。

（4）**易并发产褥感染**：孕妇贫血时体内抗体产生不足，白细胞的吞噬作用减弱，各组织器官血液灌注不足，缺氧，导致抵抗力下降，故孕晚期及产褥期易并发感染。

（5）**围生儿死亡率增高**：血红蛋白降至 70 克／升时，常伴有营养不良，使胎盘缺血、缺氧及缺营养，可致胎儿发育迟缓、早产及死胎。

（6）**易并发婴幼儿贫血**：重度贫血的孕妇所分娩的新生儿，血红蛋白虽然可正常，但至 1～2 岁时因生长增快，需铁量增加而出现贫血。

因此，要加强妊娠期的营养，定期进行血液学检查，以早期发现贫血、早期治疗。可预防性服硫酸亚铁 0.3 克，每日 3 次；叶酸 5 毫克，每日 1 次，将会起到良好的预防效果。对于已经确诊为缺铁性贫血或巨幼红细胞性贫血或其他性质的贫血者，应参阅有关疾病进行积极治疗。

妊娠期缺铁性贫血如何防治

生育年龄妇女如有引起失血过多的原因，应予纠正。加强计划生育指导工作。说明生育过多、过密易引起贫血的危害。妊娠期给予营养指导，适当多吃含铁及维生素丰富的食物。妊娠 20 周以后常规口服铁剂。

（1）**治疗原则**：①去除病因。去掉缺铁性贫血的病因较治疗贫血更为重要，做好计划生育，控制慢性失血，孕妇宜给予含铁较多的食物。②补充铁剂。是治疗贫血的主要方法，最常用硫酸亚铁，每次 0.3 克～ 0.6 克，每日 3 次。此药价格低，疗效肯定，不良反应轻。

（2）口服铁剂注意事项：先从小剂量开始，渐达足量。饭后服用，可减少恶心、呕吐、上腹部不适等胃肠道反应。同时，口服维生素 C 100 毫克，每日 3 次；10%稀盐酸 10 ～ 20 滴稀释后每日 3 次，可促进铁的吸收。服药前后 1 小时左右禁饮茶水、咖啡等。服用铁剂后出现黑便不必担心。一般贫血可在 2 个月内恢复。在纠正贫血后仍需继续服药 2 ～ 3 个月，以防复发。

糖尿病对妊娠有何不良影响

（1）糖尿病妇女生育能力降低，糖尿病能引起妇女不孕、闭经及月经不调。

（2）糖尿病孕妇妊娠高血压综合征和妊娠剧吐发生率增高，使糖尿病更复杂且严重。

（3）糖尿病孕妇的流产、习惯性流产、早产和死胎发生率高于非糖尿病孕妇。

（4）糖尿病孕妇羊水过多的发生率增高，可伴有胎儿畸形。羊水骤增可致心肺功能衰竭。

（5）糖尿病孕妇的宫内、泌尿系、皮肤、肺部及产褥期细菌、真菌和结核菌感染发生率增高，且感染后病情严重。

（6）糖尿病产妇围生期死亡率增高。

（7）糖尿病可引起胎盘早期剥离，脑血管意外的发生率增高。

（8）糖尿病产妇的胎儿比一般大而重，容易引起胎头与骨盆不称。因此，手术产（引产、刮宫产、产钳助产及碎胎术等）增加。

（9）糖尿病产妇分娩时子宫收缩力弱，使产程延长，又易发生产后大出血，危及产妇生命。

妊娠期糖尿病对胎儿有何不良影响

(1) 糖尿病孕妇早产发生率增加。

(2) 糖尿病产妇娩出巨大儿的发生率高。

(3) 糖尿病产妇围生期胎儿死亡率为非糖尿病产妇的 4 ~ 5 倍。

(4) 糖尿病孕妇胎儿畸形发生率达 14% ~ 25%，比非糖尿病孕妇高 2 ~ 3 倍，多为中枢神经系统和心血管畸形，且多合并羊水过多。

(5) 重症糖尿病合并微血管病变的孕妇，易引起胎儿宫内发育停滞和低体重儿。

(6) 糖尿病孕妇的胎儿易发生低血糖症。

(7) 糖尿病孕妇易发生死胎，多发生在妊娠 36 周后。

如何预防妊娠期糖尿病的不良后果

(1) 应严密监测糖尿病孕妇的血压、肝肾心功能、视网膜病变及胎儿健康情况，最好在怀孕前即已开始。

(2) 怀孕前有效控制糖尿病，因为胎儿最严重的畸形是发生在头 6 ~ 7 周内。

(3) 避免酮症的发生，主食每日吃 300 ~ 400 克，分 5 ~ 6 次吃，少量多餐并多次胰岛素注射。

(4) 妊娠期糖尿病应勤查血糖，及时增减胰岛素用量。

(5) 妊娠后合并糖尿病的孕妇，及早进行治疗。

(6) 密切监测胎儿大小及有无畸形，定期查胎心及胎动。胎儿有危险信号出现，应立即住院，由医师决定引产或刮宫产。

孕妇感染风疹病毒后为何能引起胎儿畸形

孕妇在妊娠前 3 个月内感染风疹后，风疹病毒可以通过胎盘感染胎儿，使胎儿发生先天性风疹。重者可致死产及早产，轻者出生后可有先天性心脏畸形、白内障、耳聋及发育障碍等，称为先天性风疹或先天性风疹综合征。

据观察，孕妇妊娠第 1 个月时感染风疹，胎儿先天性风疹综合征的发生率可高达 50%，第 2 个月为 30%，第 3 个月为 20%，第 4 个月为 5%，妊娠 4 个月后感染风疹对胎儿也有影响。

有的新生儿不一定在出生后立即出现症状，而是在出生后数周、数月或数年才逐渐出现症状。

风疹病毒引发胎儿畸形有两种：一种是病毒所致炎性病变，一种是对胚胎细胞生长发育的影响，使发育缓慢，分化受到抑制，影响细胞有丝分裂，染色体断裂数目增加，从而影响 DNA 的复制，阻碍细胞的增殖及发育中的器官和组织的正常分化，故使某些器官发育不全或生长落后。

如何防治妊娠期风疹

(1) **预防**：①孕早期妇女，不论是否患过风疹或接种过风疹疫苗，均应避免与风疹患儿接触，因妊娠时易患本病或再感染。如新生儿已出现畸形，下一胎应相隔 3 年以上。②孕早期妇女如果没有患过风疹，又是风疹易感者，而与风疹患者有接触，应做人工流产。如无条件做人工流产，可肌内注射成人血清 80 毫升或丙种球蛋白，以防胎儿发生先天性疾病。③为小儿做大规模接种风疹减毒活疫苗，可减少流行并预防携带风疹病毒的小儿感染孕妇，也可减少下一代的先天畸形。④将要结婚的女子，以前从未患过风疹，也未接种过风疹疫苗，应予补种，并避免在接种后 3 个月内怀孕，以防减毒活疫苗毒害胎儿。⑤避免再感染。接种过风疹疫苗的孕妇，再感染的机会比自然患过风疹的孕妇要多，可发生再感染而影响胎儿，因此也要与风疹患者严格隔离。

(2) **治疗**：对先天性风疹综合征的患儿，只能对症治疗。

妊娠并发流行性感冒如何治疗

妊娠流行性感冒（流感）对妊娠的影响取决于感染的程度（病情、病程及其并发症）：①妊娠轻型流感，对孕妇、胎儿影响均不大，很少引起流产和死胎。若并发肺炎时可引起孕妇死亡。②妊娠重型流感，可使孕妇流产率及孕妇死亡率增加。③孕早期合并流感，可使早期胚胎发育异常、流产、死胎、胎儿宫内发育迟缓，新生儿的死亡率也增加。这是因为流感病毒经胎盘危及胎儿。④妊娠 3 ~ 4 周合并流感时，流感病毒可使胚胎神经管发育受到干扰。流感病毒感染可能是神经管畸形的原因之一。⑤妊娠流感，可使新生儿死亡率增加，亦可能使儿童恶性肿瘤的发生率增高。

目前，对流感的治疗可用抗病毒药物，如金刚烷胺 0.1 克，每日 2 次口服，也可用利巴韦林、干扰素等。对症治疗为卧床休息，多饮水，可进流质或半流质清淡饮食。酌情应用解热止痛剂，预防并发症可给予抗菌药物。治疗感冒的中成药有感冒清、羚羊感冒片及银翘解毒片等。应注意药物对胎儿的损害。

孕妇患普通感冒怎么办

与正常成人相比，孕妇较易患感冒。孕妇患感冒后有两方面的影响：一是病毒直接影响，二是感冒造成的高热和代谢紊乱产生的毒素的间接影响。而且病毒可透过胎盘进入胎儿体内，有可能造成先天性心脏病以及兔唇、脑积水、无脑和小头畸形等。而高热及毒素又会刺激孕妇子宫收缩，造成流产和早产，使新生儿的死亡率也增高。因此，孕妇患感冒时更应十分谨慎。

（1）轻度感冒：仅有喷嚏、流涕及轻度咳嗽，可用些克感敏，维生素 C。也可在医师指导下选用一些中药，充分休息，注意营养，一般能很快自愈。

（2）出现高热、剧咳等情况时：应去医院诊治。退热可用湿毛巾冷敷，50%酒精擦颈部及两侧腋窝，也可用柴胡注射液，应注意多饮开水、补充维生素以及卧床休息。

（3）高热持续时间长、连续 39℃ 超过 3 天以上者：病后有条件者应争取去医院检查，了解胎儿是否受到影响，必要时应中止妊娠。

（4）感冒合并细菌感染时：应加用抗生素治疗，避免应用对胎儿及孕妇有损害的药物。

孕早期为什么应防止感冒

现已发现在数百种与人类疾病有关的病毒中大部分病毒能通过胎盘进入胎儿体内，影响胎儿生长发育，发生畸形或致胎儿死亡。因此，孕妇要尽力避免病毒感染。

普通感冒和流行性感冒都是由病毒引起的呼吸道传染病。普通感冒的主要病原是鼻病毒，一年四季几乎人人都可罹患，鼻塞、流涕、咽痛、咳嗽、全身酸痛是常见症状，有时只发低热。孕期患普通感冒的人很多，对胎儿影响不大，但如果较长时间体温持续在 39℃ 左右，有出现畸胎可能。

流行性感冒简称流感，病原是流感病毒，借空气和病人的鼻涕、唾液、痰液传播，传染性很强，常引起大流行。受感染后发冷发热，热度较高，头痛乏力，全身酸痛，常在发热消退时鼻塞、流涕、咽痛等症才明显，患者体力消耗大，恢复也慢。流感病毒不仅能使胎儿发生畸形，高热和病毒的毒性作用也能刺激子宫收缩，引起流产、早产。有人调查 56 例畸形儿中，有 10 例产妇在怀孕当日至 50 天时患过流感。因流感病情较重，常常需要使用解热、镇静、抗生素等药物，故必须在医师的指导下用药。

孕期要预防病毒感染、注意营养、增强体质、避免接触感冒病人，感冒流行时不要去公共场所。

妊娠期感染水痘有何不良后果

产妇在临产前 21 日内患水痘。其新生儿可患先天性水痘，发病率约为 25%。新生儿在出生后 3～4 日出现水痘，则病势凶险，病死率为 25%～30%。新生儿在出生后 5～10 日出现水痘，病情一般较轻，这可能是因为胎儿感染水痘时间较晚，受到母体病后获得抗体的保护。

孕妇于妊娠前 3 ~ 5 个月内患水痘，则新生儿可患胎儿性水痘综合征，其临床特点是：出生后体重低、瘢痕性皮肤病变、惊厥及小眼畸形等。

孕妇于妊娠中晚期患水痘，其胎儿无畸形发生。但新生儿出生后可出现酷似带状疱疹的皮疹。因为生育年龄的妇女大多数已患过水痘、可获得终身免疫，患第 2 次水痘的机会极少见。如果孕妇确未患过水痘，妊娠后（尤其孕早期）应避免与水痘患者接触，必要时可进行被动或自动免疫。先天性水痘的治疗与一般水痘相同，如免疫功能低下者，可给予抗病毒药物。

妊娠期感染流行性腮腺炎有何不良后果

流行性腮腺炎（简称流腮）是由腮腺炎病毒引起的一种急性传染病。腮腺炎病毒主要侵犯腮腺和其他涎腺、脑、肾、胰腺和性腺。

流腮发病急，出现上呼吸道感染症状，如发热、肌痛、乏力、咽痛；扁桃体肿大，一侧或两侧腮腺肿大，以耳垂为中心向前、后、下方扩展，肿大处有压痛。妊娠妇女是流腮的易感人群。

(1) 腮腺炎可继发卵巢炎引起月经紊乱和不孕，亦可并发胰腺炎、糖尿病和心肌炎。

(2) 流腮毒血症可引起宫内感染危及胎儿，使自然流产率增加。

(3) 孕期合并流腮可能与日后儿童白血病有一定关系。

(4) 妊娠流腮，宫内感染可引起胎儿和新生儿心脏先天畸形，影响出生后心脏功能。

(5) 流腮病毒对胎儿和新生儿有潜在的致畸作用。

(6) 胎儿宫内感染腮腺炎病毒，可引起脑积水和大脑导水管狭窄。

妊娠流腮，应给予对症治疗、休息及预防继发感染。加强孕期保健，发现胎儿畸形应终止妊娠。孕妇应杜绝与流腮患者接触。

妊娠病毒性肝炎如何治疗

(1) **一般治疗**：急性期应卧床休息，宜清淡易消化的饮食，必要时静脉输液，以供应充足的液体和热能，禁用对肝细胞有损害的药物。

(2) **保肝治疗**：应给予多种维生素，如维生素 B_1、维生素 B_6、维生素 B_{12}、维生素 C、维生素 K、维生素 E 等。维生素 C 能促进肝细胞再生，有助于肝功能的恢复；维生素 K 有促进凝血酶原、纤维蛋白原及某些凝血因子的合成；叶酸和维生素 B_{12} 有助于造血；三磷腺苷（ATP）、辅酶 A 和细胞色素 C 等，有促进肝细胞代谢的作用。

(3) **纠正低蛋白血症**：有条件者可输新鲜血、血浆和人体白蛋白，这些血液制品还具有改善凝血功能及保护肝脏的作用。

(4) **干扰素或干扰素诱导剂**：可抑制肝炎病毒在体内的复制，对减少或消除病毒抗原有一定作用。

孕妇夜间常发生小腿抽筋怎么办

有些初次孕妇，在晚上或临睡时候，往往发生"小腿抽筋"（腓肠肌痉挛）。有的一夜发生十多次，持续时间可达 2 ～ 4 分钟之久。由于易突然发生，所以使一些孕妇精神紧张，不知所措。

引起小腿抽筋的主要原因是缺钙。孕妇久坐或由于受冷、受寒、疲劳过度也是发生下肢痉挛的一个原因。另外，孕晚期子宫的增大，使下肢的血液循环运行不畅，也能导致小腿抽筋的发生。

当小腿抽筋时，可先轻轻地由下向上地按摩小腿的后方（腿肚子），再按摩拇趾及整腿，若再不缓解，则把脚放在温水盆内，同时热敷小腿，并扳动足部，一般都能使抽筋缓解。

不要长时间站立或坐着，应每隔一小时左右就活动一会儿，每天到户外散步半小时左右。同时要防止过度疲劳。

平时注意养成正确的走路习惯，让后跟先着地；伸直小腿时，脚趾弯曲不朝前伸。

应增加钙和维生素 B_1 的摄入。钙的摄入量每天不少于 1.5 克。牛奶、大豆制品、坚果类、芝麻、虾皮、蟹、蛋类等含钙丰富，应经常吃一些。菠菜、竹笋、茭白等虽含钙较多，但因含有多量草酸，容易与钙形成难溶解的草酸钙，不易被人体吸收，所以不宜多吃。另外，钙质在人体内的吸收，需要维生素 D 的参与，因此孕妇应多晒太阳。严重缺钙者，需补充钙剂，请医师诊治。

妊娠期乳房有什么变化

现代的女性，婚育期实行计划生育，都可以生一胎至两胎，也能够让乳房在妊娠及哺乳期发挥其应有的哺乳功能。在这个特殊时期，乳房会出现一些特殊的生理症状。

妊娠期乳腺的变化一般从妊娠后第 8 周起，乳房受黄体酮和雌激素的作用，乳腺开始增生，腺管伸长，第 4 及第 5 个月时更为显著，乳腺明显增生，乳房整个体积增大，硬度增加。乳头及乳晕由于色素大量沉着而呈黑褐色，乳晕腺亦形成小的结节而显著突出，其中血管和淋巴管也显著扩张。孕妇体内糖、脂肪和蛋白质的新陈代谢率增高，乳腺合成活动开始加强，乳腺内所含脂酶、碱性磷酸酶和精氨酸酶等亦增多，而这些酶类与乳腺合成各种分泌物有关。妊娠期的胎盘还分泌一定量的绒毛膜促性腺素、卵泡素和黄体酮等。这些激素也可促使乳腺不断发育胀大，至妊娠末期，乳腺开始分泌少量乳汁，挤压乳房时可有少许黄色乳汁流出，称为初乳。

孕早期乳房敏感是何因

通常孕妇在怀孕的初期（1 ~ 3 个月）的时候会出现乳房胀痛的情况。事实上这是正常现象，不必过多担心。

孕早期乳房胀痛是怎么回事？在孕早期，孕妇通常会发现自己的乳房变得异常的敏感，对异物的接触也相当的敏感，还会出现胀痛的感觉，这主要是由于身体中的激素水平上升的缘故。通常在孕妇进入孕中期和晚期的时候，这种情况会随着身体对激素上升水平的逐渐适应自然消失。造成乳房胀痛的原因，主要是由于身体激素水平上升，脂肪层增厚，血液充盈乳腺，导致乳房胀大敏感。乳房增大，是为将来哺乳做准备的。

通常乳房胀痛，发生在孕早期，随着身体激素水平的稳定，这种情况会逐渐减轻。乳房胀痛是正常和暂时的，经过怀孕的第 1 个阶段，症状会逐渐消失的。

减轻乳房胀痛的最好办法就是选择适合自己乳房的胸罩。由于乳房在这时候增大，原来的胸罩会束缚胸部令您感觉不适，因此根据当时乳房的大小选择适当的胸罩可以减轻胀痛的感觉。

如何做好乳房保健

为使婴儿能顺利地哺乳，于妊娠 20 周开始就要做好乳房及乳头的保健工作。

（1）**乳房的护理**：随着妊娠的进展，乳房发育很快，为了不使皮肤和结缔组织过度延伸，造成垂乳，因为垂乳会使乳房局部发育不良，所以，孕妇都应带上合适的乳罩来保持乳房的正常位置。使用过紧的乳罩会压迫乳房影响乳腺发育；过松的乳罩失去其支托的作用。最好选用乳罩杯较大的，并使乳房增大而能调节的调节型乳罩为好。另外，乳罩的肩带选择宽一些的，以减轻重量感。

（2）**乳头的护理**：产后哺乳的最初一段时间内，由于乳头不能适应而容易发生皮肤受损或皲裂。乳头受损后由于不能哺乳，使乳房充血，乳汁淤滞而导致乳腺炎。所以，从孕中期就要开始乳头护理。在洗澡后用肥皂水擦洗乳头，再涂上润肤液或凡士林油轻轻按摩乳头及周围皮肤，以增加乳头表皮的坚韧性，这对防止乳头裂伤很有帮助。

妊娠期刺激乳房或乳头时可能引起子宫收缩，如果在按摩乳头时感到腹部发紧（宫缩）时，应立即停止按摩。

如果孕妇的乳头凹陷，在洗涤乳房时，应用手指头向外牵拉，以免乳头过短，婴儿吸吮时困难。用手指向外牵拉乳头困难也可用吸乳器。

孕妇水肿为何不容忽视

孕妇久站或久坐后，下肢可以出现凹陷性水肿，但经卧床后即能消退，这是妊娠期的生理现象。如果休息后水肿亦不消退，且有加重趋势，水肿从脚或踝部向全身发展，这就是异常现象。怀孕后出现这类情况应到医院就诊。首先要考虑是否为妊娠高血压综合征，诊断时要根据导致水肿的全身性疾病来鉴别，如心源性水肿、肾病性水肿、营养不良性水肿等。妊娠高血压综合征是仅在妊娠时发生的一种特殊疾病，多在妊娠20周以后发病，随着妊娠终止将自愈。其发病过程多由轻到重，水肿一般是最先出现的症状，由下肢末端开始，严重时向上发展，还可以出现高血压和蛋白尿，血压高于17.3/12千帕（130/90毫米汞柱）或比原来血压增加4/2千帕（30/15毫米汞柱）均属正常。蛋白尿就是孕妇的尿中含有大量蛋白质，说明肾脏功能受到一定的损害。这三种症状可以单独存在也可以并发。妊高征使母体各器官缺血、缺氧，对母体和胎儿均有严重的危害，孕妇可能并发心力衰竭、肾衰竭、脑水肿、脑出血、脑栓塞和凝血功能障碍等严重并发症，甚至造成孕妇及胎儿死亡。妊高征会导致胎儿在宫内发育迟缓、窘迫、死胎、早产，新生儿的死亡率也相对增加。因此，孕妇应识别和重视妊高征的早期症状，认识其严重性，积极进行治疗，以控制症状的发展，并做好孕期与产时的母亲及胎儿的监护，顺利渡过妊娠期和分娩期。

孕妇水肿如何饮食调理

孕妇下肢甚至全身水肿，同时伴有各种各样的不适，如心悸、气短、四肢无力、尿少等等，出现这些情况就是不正常的了。营养不良性低蛋白血症、贫血和妊娠中毒症也是孕妇水肿的常见原因。因此，当出现较严重的水肿时，要赶快去医院检查和治疗，同时要注意饮食调理。

（1）**进食足够量的蛋白质**：水肿的孕妇，特别是由营养不良引起水肿的孕妇，每天一定要保证食入畜、禽、肉、鱼、虾、蛋、奶等动物类食物和豆类食物。这类食物含有丰富的优质蛋白质。贫血的孕妇每周要注意进食 2～3 次动物肝脏以补充铁。

(2) 进食足够量的蔬菜水果：孕妇每天别忘记进食蔬菜和水果，蔬菜和水果中含有人体必需的多种维生素和微量元素，它们可以提高机体的抵抗力，加强新陈代谢，还具有解毒利尿等作用。

(3) 不要吃过咸的食物：水肿时要吃清淡的食物，不要吃过咸的食物，特别不要多吃咸菜，以防止水肿加重。

(4) 控制水分的摄入：对于水肿较严重的孕妇，应适当地控制水分的摄入。

(5) 少吃或不吃难消化和易胀气的食物：如油炸的糯米糕、白薯、洋葱、土豆等，以免引起腹胀，使血液回流不畅，加重水肿。

早期破水有哪些危害

胎儿在子宫的时候，周围包着薄薄的一层膜，叫作胎膜。胎膜里包着的液体叫作羊水。临产后子宫收缩，压迫胎膜中的羊水，作用到子宫口，使宫口逐渐开大。在宫口开大的过程中，胎膜逐渐增大，一直到被胀破，羊水流出称为"破水"。在正常情况下破水是在宫口开全前后，破水时由阴道流出一股羊水，并且还会不断地向外流出。若是在临产前 12 小时就破水了，这就叫早破水。早期破水时，胎儿还没有生出来，胎儿的脐带会顺着羊水外流。脐带是母体向胎儿输送营养物质和氧气的通道，含有两根脐动脉和一根脐静脉。脐带脱垂后，脐带里的血管受压，从母体来的血液和氧气不能顺利地进入胎儿体内，或进入很少，使胎儿因缺氧而发生宫内窒息，有时脐带血甚至被完全阻断，致使胎儿迅速死亡。早期破水还容易拖长分娩的时间，造成孕妇子宫感染，羊水流干了引起子宫收缩无力，分娩时间更加延长。孩子迟迟生不下来，可随时发生危险。为了避免羊水流出过多和脐带脱垂，产妇应躺下，后臀部可以稍高一些。若是破水时间很长（超过 24 小时）孩子还不生的话，产妇要吃点抗感染药，预防子宫感染。

预防早期破水的方法有以下几点：①注意孕期卫生，增加营养。②孕晚期（最后一个月）不要同房。③防止对孕妇腹部的冲撞。④避免过度劳累。

如果胎位不正，应到医院请医师纠正，如果临产期胎位不能纠正时，更应加强防护，孕妇不应过度劳累，避免胎膜早破发生。

分娩前容易忽视的征兆有哪些

多数产妇能预测预产期是那一天，但却无法预测是什么时刻。一般说，即将分娩时子宫会以固定的时间周期收缩。收缩时腹部变硬，停止收缩时子宫放松，腹部转软。另外还有一些变化也许不为人们所重视，举例如下：

(1) 产妇感觉好像胎儿要掉下来一样，这是胎儿头部已经沉入产妇骨盆。这种情况多发生在分娩前的一周或数小时。

(2) 阴道流出物增加。这是由于孕期黏稠的分泌物累积在子宫颈口，由于黏稠的原因，平时就像塞子一样，将分泌物堵住。当临产时，子宫颈胀大，这个塞子就不起作用了，所以分泌物就会流出来。这种现象多在分娩前数日或在即将分娩前发生。

(3) 水样液体的涓涓细流或呈喷射状自阴道流出。这叫作羊膜破裂或破水。这种现象多发生在分娩前数小时或临近分娩时。

(4) 有规律的痉挛或后背痛。这是子宫交替收缩和松弛所致。随着分娩的临近，这种收缩会加剧。由于子宫颈长大和胎儿自生殖道中产出，疼痛是必然的。这种现象只是发生在分娩开始时。

哪些孕妇需要特别关照

(1) **高龄产妇**：越来越多的职业女性一再推迟怀孕，如果在 35 岁以上怀孕，就属于高龄孕妇了。这类孕妇阴道、会阴的肌肉弹性降低，骨盆关节韧带变硬，自然分娩时容易发生难产。孕期还可能引起高血压、糖尿病等并发症。此外，胎儿发生畸形和低能的可能性也会增加。不过只要做好全面体检，就能降低风险。

(2) **弱不禁风者**：如果是体质较差的女性，就应在孕前格外注意各种营养的补充，同时还得增强体质的锻炼。

(3) **曾有流产史**：流产会给女性带来生理和心理上的伤痛，对怀孕和分娩都可能产生不良影响。如果不幸流产了，应在流产后半年再考虑受孕。

(4) **子宫异常**：先天子宫发育异常可能会导致早期流产或习惯性流产、早产等。还可能在孕期发生子宫破裂、胎位异常等。所以，在要宝宝前一定要做好妇科检查。

(5) **有家族遗传病**：即使夫妇中只有一方的家族中曾有遗传病，也不要掉以轻心。决定怀孕前，一定要向医师咨询。

(6) **长期服避孕药**：口服避孕药进入人体后，是通过肝脏代谢的。在停服6个月后，体内存留的避孕药才可能完全排出体外。停药后的半年中仍要采取其他方式避孕，一般说来，避孕套是一个比较好的选择。

(7) **血型不合**：如果丈夫的血型为 Rh 阳性，而妻子的血型为 Rh 阴性，分娩时，母亲对胎儿的血液会产生抗体。如果是初次怀孕，对胎儿的影响不会很大，但要听从医师的建议。

孕期为什么容易发生泌尿系感染

肾盂肾炎是孕期常见的泌尿系统感染，约占孕产妇疾病的 2%，细菌多数是大肠杆菌。其原因如下：

(1) 妊娠期孕激素分泌增加，使输尿管肌肉张力降低，蠕动减弱，增大的子宫压迫输尿管造成输尿管、肾盂、肾盏的扩张，尿液淤滞，使细菌易于繁殖。

(2) 尿道口与阴道、肛门邻近，阴道分泌物、粪便及皮肤的细菌容易污染尿道口，细菌向上蔓延引起感染。

(3) 经调查，有 5%～10% 的孕妇尿中含有细菌，但其感染症状可不明显，如不经治疗，不但孕期会持续有细菌尿，产后亦大都不会消除。其中一些孕妇孕晚期和产褥期可发生有症状的泌尿系感染，大部分为急性肾盂肾炎。高热及细菌毒素可引起早产、胎儿宫内窘迫。对此，应治疗菌尿，注意外阴部清洁，采取左侧卧位以减轻子宫的压迫，多饮水以便有足够的尿液冲洗膀胱，有利细菌的排出。

患妊娠高血压综合征是否要终止妊娠

妊娠高血压综合征患者经治疗后，适时终止妊娠极为重要，最好不要超过预产期。终止妊娠的指征为：先兆子痫孕妇经积极治疗 24 ～ 48 小时无明显好转者；先兆子痫孕妇，胎龄已超过 36 周，经治疗好转者；先兆子痫孕妇，胎龄不足 36 周，胎盘功能检查提示胎盘功能减退，而胎儿成熟度检查提示胎儿已成熟者；子痫控制后 6 ～ 12 小时的孕妇。终止妊娠的方法有以下选择。

(1) 引产：适用于宫颈条件较成熟，即 Bishop 评分大于 6 分，可行人工破膜加用缩宫素静脉滴注。引产过程中或临产后严密监护产妇及胎儿。第一产程保持产妇安静，观察产程进展；适当缩短第二产程，行会阴侧切加胎头吸引或低位产钳助产；第三产程时及时娩出胎盘及胎膜，防止产后出血。

(2) 剖宫产：适用于宫颈条件不成熟，估计引产不易成功，孕妇不宜继续等待者；引产失败者；胎盘功能明显减退，或已有胎儿窘迫征象者。

妊娠高血压综合征出现子痫如何处理

(1) 控制抽搐：地西泮（安定）10 毫克加入 10% 葡萄糖液 10 毫升静脉缓注。硫酸镁 5 克加入 10% 葡萄糖液 100 毫升静脉滴注，半小时内滴完。继用 15 克加入 5% 葡萄糖液 1000 以内，静脉滴注。肼屈嗪 10 毫克肌内注射或 20 毫克加入葡萄糖液静脉滴注或酚妥拉明 10 毫克加入葡萄糖液静脉滴注。为降颅内压，可用 20% 甘露醇 250 毫升快速静脉滴注，但心衰、肺水肿时不用。出现肺水肿时用呋塞米（速尿）20 ～ 40 毫克静脉注射。如有心衰时用毛花苷 C 0.2 ～ 0.4 毫克，改善心功能。若经以上治疗后，孕妇烦躁，医生会加用氯丙嗪半量或 1/4 量肌内注射。应用广谱抗生素预防感染。

(2) 加强护理：置孕妇于单人暗室内，避免声、光刺激，严密监测血压、脉搏、呼吸、体温及尿量，记录 24 小时出入量，防止外伤。严密监测各项检验指标，及早处理脑出血、肺水肿、急性肾功能衰竭等并发症。

(3) 适时终止妊娠：经积极治疗子痫控制 2 ～ 4 小时，或经足量的解痉、降压药物治疗仍未能控制者，应尽快行剖宫产终止妊娠。如宫口已开全、短时间内即可经阴道分娩、无胎儿窘迫等情况，可经阴道分娩。

什么是流产

流产是指胎儿尚未发育至能存活时以任何方式而终止妊娠。关于妊娠多少孕周以前为流产，目前国内外意见尚不一致，在我国是指妊娠不足 28 周、胎儿体重不足 1000 克而终止妊娠时称为流产。流产可分为自然流产和人工流产。自然流产是指胚胎或胎儿因某种原因自动脱离母体而排出者。人工流产是指在妊娠 28 周以前用人工方法终止妊娠者。

流产发生于孕 12 周前者，称为早期流产，占流产的 80% 以上；发生于孕 12 周后、28 周以前者，称为晚期流产。流产是育龄期妇女最常见的妇产科手术或病症，未及时就诊或处理不当会引起失血性休克、附件炎、继发性不孕症、子宫内膜异位症等严重并发症，需引起育龄期妇女及妇产科医生的高度重视，并给予及时正确地处理。

自然流产的临床类型实际上是流产发展的不同阶段。流产大多有一定的发展过程，虽然有的阶段在临床表现不明显，且不一定按顺序发展，但一般不外下列几种过程，即先兆流产、难免流产、不完全流产和完全流产。此外，流产尚有几种特殊情况，但它们在流产过程中仍包含有以上临床类型。

哪些原因可致流产

(1) **胚胎方面的原因**：胚胎发育异常为早期流产的主要原因。由于精子或卵子有缺陷，胚胎发育到一定程度就死亡了。检查早期流产排出的组织，仅有羊膜囊而不见胚胎。

(2) **母体疾病的原因**：母亲患急性传染病，病原毒素经胎盘侵入胎儿，造成胎儿死亡，或由于母亲高热、中毒，引起子宫收缩而导致流产；母亲患慢性疾病如心力衰竭、贫血，可使胎儿缺氧而死亡；或患肾炎、慢性高血压，因血管硬化引起胎盘病变而导致流产；还可能由于内分泌失调，如黄体功能不全、甲状腺素缺乏等影响胚胎的正常发育，导致胎儿死亡而流产。

（3）**母体生殖器官疾患**：如子宫发育不良、子宫畸形、子宫肌瘤、子宫颈口松弛，均易引起流产。

（4）**环境因素**：孕妇受到如含汞、铅、镉等有害物质的影响，受到高温、噪声的干扰和影响，也可导致流产。

（5）**内分泌功能失调**：主要是孕妇体内黄体功能失调及甲状腺功能低下。

（6）**免疫因素**：母体妊娠后由于母儿双方免疫不适应而导致母体排斥胎儿。

（7）**其他**：如跌倒、过度劳累、撞击、性生活、酗酒、吸烟等，亦有造成流产的可能。

什么是习惯性流产

妇女怀孕连续 3 次以上发生原因不明的流产，就叫作习惯性流产。发生这种情况后，男女双方都应该进行详细的体格检察。首先检查丈夫的精液是否正常，同时检查夫妻双方的染色体，对女方的卵巢功能进行测定，并做一些必要的检查，如子宫、输卵管的造影。做了系列检查后，医师会根据病因进行治疗的。怀孕 4 ~ 20 周的自然流产率约 15%，其中约 50% 发生在受孕后 1 ~ 4 周，即停经 42 天之前。

引起习惯性流产的原因很多，目前已证实于孕早期发生习惯性流产者，60% 以上是由于孕妇及其爱人中存在遗传基因缺陷或受外界不良环境如放射、药物等影响而导致胚胎染色体异常所造成。此外，习惯性早期流产的原因还有黄体功能不全、甲状腺功能减退、子宫畸形、子宫腔粘连、子宫肌瘤等。习惯性晚期流产最常见的原因是子宫颈内口松弛，可因先天性发育异常，也可因分娩、刮宫或子宫颈手术造成。另外，梅毒感染也可导致习惯性晚期流产，这种流产的胎儿都是死胎。

患习惯性流产的妇女在前次流产后，下次妊娠前，应与丈夫一起到医院进行详细的检查，找出病因，然后针对病因进行治疗。因黄体功能不全、甲状腺功能减退等疾患引起的可给药物治疗，因子宫畸形、子宫肌瘤、宫腔粘连引起的可行手术治疗。如夫妇双方之一有染色体异常者，胎儿发生染色体异常的可能性极大，即使妊娠后不发生流产而足月分娩，娩出之胎儿畸形发生率也比较高。

如何选择流产与保胎

孕早期下腹疼痛，阴道流血，人们知道这是流产之兆，于是药物接踵而至，为的是保住心爱的小生命。据分析，在早期流产的胚胎中，至少有 60%是发育不好的，或者有染色体的异常。这些发育不良或发育异常的胚胎是难得长久的，是迟早要夭折流掉的。在这种情况下，流产已成定势，使用黄体酮也是无济于事的。如果由于冲撞、劳累等诱发先兆流产，最需要的是安静和休息。只有那种由于卵巢妊娠黄体或后来的胎盘孕激素分泌不足造成的流产，黄体酮或许有些作用。

在妊娠初期，以保胎为目的应用大剂量黄体酮会造成胎儿的发育异常。如引起女婴男性化，表现阴蒂肥大、阴唇融合；男婴可有尿道下裂。有人曾观察到 100 例尿道下裂中，有 9 例是在妊娠初期使用黄体酮引起的。可见，对于流产采取密切观察、适当休息和听其自然的方针，是值得赞许的。同时要寻找流产原因，从根本上解决问题，以防下次流产。

停经 3 个月以上的流产，孕妇方面的原因比较多，对保胎的态度略有不同，应积极寻找原因，如子宫有无畸形，有无子宫颈内口松弛，有无糖尿病，或夫妻血型问题等，可根据不同情况给予相应处理。

如何正确对待自然流产

妊娠 28 周以前妊娠中断或有妊娠中断表现者称为流产。发生在妊娠 12 周以内者叫早期流产；发生在 12 ～ 28 周者为晚期流产。临床以早期流产最为常见。

停经、腹痛、阴道出血是流产的主要症状，根据症状发生的时间，以及流产发展的程度，可分为先兆流产、难免流产、不全流产、完全流产、稽留流产（也叫过期流产）、感染流产、习惯性流产等类型。

不经人工流产而中断妊娠者为自然流产。据调查，估计有15%~20%的受精卵发生自然流产。实际上未觉察到流产为数更多。有的孕妇虽只表现为是一次"月经延期"或"经血过多"，但实际是曾有过精卵结合，只是其发育不正常，不可能发育成正常胎儿。这种早期不正常受精卵的排出，称为妊娠废物排出。这是一种非常重要的自然筛选现象。正是由于这种大量的自然流产而减少了先天性畸形的发生。

从优生学的观点来看，50%~60%的早期流产因染色体核型异常而发生的，另一部分为胎儿畸形不能正常发育而形成的流产。这种流产是人类自身的一种重要的自然淘汰，是去劣存优的一种自然生殖选择，所以对这种自然流产不必惋惜，而是应该在未受孕前或再受孕时及受孕后尽量避免不良因素的影响，以便按计划生育一个健康的婴儿。

有先兆流产征象时怎么办

先兆流产的原因比较多，例如受精卵异常、内分泌失调、胎盘功能失常、血型不合、母体全身性疾病、过度精神刺激、生殖器官畸形及炎症、外伤等，均可导致先兆流产。出现先兆流产后是否导致流产常取决于胚胎是否异常，如胚胎正常，经过休息和治疗后，引起流产的原因被消除，则出血停止，妊娠可以继续。但多数流产是由于胚胎异常引起，所以最终仍是要流产的。

先兆流产是指仅有流产的先兆，表现为有少许阴道血性分泌物或少许阴道出血，伴有轻微下腹部疼痛。经检查子宫大小与孕月相符，宫口未开。妊娠试验阳性，超声波检查有胎心搏动。

为防止流产的发生，经检查证实为妊娠后就应避免可能造成流产的原因。如妊娠最初3个月应避免性生活，注意劳逸结合，避免各种疾病，避免剧烈运动、吸烟、酗酒等。要向患者及家属宣传优生知识，在确实不能保胎时，应说明自然生殖选择的原因，顺其自然，以自然流产为好。

先兆流产的症状大部分是患者的主诉感觉，医师在做治疗方案决定时，应综合参考其工作环境、生活环境等因素，稳定病人情绪，给予患者精神上的支持。如果超声波检查或绒毛膜促性腺激素连续测定结果均显示胎儿仍然存活,则90%以上的孕妇仍可度过早孕阶段。卧床休息、充足的营养、孕激素、对胎儿无害的镇静药物等,都对先兆流产的治疗有良好的效果。

什么是早产

妊娠满28孕周至37孕周前分娩,新生儿体重在1000～2499克者为早产,又称早产儿。由于妊娠不足月而临产发动,早产儿全身各器官发育尚不成熟,因而早产是围产儿死亡的主要原因。除去致死性畸形,75%以上的围产儿死亡与早产有关。早产儿约15%于新生儿期死亡,而且有1/4留有神经或智力方面的后遗症。

引起早产的原因是多方面的,例如孕妇的年龄过轻,子宫、子宫颈异常或发育不良,或者孕妇营养不良、体质虚弱、伴有内分泌失调,都是发生早产的常见原因。当孕妇患病,如高热、急性传染性疾病、急性感染性疾病,都可以引起早产。孕妇在妊娠晚期进行过度的体力劳动、长途旅行,或过度的精神负担、情绪激动,或有外伤、性生活过频等,也会招致早产。羊水过多、怀有多胎、胎儿畸形、胎膜早破等产科并发症,自然也是早产的原因。另外,孕妇不良的生活习惯,包括饮酒、吸烟等,都有可能造成早产。

从上述发生早产的原因看来,除了有些是器质性病变尚难预防之外,大多是可以预防的。预防早产应于孕期加强宣教,一旦发生则在保证母儿安全的情况下,予宫缩抑制剂尽可能延长胎龄。

早产孕妇临产时医生会如何处理

先兆早产经药物治疗宫缩无法抑制,发展为临产,或出现胎儿窘迫,应停止使用宫缩抑制剂。

(1)**阴道分娩**:早产时由于胎儿小,一般不会发生头盆不称,故大多数可以经阴道分娩。产程中避免使用吗啡、哌替啶等抑制新生儿呼吸中枢的药物,充分给氧。第二产程常规行会阴切开术以防早产儿颅内出血。备好暖箱,做好抢救工作。

（2）剖宫产：由于早产儿血脑屏障、血管发育及凝血机制均不完善，易发生颅内出血，故对于胎龄虽小，但胎肺已成熟的早产儿，为减少产道分娩所致胎儿颅内损伤，可以考虑剖宫产，但应充分向患者及家属交代预后。

（3）早产儿的处理：①清理呼吸道，早产儿出生后立即挤出和吸净呼吸道黏液，必要时吸氧。②保暖，擦干体表羊水和血迹，放置于红外线开放式保温箱。③防止颅内出血，以维生素 K_1 10 毫克、维生素 C 100 毫克，肌内注射，每天 1 次，共 3 天。④防止呼吸窘迫综合征，地塞米松 1 ~ 2 毫克脐静脉或肌内注射。⑤防止感染，给予广谱抗生素，如青霉素 20 万单位，肌内注射，每日 2 次，共 3 日。

如何防治早产

妊娠 28 周以后须防早产。预防早产要注意以下几个方面：①治疗孕妇的急性或慢性疾病（急性如高热、病毒性肝炎、急性泌尿道感染等，慢性如心脏病、各种原因高血压、严重贫血、重度营养不良等）。②预防呼吸道疾病和肠道传染病，如急性肠炎、食物中毒等。③按时进行产前检查，防治妊娠高血压综合征。④保持情绪稳定、避免精神创伤。⑤凡有双胎、羊水过多或子宫畸形等，更要注意适当休息，预防早产。⑥孕期增加营养，改善一般情况。⑦孕晚期禁止性交，防止感染。

早产的表现主要是有规律的阵阵子宫收缩、少量阴道流血和下腹坠胀等。如有阴道流水，表明胎膜已破。有早产征兆者，经卧床休息、子宫收缩抑制药物的应用，一部分孕妇能避免早产。但若有胎膜早破或胎膜炎者，则早产往往不可避免。胎膜早破而无感染征象者，用上述治疗方法即便只能延缓分娩 1 ~ 2 天，对提高早产儿成熟度也大有好处；而对胎膜炎病人则应尽快使胎儿娩出以减少胎儿因宫内感染而死亡的危险。

需要注意的是在妊娠的最后一个月内，子宫常会有生理性的自发性收缩，孕妇会感觉到肚子阵阵发硬，但无痛觉。这不是早产的征象，不必惊慌。

什么是过期妊娠

月经周期正常及末次月经确定的孕妇，妊娠达到 42 周或超过 42 周尚未临产者称为过期妊娠。其发生率占妊娠总数的 5%～12%。过期妊娠胎儿及新生儿死亡率约为足月分娩者的 3 倍。虽然过期妊娠的病因尚不明，但可能与胎盘分泌激素失调、维生素摄入不足、遗传因素、胎位不正、头盆不称、胎儿畸形有关。

过期妊娠对母儿的危害，表现为以下两种情况：一是胎盘功能正常，但可因胎儿巨大，胎头过硬而造成难产并由此导致母体及胎儿损伤；二是胎盘功能减退，胎盘老化，影响母儿营养交换，导致胎儿缺氧，发生胎儿宫内窘迫、宫内发育迟缓，严重可致死胎、死产。出生后可表现为低体重胎儿缺氧，容易发生胎儿畸形。同时又因胎儿窘迫、头盆不称、产程处长，使手术产率明显增加。

由于孕月的确定与月经周期有关，同时有时记忆错误导致预产期换算错误，因此单凭超过预产期 2 周有时很难确定，必要时需辅以其他特殊检查。在家中若发现孕妇超过预产期体重不再增加反而减轻，或用胎儿体重计算法测算，即腹围（厘米）× 宫底高度（厘米）+500（克）= 体重（克）。若计算法确定胎儿已成熟（达 3000 克），最后体重下降应主动去医院检查，确定终止妊娠方式。

过期妊娠对母婴危害大，应预防其发生。处理应根据胎儿宫内情况、胎盘功能及宫颈成熟度决定。

如何防止过期妊娠

从末次月经来潮日算起，达到或超过 42 周的妊娠称为过期妊娠。过期妊娠可能产生两方面不利影响：一是胎儿过大、胎头过硬，造成难产；二是胎盘功能减退，胎儿氧供及营养不足，增加胎婴儿死亡率。

过期妊娠的自我保健措施：

（1）确定妊娠是否过期，记住以下日期对推算准确预产期有益：①末次行经日（280天后是预产期）。②恶心呕吐等早孕反应开始出现的日子（大约是孕40天左右）。③初感胎动日（相当于孕18～20周）。④若孕前测基础体温者，那么排卵日是最可靠的。

（2）末次月经后3个月内做过妇科检查者，其子宫大小能较准确反映出妊娠周数。

（3）B型超声检查能从多个指标来帮助判定是否过期妊娠，及早发现胎盘功能减退。孕妇自己无法测知是否胎盘功能减退，这就需要遵照医嘱做产前检查或住院检查，根据情况及时终止妊娠。

（4）被怀疑或肯定过期妊娠的孕妇，认真自数胎动尤为重要。一旦发觉胎动减少（＜10次／12小时），立即报告医生。

什么是母儿血型不合

母儿血型不合，发生在孕妇为O型，丈夫为A型、B型或AB型；或孕妇为Rh阴性，丈夫为Rh阳性时。母儿血型不合时，胎儿从父方遗传下来的红细胞血型抗原，为其孕母所缺乏，这一抗原在妊娠分娩期间可进入母体，激发产生相应免疫性抗体。当再次妊娠受到相同抗原刺激时，可使该抗体的产生迅速增加。抗体通过胎盘进入胎儿体内，与胎儿红细胞结合产生免疫反应，使胎儿红细胞凝集破坏而发生溶血，造成胎儿宫内溶血。母儿血型不合主要威胁胎儿、婴儿的生命，对孕母有时因胎盘过大可引起产后出血，须行预防。

母儿血型不合有两大类，即ABO型不合和Rh型不合。ABO型不合较多见，而Rh型不合少见，但胎、婴儿危险性大。ABO血型不合99%发生在孕妇O型血者，O型血者产生的抗体以抗A(B)IgG占优势。自然界广泛存在与A(B)抗原相类似的物质，接触后也可产生抗A(B)IgG和IgM抗体，故溶血病可有50%发生在第一胎。另外，A(B)抗原的抗原性较弱，胎、婴儿红细胞表面的反应点比成人少，故与抗体结合的也少，所以溶血病病情较轻。Rh血型不合发生在孕妇Rh阴性，丈夫Rh阳性，再次妊娠时即有可能发生新生儿 Rh 溶血病。Rh 抗原性强，只存在于 Rh 阳性的红细胞上，故溶血病罕见于第一胎。

在孕期主要表现为孕妇血清血型抗体效价异常，羊水胆红素异常增高，B 超见胎儿水肿；新生儿主要表现为水肿、黄疸、贫血、肝脾大和高胆红素血症。本病一经确诊应及时治疗，孕妇主要是药物治疗，适时终止妊娠；新生儿主要采用光照疗法。

如何治疗胎儿窘迫

(1) **门诊治疗**：适用于慢性胎儿缺氧者，应针对病因、孕周处理，有良好产前检查者，可嘱产妇左侧卧位休息。定时吸氧，积极治疗孕妇并发症，争取胎盘供血改善，延长妊娠周数，若情况难以改善，应住院治疗。

(2) **急性胎儿窘迫的治疗**：①积极寻找病因并排除如心衰、呼吸困难、贫血、脐带脱垂等。②尽快终止妊娠。宫颈尚未完全扩张，胎儿窘迫情况不严重者，可吸氧以提高胎儿血氧供应，同时左侧卧位，观察 10 分钟，若胎心率变为正常，可继续观察。若因使用缩宫素致宫缩过强或胎心率异常缓慢，应立即停止静脉滴注，继续观察是否能恢复正常，若无效，应行剖宫产术。施术前做好新生儿窒息的抢救准备。宫口开全，胎先露部已达坐骨棘平面以下 3 厘米者，吸氧同时应尽快助产，经阴道娩出胎儿。

什么是妊娠合并心脏病

妊娠合并心脏病是孕产妇死亡的主要原因之一，在我国居孕产妇死因第二位，常见的心脏病种类有先天性心脏病、风湿性心脏病、妊娠高血压综合征性心脏病及围生期心肌病等。过去以妊娠合并风湿性心脏病最为常见，近年由于对风湿热有效、彻底的治疗，妊娠合并风湿性心脏病已明显减少而先天性心脏病相对增多，其主要原因为心脏手术技术普遍开展及不断提高，先心病患者得到及时矫治，生存到育龄的女性增多，因而目前妊娠合并先心病正跃居首位。妊娠合并心脏病的发病率各国报道不一，为 1% ~ 4%。由于妊娠期、分娩期及产褥期心血管系统发生的生理变化明显加重心脏负担，尤其是妊娠 32 ～ 34 周时全身血容量达高峰，分娩时及产褥期初 3 天内心脏负担最重，是最易发生心力衰竭的关键时刻，应特别加强监护。妊娠合并心脏病患者胎儿发生早产、宫内发育迟缓、胎儿窘迫、死胎及新生儿窒息、围生儿死亡率均明显增高，较同期围生儿死亡率高 2 ～ 3 倍。

妊娠合并心脏病，根据病史特点、体格检查及辅助检查，诊断并不十分困难。由于妊娠期的心血管系统生理变化在孕 32 ～ 34 周、分娩期、产褥期初 3 天内最易发生心力衰竭，要特别警惕早期心衰征象。一旦发生心衰，应有心脏科医生参与抢救，除一般处理外，最常用的药物有毛花苷 C、呋塞米、利尿酸钠、硝酸异山梨酯（消心痛）、硝酸甘油等。要改善母婴预后，做好围产保健是关键，提高产科质量是保证。

如何治疗妊娠合并心脏病

凡不宜妊娠的心脏病孕妇应在孕早期行治疗性人工流产，妊娠 12 周以上者可中期妊娠引产。若已发生心衰则应在心衰控制后再终止妊娠。妊娠已达 28 周以上者，一般不主张引产，因引产的危险性并不亚于继续妊娠。允许妊娠的孕妇，在整个孕期特别要预防心力衰竭。心衰是心脏病孕产妇死亡的主要原因。必须在产科医生与心脏科医生共同监护下做各项检查与治疗。

（1）**定期产前检查**：对母婴同时进行监护。妊娠 20 周前，每 2 周检查 1 次。20 周以后每周 1 次，尤其是 32 周以后发生心衰危险增加，必须严格按时进行，是否正规监护直接关系到母婴预后。每次产前检查除注意产科情况外，还应检查有无早期心衰的表现，有早期心衰者应立即住院，一般情况下也应在预产期前 2 ～ 3 周提早住院待产，为分娩做好充分准备。

（2）**保证有充分休息**：每日至少有 10 小时睡眠，避免过劳。

（3）**孕期体重不宜增加过多**：整个孕期不超过 10 千克，以免加重心脏负担。饮食以高蛋白、高维生素、低盐、低脂肪为宜。

（4）**避免和预防增加心脏负担**：要防止各种不利因素如贫血、妊娠高血压综合征、情绪激动，尤其要预防上呼吸道感染。

(5) **药物**：可适当补充维生素、铁剂等，至于洋地黄制剂一般多不主张做预防性应用。

什么是妊娠合并乙型肝炎

病毒性肝炎是常见的传染病，严重危害人类健康。病原有 5 种：甲型、乙型、丙型、丁型、戊型。甲、戊型肝炎以肠道（粪 - 口）途径传播为主，其他三型主要通过输血、注射、皮肤破损、性接触等肠道外途径感染。孕妇在妊娠期尤易感染，发病率国内外报道不一，为 0.08% ~ 17.7%，孕妇肝炎的发病率约为非孕妇的 6 倍，而急性重型肝炎为非孕妇的 66 倍，是我国孕产妇主要死亡原因之一。其中妊娠合并乙型肝炎最为常见。妊娠期易感乙型肝炎主要是因妊娠期间肝脏负担加重所致，它还可促使原来存在的肝病加重，妊娠期越晚，越易发展为重症肝炎。而且孕妇患肝炎后特别容易转为慢性。乙型肝炎的传染源是 HBsAg 阳性者的血液，其他还可经唾液、母婴垂直传播，后者主要是经胎盘、软产道或母乳、唾液传播。其次妊娠合并乙型肝炎还可加重妊娠反应、并发妊娠高血压综合征、发生产后出血等，可致胎儿畸形、早产等，围生儿死亡率、病死率较高。

妊娠合并乙型肝炎诊断主要根据病史、临床症状和肝功能检查以及乙肝血清病原学检测。特别要注意检测病毒 DNA 片段。在诊断过程中应与妊娠急性脂肪肝、急性重症肝炎、HELLP 综合征（又称溶血、肝酶升高、低血小板综合征）相鉴别。治疗上给予保肝、降黄、降氨、纠正凝血功能等处理，分娩前后给予维生素 K 治疗。分娩时备好新鲜血，HBeAg 阳性的产妇或 HBV-DNA 阳性产妇产后不宜哺乳。

妊娠合并轻症乙型肝炎如何治疗

(1) **一般治疗**：注意休息，加强营养，给高维生素、高蛋白、足量碳水化合物、低脂饮食。禁用损害肝脏的药物，如麻醉药、镇静药、雌激素等。

(2) **保肝治疗**：维生素 K_1 10 毫克肌内注射，每日 2 次；维生素 C2 片口服，每日 3 次；肝得健 2 片，每日 3 次口服等，亦可用丹参注射液 12 ～ 16 毫升静脉滴注；施尔康 1 片口服，每日 1 次；乙肝免疫核糖核酸 4 毫克肌内注射，每日 1 次，1 个月后隔日 1 次，3 个月为 1 个疗程。

(3) 产科处理：妊娠早期急性肝炎患者经保肝治疗后可继续妊娠；慢性活动性肝炎宜适当治疗后行人工流产。妊娠中、晚期应尽量避免终止妊娠。应加强孕期监护，行胎动计数、无负荷试验(NST)、B 超等检查，在预产期前终止妊娠。分娩前数日肌内注射维生素 K_1，每日 20 ～ 40 毫克。产前准备好新鲜血液，做好抢救休克和新生儿窒息的准备。防止滞产，缩短第二产程，胎儿娩出后肌内注射缩宫素防治产后出血，产后应用青霉素或头孢类抗生素防止感染。HBsAg 阳性产妇产后可哺乳，HBV-DNA 阳性或 HBeAg 阳性产妇产后不宜哺乳。产后回奶不宜用雌激素。

什么是妊娠急性脂肪肝

妊娠急性脂肪肝 (AFLP)，又称妊娠特发性脂肪肝，是发生在妊娠晚期的一种严重并发症。据报道，妊娠急性脂肪肝发病率低于万分之一，但近年来有增高的趋势，这与对本病的认识提高有关。妊娠急性脂肪肝的病因不明，由于妊娠急性脂肪肝发生于妊娠晚期，且只有终止妊娠才有痊愈的希望，故推测妊娠引起的激素变化，使脂肪酸代谢发生障碍，致游离脂肪酸堆积在肝、肾、胰、脑等脏器，从而造成多脏器的损害。另外，与先天遗传、病毒感染、营养不良、药物、妊娠高血压综合征等多因素对线粒体脂肪酸氧化的损害作用可能也有关。由于其常伴有肝外多种并发症，起病急，病情凶险，因此母婴死亡率高达 85%。

妊娠急性脂肪肝的早期诊断是救治成功的前提，治疗的关键在于终止妊娠，同时给予新鲜冻干血浆、新鲜血、凝血酶原复合物、肝细胞生长因子、思美泰、肝得健、乙酰谷氨酰胺、抗生素等药物治疗。妊娠急性脂肪肝经早期诊治痊愈后，无任何后遗症，无复发倾向。

什么是妊娠合并缺铁性贫血

贫血是妊娠时常见的伴发病，以缺铁性贫血为主，妊娠期血红蛋白在100克／升以下者称妊娠期贫血。在所有的贫血中，缺铁是造成贫血最常见的原因。缺铁性贫血约占妊娠期贫血的90%，严重贫血可造成围生儿及孕产妇死亡。重度贫血易发生贫血性心脏病甚至心力衰竭。贫血者对出血耐受性差，亦容易发生产褥感染。孕产期及哺乳期补充铁剂可预防该病发生。

孕妇贫血，血液中的氧含量降低，在轻度时不会有什么不适感，但在严重贫血或急性失血过多时就会心搏加快，输出量增多，周围循环阻力下降，发展下去就会出现全心扩大，心肌营养障碍，导致充血性心力衰竭，当血红蛋白低于50克／升时，孕妇会出现心肌损害。贫血还会影响到胎儿，造成胎儿的慢性缺氧，影响到胎儿的某些重要器官的生长发育，使之出生的婴儿智力较差，反应迟钝。

口服铁剂治疗妊娠合并缺铁性贫血效果良好，而且安全价廉。在产前检查时，每个孕妇必须检查血常规，尤其在妊娠后期应重复检查，做到早诊断早治疗。铁剂药物治疗2周后血红蛋白就开始上升，轻度贫血服药4～6周即可恢复正常。孕妇可多吃一些含铁元素多的食物，如猪肝、猪腰、瘦肉、猪血、鸡血、鸡蛋、豆类、新鲜蔬菜等。孕妇发生贫血后要接受医生指导，认真治疗，不要掉以轻心，以免影响母子的健康与生命安全。

缺铁性贫血经治疗预后良好，重度贫血者易发生贫血性心脏病甚至心衰，不但有可能危及母亲生命，并可严重影响婴儿生命，故应及时发现，及时治疗。

什么是妊娠合并糖尿病

糖尿病妇女受孕后对母婴的确会带来许多麻烦，由于妊娠生理性内分泌变化（胎盘产生雌、孕激素，胎盘生乳素，胎盘胰岛素酶等都有拮抗胰岛素作用）可使糖尿病控制困难，使某些糖尿病并发症发展迅速，给胎儿带来先天性畸形、代谢及发育问题等，围生儿死亡率为非糖尿病孕妇的4倍。

妊娠合并糖尿病实际上包括两个方面的内容。妊娠期糖尿病（GDM），指在妊娠期首次发现或发生的糖代谢异常；妊娠合并糖尿病，指在原有糖尿病的基础上合并妊娠，或妊娠前为隐性糖尿病，妊娠后发展为糖尿病。

患糖尿病妇女孕前必须进行咨询，对有严重并发症不宜妊娠者应避孕，已受孕者应及早终止妊娠。对允许妊娠者应积极控制血糖，并使患者了解妊娠与糖尿病相互间不利影响。妊娠期必须有专科医生通力协作指导饮食控制、胰岛素的合理应用，定期产前检查，监护胎儿发育情况及其安危。糖尿病孕妇应提前住院待产，制订分娩时间及分娩方式。母亲血糖控制良好，无并发症，胎儿监护无异常者，一般 37 ~ 39 周终止妊娠。若血糖控制不良或有严重并发症则应提早分娩，分娩时间应个别化，因孕 36 周左右死胎的发生率增加。糖尿病并发症严重、巨大儿、胎盘功能不良、胎位异常或有其他产科指征者，应做剖宫产，并用抗生素预防感染。对于可以阴道分娩者，在产程中应严密予以监护，宜在 12 小时内结束产程。产后预防感染，新生儿按早产儿护理，提早喂养，以免发生低血糖，仔细体检有无先天性畸形。妊娠期糖尿病孕妇产后应长期随访，以便及时发现转变为糖尿病。

如何治疗妊娠合并糖尿病

（1）**控制血糖**：应从饮食控制及胰岛素应用两方面着手。饮食控制是糖尿病治疗的基础，每日热能为 150 千焦／千克，其中碳水化合物 40% ~ 50%，蛋白质 12% ~ 20%，脂肪 30% ~ 35%，并应补充维生素、钙及铁剂，适当限制食盐的摄入量。若饮食控制不能达到血糖正常水平的要求，则应加用胰岛素，胰岛素的量根据血糖值确定。由于妊娠期存在胰岛素抵抗，胰岛素用量于孕中期后增加，到孕 34 ~ 36 周持平或稍减，于分娩当天胰岛素应减量 1/2，因为胎盘排出抗胰岛素的激素迅速下降。口服降糖药一般不用，因其能通过胎盘，引起胎儿胰岛素分泌过多，导致胎儿严重低血糖或引起畸形。

（2）**产前检查**：除产科常规检查外，要及早发现并发症，要注意血糖控制情况。早孕时每 2 ~ 4 周检查一次，孕中期每 2 周检查一次，孕晚期每周检查一次，有特殊情况应随时就诊。每次就诊时均应带血糖测定记录。一般孕 34～36 周住院待产，对有并发血管病变或血糖控制不良者应在孕 32 周左右住院。

(3) 胎儿监护：①常规听胎心，数胎动。②除常规超声监测项目外，重点监测孕 18～20 周胎儿畸形；孕 20～24 周胎儿心脏；孕 26 周后胎儿生长发育及羊水量；孕晚期胎儿大小（巨大儿或胎儿发育迟缓）、羊水量及胎盘成熟度；孕晚期胎儿生物物理相评分 (BPS) 的监测十分重要，必须定期复查。③无负荷试验 (NST) 每周查 2 次，有异常时做催产素激惹试验。

妊娠合并糖尿病患者临产怎么办

(1) 分娩时间的选择：应根据血糖控制，胎儿大小及成熟度、胎盘功能及并发症严重程度综合考虑分娩时间。若母亲血糖控制良好，胎儿监护无异常，无并发症，一般可以在孕 37～39 周终止妊娠。若血糖控制不良或糖尿病并发症严重，则应提早分娩，同时应促胎肺成熟，减少新生儿呼吸窘迫综合征的发生。孕 36 周左右胎死宫内的发生率增加。

(2) 分娩方式：糖尿病病情严重，巨大儿、胎盘功能不良、胎位异常或有其他产科指征者，应行剖宫产，并预防性应用抗生素。阴道分娩者在产程中应严密监护胎儿安危并避免产程延长，应在 12 小时内结束分娩，产程超过 16 小时，代谢紊乱加重，影响母婴预后。预防产后出血。在分娩过程中应定时监测血糖和尿酮体，决定胰岛素用量。

(3) 产褥期：①分娩后由于胎盘排出，抗胰岛素的激素水平迅速下降，分娩当天胰岛素用量应减半，以后根据血糖决定用量。②预防性应用抗生素。③新生儿不论体重大小均应按早产儿处理，注意低血糖、低血钙、高胆红素血症。新生儿出生后及早喂 25% 葡萄糖液，预防发生低血糖。并仔细体检有无先天性畸形。④鼓励母乳喂养，且越早喂奶越好。

妊娠合并糖尿病的预后如何

妊娠合并糖尿病者符合下述两条者，可视为病情得到控制，予以出院。待内科进一步诊治。①产科情况正常，新生儿生活能力正常。②血糖控制满意，有糖尿病慢性并发症患者病情稳定后出院。

妊娠期糖尿病（GDM）母婴预后较好。除巨大儿发生机会较多外，其他并发症不多。母亲产后血糖多数恢复正常，但应定期随访，约50%以上的妊娠期糖尿病在20年内发展为糖尿病，且再次妊娠时多数复发妊娠期糖尿病。

妊娠合并糖尿病母婴并发症多，尤其是血糖控制不良者。严重的如畸形、不可解释的胎死宫内等。还有遗传影响如父母均为Ⅰ型糖尿病，其子代有20%患糖尿病可能；若父母一方有糖尿病则子代有6%的可能患病；若母亲患糖尿病则子代的发生率为1%～3%。母亲除糖尿病所致的并发症外，还可有产科并发症如妊娠高血压综合征、各种感染等。

总之，糖尿病孕妇的母婴预后较过去虽有明显改善，但与非糖尿病孕妇相比，母婴病死率仍高。

什么是妊娠合并急性肾盂肾炎

由于妊娠期的生理性雌、孕激素大量增加，致泌尿系统的肌层肥厚，输尿管平滑肌松弛，蠕动减慢，膀胱对张力的敏感性减低，加之增大的右旋子宫压迫盆腔输尿管以致肾盂、输尿管扩张，尤以右侧为甚，导致尿液引流及排尿不畅，是妊娠期易患肾盂肾炎的诱因。其发病率相差悬殊（2%～10.2%），可能与分类有关，有的将无症状性菌尿症也列入急性肾盂肾炎。无症状性菌尿症在妊娠期占2%～7%，若未经治疗约有25%可发展为有症状的急性肾盂肾炎。病原菌以大肠杆菌为最多见。急性肾盂肾炎若发生在妊娠早期，可因高热使胎儿神经管发育缺陷、流产等；发生在妊娠晚期可致早产。

妊娠合并急性肾盂肾炎的诊断并不困难，重要的是治疗要彻底，否则易复发，演变为慢性肾盂肾炎，甚至肾功能受损。用药应首选对革兰阴性杆菌有效而对胎儿无害的药物。

急性肾盂肾炎（非复杂性）90％可以治愈；复杂性肾盂肾炎（如有泌尿系结石、狭窄、异物、膀胱－输尿管反流等）则治愈率低，除非纠正易感因素，否则超过半数于治疗后仍有菌尿或复发，可演变为慢性肾盂肾炎，甚至肾功能损害。

妊娠合并甲状腺功能亢进如何防治

甲状腺功能亢进（甲亢）是指由多种病因导致甲状腺激素分泌过多引起的临床综合征，属自身免疫性疾病。

甲亢育龄妇女要做好孕前咨询，妊娠后按时高危门诊产前检查，B超检查胎儿有无畸形，同时密切监测甲状腺功能的变化及胎儿宫内生长发育状况。采用药物治疗时，首选丙硫氧嘧啶，特别强调个体化给药，根据病情变化，及时调整药物剂量，保证母婴的安全。分娩方式的选择，一方面应根据孕妇的甲状腺功能、临床症状及体征，另一方面根据产科的并发症。甲亢并非剖宫产的手术指征，当出现产科指征时，可行剖宫产术，孕期服药者，产后继续使用，但不宜哺乳，新生儿出生后即留脐血做甲状腺功能全套检测，定期随访。

妊娠合并甲亢大多数情况下母婴预后良好，但因抗甲状腺抗体及TSH受体免疫球蛋白可以通过胎盘引起胎儿甲亢，如母体甲亢未予纠正，将影响胎儿生长及心血管功能。甲亢的早期诊断、治疗，可防止胎儿甲状腺增生，减少胎儿甲状腺功能亢进的发生，如中孕时仍未很好地控制甲亢，可能出现多种母婴并发症。胎儿的并发症主要有：甲亢、胎儿发育迟缓、早产、死胎、先天畸形、颅缝闭合过早等。母体的并发症主要为：妊娠高血压综合征、感染、心衰、甲亢危象、胎盘早剥、贫血、胎膜早破等，值得引起警惕。

什么是妊娠合并癫痫

癫痫是阵发性短暂性的大脑功能失调，神经细胞有异常放电，临床以阵发性意识改变或丧失，并有阵发性抽搐、感觉异常、特殊感觉现象或行为障碍为特征。癫痫可分为原发性和继发性两大类，后者有特殊病因如脑外伤、产伤、脑肿瘤、脑膜炎等，而癫痫仅为一症状。发作又可分全身发作和部分发作。一般说来，妊娠本身对癫痫发作的次数并无影响，但由于妊娠期疲劳、应激状态以及抗癫痫药物代谢改变可以影响其发作。约 1/4 孕妇病情恶化，5%～25%妊娠期发作次数增加，60%～85%无变化。妊娠合并癫痫的孕妇发生妊娠高血压综合征、早产、低体重儿、先天畸形的机会较多，围生期死亡率及剖宫产率增加。脑瘫、智力和精神障碍明显增加。

妊娠合并癫痫的诊断及治疗主要由专科医生做出，要与子痫、癔症做鉴别诊断。孕前务必要做好咨询，尽力劝阻不要妊娠，要告知子女的再发风险度及药物的致畸性，对个人造成一生的痛苦，对家庭、社会增加沉重的负担。

妊娠本身虽对癫痫发作无大影响，由于妊娠期的生理变化，有许多因素可影响药物作用，妊娠期抗癫痫药物的代谢及排泄是增加的，因而药物有效浓度减低，吸收减少，所以少数孕妇在妊娠期发作次数增多。其次如疲劳、应激状态也影响其发作。癫痫对母婴影响较大，并发症增多，尤其药物对胎、婴儿的致畸性不容忽视。

如何为分娩做好心理准备

妊娠分娩是"瓜熟蒂落"，胎儿即将离开母体，通过子宫强力收缩，再加上孕妇腹肌的力量，使胎儿从子宫内排出的过程。母亲在分娩过程中不仅付出了艰辛的劳动，而且还要忍受极大的痛苦。这需要良好的身体素质和心理素质，有忍耐力、信心和勇气。有的孕妇也会产生恐惧心理，害怕疼痛和危险，有的害怕胎儿有问题，以及担心生女婴等，宫缩刚开始就控制不住自己，大喊大叫，消耗体力很大。

其实，孕妇在产前过于紧张，对分娩会有不利的影响，甚至会造成难产。焦虑、恐惧、紧张等不良情绪均可造成产妇大脑皮质功能紊乱，使得子宫收缩不协调、宫口不开、产程延长等。产妇精神紧张、休息不好、进食过少，体力消耗大，疲乏无力，会造成肠胀气、排尿困难，严重者可出现脱水酸中毒现象。

　　因此，孕妇必须保持良好的情绪，为分娩做好充分的心理准备。宫缩期以平和的心境忍耐疼痛，或用深呼吸和腹部轻轻按摩来减轻疼痛。宫缩间歇期抓紧时间休息，坚持补充营养，摄足水分，保持充沛的精力和体力，迎接最艰苦、最神圣的考验。失去理智、惊慌、恐惧、焦虑、忧郁、乱折腾等都是临产之大忌。

临产前要注意些什么

　　临产前要有以下思想准备，这就是要注意三种重要现象：宫缩、破水和流血。

　　(1) **宫缩**：就是子宫收缩。孩子出生的日子快要到了，腹部往往一天有好几次"发紧"的感觉。当这种感觉转为很有规律的下腹坠痛或腰痛（通常每6～7分钟一次）时，2～8小时后就应去医院检查，因为这就可能是要临产了。如果通过医生检查宫颈口没有开大，数小时后这种感觉也停止了，那也不用紧张，因为这种"假临产"的现象，也是正常的。

　　(2) **破水**：就是羊膜囊破了，有清晰的淡黄羊水流出。一般是临产后羊膜囊才破，如果在临产前胎膜先破，羊水外流，则应立即平卧，并赶快平卧着去医院住院待产。羊水往往一开始流得很多，内裤、被褥都可被浸湿，但有时每次只流出一点，那也应去医院检查，以确定究竟是羊水还是增多变稀的白带。如果羊水是血样或绿色、混浊，则更应注意。

　　(3) **流血**：临产前还可能有少量暗红或咖啡色血夹着黏白带从阴道排出，叫作"血先露"，俗称"见红"，这是正常的。但若血很多或有鲜红血，或暗红或淡红不黏的水样分泌物时，也应去医院。

　　临产前保持精神安定，睡眠充足，饮食正常，这对于顺利分娩是有益的。

如何才能不害怕分娩

　　每一位孕妇在经历了怀胎十月的喜悦和辛苦后，都期待着小生命的降临。

但也有部分孕妇一想到"分娩"的痛苦就感到害怕；而另一些孕妇从怀孕开始就担心分娩的问题，甚至在孕晚期对"临产""分娩"等医学词汇也感到恐惧。种种担心和不安可以理解，但对于正常分娩的孕妇来说其实是不必要的。分娩和怀孕一样，一百个产妇会有一百种感觉，但经历了分娩的母亲多数都会告诉我们，分娩是能够承受的自然过程。

在生活中还听到孕妇或妈妈们这样谈论有关生孩子的事情："听说生孩子时产房里只有产妇和护士，医生很厉害，对产妇大声吼叫。我们本来就害怕，再加上医生的吼叫就更恐惧了。"而医生却这样认为："吼叫是因为着急，很多产妇不懂分娩，不会用力气，我们着急孩子，当然要喊叫了。"

其实，产妇的"恐惧"源于不了解分娩的全过程及关键时刻，医生的"吼叫"源于在关键时刻担心产妇不能很好地配合。在分娩的瞬间，医生与产妇的目标是共同的，那就是帮助孩子顺利娩出。要把分娩过程看成是产妇与医生配合使孩子安全、顺利娩出的过程，其中医生了解孩子的需求及娩出要领，并将要领传递给产妇，而产妇是帮助孩子娩出的主要动力。

产妇在分娩时要理解医生，医生也要支持、帮助产妇，共同把一个可爱的小生命带到人世间。在产房里，孕妇的表现也许会比自己想象的要勇敢、镇静，也许会大喊大叫。但无论如何，这些都很自然，医院里的医生、护士见多了各式各样的产妇，不会对任何一位的表现大惊小怪。

六、产后保健

产后身体会有哪些反应

分娩后，产妇的身体不免出现很多的反应，有些属于正常现象，有些情况则需看医师。

(1) 在刚生产后即有冷、饥饿及口渴的现象。

(2) 阴道流血，渐转为淡红色，到产后一个礼拜快结束时变为深褐色。

(3) 在产后 24 小时内，腹部会有抽痛。

(4) 如果产妇是阴道生产（自然生产），会阴部会感到疼痛及麻痹（尤其是用针缝合）。

(5) 感到疲累，特别是生产过程困难且特别长者。

(6) 如果产妇是剖宫产术后（尤其是第一胎即剖宫生产），伤口会感到疼痛及过后会有麻痹感。

(7) 如果是自然生产而有缝合时，当产妇在坐或走路时会感到不舒服。

(8) 如果生产用力过久，身体会感到疼痛。

(9) 如果生产过程长且困难，眼睛或脸上的微血管会破裂。

(10) 生产后头一两天，排尿会有点困难。

(11) 容易生痔疮。

(12) 在生产后会有轻微的发热，可能是由于脱水的缘故。

(13) 在生产后的头几天会大量出汗，尤其为夜汗潮。

(14) 在生产后第二到第五天，胸部会有肿胀现象。

(15) 如果产妇用母乳喂哺宝宝，在哺乳后几天会感到乳头疼痛。

(16) 以母乳喂食的头几天，会有乳汁不易流出或乳房肿胀的现象。

产后如何使身体尽快复原

　　整个怀孕过程产妇的生理变化很大，分娩后如何使自己的身体尽快复原，是每个产妇都十分关心的事。

　　(1) 注意劳逸适当：分娩时由于用力，产妇体力消耗极大，产后一般疲惫想睡。因此，产后最初 24 小时内，产妇应卧床休息。然后，产妇可以起床尽快复原，也有利于产后大、小便通畅。整个产褥期产妇都应保持充足的睡眠和休息，不可从事重体力劳动；也不要因害怕阴部疼痛，整日躺在床上。这样对身体复原很不利。

　　(2) 注意排尿：产后不久，一般尿量较多，应尽早自解小便，以免膀胱膨胀，妨碍子宫的复原。产后 6 ～ 8 小时仍未解小便，可鼓励和帮助产妇下床排尿，也可在下腹部放一个热水袋，或用温开水缓慢冲洗外阴，以刺激和诱导排尿。

　　(3) 防止便秘：分娩时大多进行过灌肠，大便已排空，故产后两天内可无大便，由于产后的卧床休息，肠蠕动减弱，加上会阴部疼痛不愿意解大便，常常容易形成便秘。家人可鼓励和帮助产妇排便，必要时可用开塞露入肛门帮助排便。有痔疮的产妇更应防止便秘。

　　(4) 注意会阴部卫生：产后特别是产褥期，会阴部分泌物较多，应特别注意卫生。每天可用温开水或 1∶5 000 的高锰酸钾溶液冲洗外阴部 1 ～ 3 次，并保持会阴部清洁和干燥，勤换会阴垫。

　　(5) 勤换内衣、床单：产后出汗较多，尤其夜晚更明显，所以要勤换内衣、内裤和床单，以保持清洁和干燥。

　　(6) 注意饮食的营养：这是产妇身体复原的重要条件。

产后如何恢复腹部肌肉

　　腹部的肌肉包括了四层纵横交错的肌肉，并具有以下的功能：①保护腹部的脏器，包括怀孕时的子宫。②支撑脊椎，并使骨盆维持在正确位置。③可以逐步地从各方向运动。④这些肌肉帮助身体的排出运动，例如，生产、咳嗽与打喷嚏。

在最外侧，由上直降至腹部中央，由上而下的肌肉称为腹直肌。腹直肌包括了 2 个半面，由一层薄薄的称为白线的纤维组织结合在一起。在腹部两侧的肌肉，由不同方向斜斜地穿过腹部，更底下的一层，则是由一侧边穿到另一侧，直直地穿过腹部，这几层肌肉，有的并不在腹部中心交叉而过。在腹部的中央下方，只有一层肌肉，因此该部位肉特别多，而且容易受伤。

在怀孕期间，白线会开始变软，并开始扩张，使腹直肌的两层肌肉分开，以调适配合逐渐长大的胎儿。这肌肉的分开，被称为腹直肌的分离。

生产后 3 ~ 4 天，发现其间有 2 ~ 4 只手指宽的空间。当肌肉的力量开始增强时，这空间会缩减成只剩下 1 个手指的宽度。

可以通过一些简单的运动，尽早度过这个阶段，同时，也要开始进行一些较为有效的运动，让肌肉恢复原来的形状与力量。在开始做这些运动以前，要先做一些简单的检查，看肌肉是否已恢复至正常状态。

做正确的检查时，需要用力地运动这些肌肉。仰躺，屈膝，脚底贴于地面或床上。用力拉产妇的腹部肌肉，并将头与肩膀抬离地面。同时，伸出一只手，朝脚掌方向平伸。另一只手的手指置于肚脐下方，感觉到两条有力的腹直肌正在用力。

如何恢复产后骨盆肌肉

骨盆是由骨骼构成的盆状物，包括了两个大的骨盆骨，在脊椎的底部（骶骨）下方联结，称为骶髂关节。骨盆骨的联结，在前方有一关节，称为耻骨联结。在脊椎骶骨的下方，有四块小的骨骼，构成了尾骨。

骨盆主要的功能是支撑身体的结构，同时保护子宫和膀胱，在怀孕初期，也保护正在成长的胚胎。构成盆状底部的是一层肌肉，称为骨盆肌肉。骨盆肌肉分为两层，即内部的一层与外部的一层，由耻骨联结至尾骨，并穿过两边的髋骨。

在这些肌肉中，共有 3 个出口。一是由膀胱延伸出来的尿道出口，位于前方；一是由子宫延伸出来的阴道口，位于中央；另一个则是由大肠延伸而来的肛门通口，位于后方。

在外层肌肉，有环结在这些通口的肌肉，称为括约肌，能使这些出口紧密地密合，特别是在腹部用力地时候，如咳嗽、笑或打喷嚏的时候。怀孕期间，骨盆会支撑胎儿、胎盘，以及扩大的子宫内一些额外的液体的重量。分娩后，这些肌肉会极度扩张而脆弱，因此要尽可能常运动这些肌肉，使它们恢复强健的状态。

假如分娩时因为裂伤或侧切而有一些手术的缝合，也许紧缩这些肌肉会感到疼痛。但是，当产妇用力紧缩并放松这些肌肉的时候，可增强此处的血液循环，并促进愈合的过程。紧缩运动不会对这些伤口造成伤害，因此越快展开运动越好。

在尚未有所领悟以前，可能就已经熟悉如何运动骨盆肌肉，每次当觉得需要放空膀胱或收缩骨盆肌肉，以免溢尿时的感觉便是。

产后会阴如何恢复

阴道与肛门之间的皮肤与肌肉所形成的部位叫会阴，假如该处有缝合口，或是在生产时，宝宝的头部通过所造成的瘀血，会阴部会在最初几天感到非常疼痛。在此，提供一些改善的方法。

产妇在休息的时候，要花一些时间平卧，可以减轻肌肉负担，假如用脸盆或莲蓬头盛水清洗会阴部，要确定水流的方向是由前至后，否则很可能将肛门的排泄物冲到会阴部位。在使用卫生纸的时候，擦拭的方向也是由前向后，以避免先前接触过肛门的卫生纸碰到阴道。

在医院里，卫生巾应该置于封闭的塑胶袋中，再置于衣物箱中，并小心地处理。

产后如何休息和活动

由于产程中的体力消耗和分娩时的用力，产妇常感到疲乏、困倦，产后24小时应多卧床休息。以后则可下地上厕所，给新生儿喂母乳，更换会阴垫及洗漱等。

早期下地活动可促进子宫收缩，有利于恶露排出和肠蠕动的恢复，也可避免卧床不动而致盆腔、下肢静脉血栓形成。但要避免过早地干重活、直立过久、取蹲位和使用腹压的活动，以防止造成阴道壁膨出和子宫脱垂。

整个产褥期内，是各器官复原和恢复功能时期，应保证充分的休息和睡眠，每日睡眠时间不少于 10 小时。卧床时不要总是采取一种姿势，应经常改变体位，有时还需要适当地采取俯卧姿势，以免子宫过度后倾。

产妇的卧室一定要有充足的阳光及良好的通风条件，保持室内空气的清洁卫生。冬天防感冒，夏天防中暑。

如何进行产褥期保健

产褥期间母体各系统的变化很大，属于生理范畴。但也容易出现感染及其他病理情况。为保证母婴身体健康，实施产褥期保健指导，及时发现异常并进行处理，是非常重要的。

(1) 观察产妇的一般状况，阴道出血或恶露量，子宫复旧情况。

(2) 加强会阴护理，用 1∶5 000 高锰酸钾或 1∶1 000 新洁尔灭擦洗外阴，每日 2 ~ 3 次，保持会阴清洁及干燥，发现异常及时处理。分娩 10 天后产妇可使用坐浴。

(3) 保持乳房及乳头清洁，加强乳房护理，推荐母乳喂养，早期正确指导哺乳，以促进乳汁分泌和子宫复旧，预防乳头皲裂和乳汁淤积。

(4) 产妇应进食富有营养、易消化吸收、含足够水分的食物，为防止便秘，应同时给予一定量多纤维素的食物。

(5) 鼓励产妇产后早排尿、勤排尿、定时排便，如发现尿潴留、便秘，应给予对症处理。

(6) 产妇汗腺分泌功能旺盛，除应摄入足够的水分和钠盐外，还应勤擦浴或沐浴，预防皮肤感染。

(7) 健康的产妇经阴道分娩后 6 ~ 12 小时内应稍事活动，24 小时后可下床进行适当的活动，有利于较快恢复机体的生理功能和体力，促进排尿和排便，有利于恶露排出和子宫复旧，避免和减少静脉栓塞。按时做产后体操，促进腹肌及盆底肌肉张力的恢复，防止产后子宫脱垂、阴道前后壁膨出和尿失禁。

（8）产褥期内禁止性生活。指导产妇正确避孕，原则上哺乳者以工具避孕为宜，加强产后访视和产后健康检查。

产褥期的护理要点有哪些

（1）外阴的清洁卫生：每日应冲洗外阴，用消毒会阴垫保持会阴部清洁，预防感染。如伤口肿胀痛，可用75%的乙醇液纱布湿敷，还可用0.01%～0.02%高锰酸钾水坐浴。

（2）注意个人卫生：每天用温热水漱口、刷牙、洗脚、擦澡。

（3）健康教育：宣传母乳喂养的好处，母乳的成分优于牛乳。指导母乳喂养。

（4）指导乳房护理及喂养：注意吸吮的含接及喂养姿势是否正确，一般哺乳姿势应使母亲和宝宝体位舒适，母亲的身体与宝宝身体相贴近，母亲的脸应与宝宝脸相对，母亲看着宝宝吃奶，防止宝宝鼻部受压。开始哺乳前，用乳头刺激宝宝面颊部，当宝宝张大口的一瞬间，母亲将乳头和部分乳晕送入宝宝口内，这样宝宝可大口吸入乳汁，刺激乳头，促进乳汁分泌。母乳喂奶的次数可不固定，应按需哺乳，多少不限，原则是饿了就吃。如宝宝睡眠时间过长，要叫醒吃奶，夜间仍要坚持喂奶，因夜间喂奶可刺激乳汁分泌。发现乳房有凹陷、损伤、肿胀、硬块等情况，应及时进行哺乳指导，一旦发生乳腺炎应到医院就医，同时不能中断母乳喂养。

产褥期不宜性交，产后42天应到门诊复查。复查内容包括全身状况、盆腔器官及哺乳情况等。

产妇需要哪些营养

母乳喂养与宝宝生长发育关系密切，然而母亲的营养非常重要，由于妊娠、分娩，产妇体内消耗多，又要负责养育宝宝，分泌乳汁等重任。乳母的营养状况直接影响乳汁的质和量，如果营养不足，不仅会影响母体健康，而且也会影响乳汁质量，对宝宝的生长发育造成不利的影响。

（1）**热能**：哺乳期乳母除了自身需要消耗热能外，分泌乳汁哺乳也要消耗热能。如每天哺乳 800 ～ 900 毫升，要消耗约 3 347 千焦热能，在怀孕时脂肪储备可提供 1/3 的能量，另 2/3 的能量需由膳食补充。也就是讲乳母的热能，供给量要在未怀孕时的基础上增加约 3 347 ～ 3 766 千焦热能。

（2）**蛋白质**：母乳中蛋白质含量为 1.2%，乳母摄入的蛋白质转变为乳汁中的蛋白质为 70% ～ 80%，每日乳汁中蛋白质为 20 ～ 25 克。

（3）**脂肪**：宝宝中枢神经系统的发育及维生素吸收均需要脂类，产妇每天膳食中脂肪摄入量应在 80 ～ 100 毫克，必需脂肪酸可促进乳汁分泌。

（4）**钙**：正常母乳中钙含量 30 ～ 34 毫克 /100 毫升。如果产妇膳食中钙补充不足，就会出现缺钙的一系列临床表现，腰酸背痛等骨质软化症等。建议产妇每天除了膳食中摄取钙外，还要补充钙剂。

（5）**维生素**：乳母膳食中各种维生素含量丰富，乳汁中含有足够量的维生素，维生素 D 可促使母体对钙的吸收。

产后适宜进食的食物有哪些

（1）**面汤**：是产妇适宜的饮食，既可下挂面，也可自己做细面条或薄面片。如果能加上 2 个鸡蛋和适量番茄，更有利于产妇补养。

（2）**牛奶**：其蛋白质含量很高，且容易被人体吸收利用，对产妇健康恢复以及乳汁分泌很有好处，每日用量 250 ～ 500 毫升。

（3）**小米粥**：其营养优于精面和大米。同等重量的小米含有的铁比大米高 1 倍。

（4）**鸡蛋**：为优质蛋白食物，还含有脂肪和铁，有强身和促进乳汁分泌的作用，有利于宝宝生长发育。

（5）**红糖**：若两餐之间适量饮红糖水，能补身体。红糖还含有帮助子宫收缩的物质，能促进恶露排出，并有止血作用，可治疗产后出血。

（6）**鸡**：在我国自古就有给产妇吃炖母鸡催乳的习惯。

（7）**肉汤**：肉汤味鲜，刺激食欲，使乳汁分泌增多。牛肉汤、排骨汤、鸡汤皆可选用。

（8）**蔬菜**：新鲜蔬菜含有大量维生素、纤维素和微量元素，能防止产妇便秘。

（9）**水果**：水果是含有维生素和无机盐较多的食品，能帮助消化、促进排泄、增加乳汁分泌，每日宜食 200 ～ 250 克。

（10）**鲤鱼**：有人认为，吃鲤鱼能促进子宫收缩，去除恶露。

产后饮食应该注意什么

产妇饮食是家里人很重视的事。但营养过剩或食谱单调，营养成分比例不当，均得不到预期的效果。为了使产妇饮食安排得科学、合理，请注意以下几点。

（1）重视膳食中蛋白质，特别是动物蛋白的供应。每日需要蛋白质 95 克，但也不必过量。100 克瘦肉含蛋白质 17 克，1 磅牛奶含蛋白质 15 克，100 克豆腐含蛋白质 7 克，100 克大米含蛋白质 7 克，100 克面粉含蛋白质 10 克。应根据产妇饮食习惯，合理搭配动物蛋白和植物蛋白。

（2）主食多样化，粗粮和细粮都要吃。小米、玉米面、糙米、标准粉中所含 B 族维生素要比精米、精面多出几倍。

（3）多吃新鲜蔬菜和水果，既供应维生素 C 又可预防便秘。

（4）不要忌盐。吃盐不会影响下奶，产后出汗多，尿量多，排出大量盐分，如果补充不足，会出现全身无力、头晕、食欲不好，反而影响奶量。

（5）要适当喝汤水，如鸡汤、鱼汤、排骨汤等。

（6）不吃酸辣食物，戒烟戒酒。

（7）适当控制甜食，过多的甜食可影响食欲，糖过剩可在体内转化为脂肪，使人发胖。

（8）注意身体锻炼，以免脂肪存积。

产后喝红糖水要适时适量吗

红糖具有活血化瘀作用。同时，红糖中的葡萄糖含量比白糖高 30 倍，铁比白糖高一倍，还含有白糖没有的胡萝卜素、维生素 B_2、烟酸及锌、锰、铬、钙、铜等多种微量元素，有助于产后营养、能量和铁质的补充，防治产后贫血。红糖还有利尿作用，有利于预防产后发生尿潴留。

红糖营养丰富，释放能量快，营养吸收利用率高，具有温补性质。产妇分娩后，由于丧失了一些血液，身体虚弱，需要大量快速补充铁、钙、锰、锌等微量元素和蛋白质。据研究测定，300 克红糖含有钙质 450 毫克，含铁质 20 毫克及一些微量元素等。红糖还可以促进子宫收缩，排出产后宫腔内淤血，促使子宫早日复原。产妇分娩后，元气大损，体质虚弱，吃些红糖有益气养血、健脾暖胃、驱散风寒、活血化瘀的功效。但是，产妇切不可因红糖有如此多的益处，就一味多吃。因为过多饮用红糖水，会损坏牙齿。红糖性温，如果产妇在夏季过多喝了红糖水，必定加速出汗，使身体更加虚弱，甚至中暑。红糖虽然对产妇十分相宜，但是也不能过多、过久地食用。过多地食用红糖，会增加血性恶露量，使产妇发生缺铁性贫血，影响子宫复旧和产妇身体健康。对于初产妇，由于子宫的收缩功能较好，恶露的色和量也较正常，所以产后喝红糖水以 10 天以内为宜。

此外，喝红糖水时应煮开后饮用，不要用开水一冲即用，因为红糖在贮藏、运输等过程中，容易滋生细菌，很不卫生，会引发疾病。

产妇喝汤有何讲究

妇女分娩以后，家里人都免不了要给产妇做些美味可口的菜肴，特别是要炖一些营养丰富的汤。这不但可以给产妇增加营养，促进产后的恢复，同时可以催乳，使孩子得到足够的母乳。但是很多人不知道喝汤也有一些讲究。

有的人在孩子呱呱落地后就给产妇喝大量的汤，过早催乳，使乳汁分泌增多。这时宝宝刚刚出世，胃的容量小，活动量少，吸吮母乳的能力较差，吃的乳汁较少，如有过多的乳汁瘀滞，会导致乳房胀痛。此时产妇乳头比较娇嫩，很容易发生破损，一旦被细菌感染，就会引起急性乳腺炎，乳房出现红、肿、热、痛，甚至化脓，增加了产妇的痛苦，还影响正常哺乳。因此，产妇喝汤，一般应在分娩一周后逐渐增加，以适应孩子进食量渐增需求。

有些人给产妇做汤，认为越浓、脂肪越多营养就越丰富，以致常做含有大量脂肪的猪蹄汤、肥鸡汤、排骨汤等，实际上这样做很不科学。因为产妇吃了过多的高脂肪食物，会增加乳汁的脂肪含量，宝宝对这种高脂肪乳汁不能很好吸收，容易引起腹泻损害宝宝身体健康。

同时，产妇吃过多高脂肪食物，很少吃含纤维素的食物，会使身体发胖，失去体形美。所以，应多喝一些含蛋白质、维生素、钙、磷、铁、锌等较丰富的汤，如瘦肉汤、鲜血汤、蔬菜汤和水果汁等，以满足母体和宝宝的营养需要，同时还可防治产后便秘。

产妇"坐月子"要不要活动

不少人以为，"月子"坐得好，身体才能恢复得快，恢复得好。因此，生了小孩以后除了上厕所外，整日躺卧在床上不起来，甚至一日三餐也是坐在床上，饭来张口。实际上，这种做法的结果恰恰适得其反。整日卧床不活动，不仅会使产妇食欲减退，生殖器官恢复缓慢，四肢无力，睡眠差，精神不好，而且还会影响到产妇的身体健康和宝宝的喂养。相反，如果在"坐月子"期间能够进行适当活动的话，不但可以增强腹肌收缩，促进子宫复原、伤口愈合、恶露排出，促进全身血液循环，而且还有利于促进胃肠蠕动，保持大小便通畅，避免产后便秘的发生。此外，"坐月子"期间如果整日卧床不活动，还有可能会引起子宫内膜炎症和器官、组织栓塞性疾病。

一般说来，分娩以后产妇体力消耗较大，因此在产后1～2天应卧床静养，以恢复分娩带来的疲劳，应该多翻身，以防止子宫偏向一侧或后倾。勤翻身，有利于恶露的排尽。如果产妇无严重的躯体疾病，会阴部无裂伤，产时疲劳已经消除，那么，产后12小时以后便可坐起来吃饭、喝水，23小时后便可站起来为宝宝换尿布，2天以后就可以起床活动了。起床的第一天，早晚各在床边坐 30 分钟。第二天起就可以在室内来回走走，每天走动两三次，每次 30 分钟左右，以后逐渐增加活动的次数和时间。半个月后便可做些轻微的家务。

产后早期下床活动，不仅有利于生殖器官的早日康复，而且，还有益于产后保持体形美。

产后排尿困难怎么办

产后小便困难是一件是很难受的事，如果产后发生了小便困难可采取以下方法处理：

(1) 预防产后排尿困难的方法最好在产后 6 ~ 8 小时主动排尿，不要等到有尿液再解。排尿时要增加信心，放松精神，平静而自然地去排尿，特别要把注意力集中在小便上。

(2) 如不能排出尿液，可在下腹部用热水袋热敷或用温水熏洗外阴和尿道周围，也可用滴水声诱导排尿。

(3) 为促进膀胱肌肉收缩，可用针刺关元、气海、三阴交等穴位。

(4) 可取中药沉香、琥珀、肉桂各 0.6 克，用开水冲服。

若以上方法仍无效，就应该在无菌操作下行导尿术，并将导尿管留置 24 ~ 48 小时，使膀胱充分休息，待其水肿、充血消失后，张力自然恢复，即可拔除尿管，自行排尿。

怎么预防产后尿潴留呢？在临产过程中，就注意及时如厕排尿，产后回休息室后及时饮水 500 ~ 1000 毫升，此后 2 ~ 3 小时主动排尿，一般都能顺利解出。也有些产妇因分娩时液体输入量不够，产时、产后出汗很多，膀胱不胀，此时可再饮水，进半流食等待，但最多不能超过 6 ~ 8 小时。产后及时小便是产后恢复期的一件大事，关键是要重视预防，主动抓紧排尿，一旦发生尿潴留，不但个人痛苦，家属担心，还影响产后恢复。

产后如何保持生理卫生

产后卫生包括环境卫生、个人卫生、饮食卫生，产后锻炼，预防疾病等。

产妇的卧室要保持清洁安静、阳光充足、空气流通（温暖舒适）。产后多汗，毛孔张开，容易感冒，要注意避开风口，但若门窗紧闭，终日不通风，空气污浊，也易致病。特别是夏天坐月子，若紧裹厚衣被，不通风，不饮水，容易发生产后中暑。

产后多汗，恶露外流，如不清洗，很容易发生感染，产后要常用温水沐浴（淋浴，不可盆浴）或擦身，勤换内衣裤，及时更换（消毒过经阳光晒过的）纸垫。产后每天早晚各用温开水擦洗外阴部一次。在哺乳之前，大小便之后一定要洗手。揩大便要用干净的手纸，应从前向后擦。产后6～8周内，或恶露未净的，不要同房。

同时需注意乳房卫生，每次哺乳前，要用温水擦洗乳头，乳头有裂口的要停止哺乳，并涂以铋剂、安息酸酊或熬过的植物油，防止乳腺炎。

产后产妇体质较弱，宝宝娇嫩，除讲究饮食营养外，更应注意饮食卫生。产妇要吃容易消化和富含营养的食物，不要吃得过多或过饱，以免引起消化不良，除一般食物以外，还应多吃水果。水果能促进产后身体恢复，增强抵抗力，同时还可增加乳汁，小孩得到充分的营养。

此外，产妇应该梳头、洗头、刷牙。旧风俗认为，产后禁忌洗头，刷牙等，这是不科学的。产后汗多，不洗头发更易感冒；由于产后吃甜食多，如不注意口腔卫生，容易发生蛀牙。此外，产后还要进行适当的活动和锻炼。

产妇如何注意口腔卫生

在人的口腔里，正常情况下约有30多种细菌生长繁殖，是人体各器官中细菌最多的地方。例如，正常人每毫升唾液中含菌量高达60亿个以上，每克牙垢标本含菌量达2 000亿个，就连一般人的漱口水，每毫升含菌量也在50万个左右。在口腔中常见的细菌有乳酸杆菌、葡萄球菌、链球菌等，这些细菌容易积存在牙齿表面的凹陷部位。

产妇分娩以后，由于本身以及宝宝生长的需要，除了一日三餐以外，大多还要吃些点心、牛乳等，这类甜食的摄入量一般比平时多。由于甜食会增加口腔内的酸度，再加上口腔本身的温度、湿度适宜，更为细菌的生长繁殖创造了得天独厚的条件，此时，若是忽视了口腔卫生，不但会产生令人生厌的口臭，而且极易患龋齿、牙周病等口腔疾病，影响产妇今后的健康。由此可见，产妇更应搞好口腔卫生。方法如下：①要做到饭后及时漱口。这样不但能够清除口腔内滞留的食物碎屑、牙垢，而且含漱本身对牙齿来说，犹如一种按摩，可增强牙龈组织的抗病能力，故每次进食完毕，应用温水漱口10～15次。②要早晚坚持刷牙。每次刷牙3分钟，宜用温热水，避免冷水刺激，且里外都要刷，用力不要过大过猛。③要常叩齿。叩齿可使产妇利用咀嚼运动所形成的生理刺激，提高牙龈本身的抗病能力。在叩齿时用力宜均匀，速度不要过快、过慢，上、下牙每天早晚各空咬80次左右。此外，需要指出的是为了保障牙齿生长代谢对某些营养物质的特殊需要，防止牙齿松动，产妇要注意饮食结构，多吃含钙、磷、铁及维生素A、维生素D丰富的食物。

产后如何刷牙利于固齿

有人说"产妇刷牙，以后牙齿会酸痛、松动，甚至脱落……"其实，这种说法是没有科学根据的。产妇分娩时，体力消耗很大，犹如生了一场病，体质下降，抵抗力降低，口腔内的条件致病菌容易侵入机体致病。另外，为了产妇的康复，多在产后坐月子期间，给予富含维生素、高糖、高蛋白的营养食物，尤其是各种糕点和滋补品，都是含糖量很高的食品，如果吃后不刷牙，这些食物残渣长时间地停留在牙缝间和牙齿的点、隙、沟凹内，发酵、产酸后，促使牙釉质脱矿（脱磷、脱钙），牙质软化，口腔内的条件致病菌乘虚而入，导致牙龈炎、牙周炎和多发性龋齿的发生。

所以，为了产妇的健康，产妇不但应该刷牙，而且必须加强口腔护理和保健，做到餐后漱口，早、晚用温水刷牙；另外，还可用些清洁、消毒作用较好的含漱剂，在漱口或刷牙后含漱，每次 15 毫升左右，含 1 ~ 1.5 分钟，每日 3 ~ 5 次，含漱后 15 ~ 30 分钟内勿再漱口或饮食，以充分发挥药液的清洁、消炎作用。

月子里如何护理眼睛

产妇坐月子时，眼睛的护理非常重要。如果眼睛失去养分，不仅影响眼的生理功能，还会失去眼睛昔日的美丽。那么怎样保养眼睛呢？

月子里，产妇需要更好地休息，白天在照料宝宝之余，要经常闭目养神。这样视力才不会感到疲劳。

长时间看东西，会损伤眼睛，一般目视 1 小时左右，就应该闭目休息一会儿或远眺一下，以缓解眼睛的疲劳，使眼睛的血气通畅。

多吃富含维生素 A 的食品，如一些胡萝卜、瘦肉、扁豆、绿叶蔬菜。可防止角膜干燥、退化和增强眼睛在无光中看物体的能力。另外，还要少吃一些对眼睛不利的食物，如辛热食物，葱、蒜、韭菜、胡椒、辣椒等要尽量少吃。

看书时眼睛与书的距离保持 35 厘米左右，不要在光线暗弱及阳光直照下看书、写字。平时不用脏手揉眼，不要与家人合用洗漱用品。

产后怎样洗澡

产褥期适合用擦浴或淋浴的方式洗澡。正常产的孕妇 24 小时后，如果身体恢复得好即可擦浴，产后 1 周左右可开始淋浴。由于产后体力较弱，每次洗澡的时间不要过长，一般 5 ~ 10 分钟就可以了。要注意防止受风着凉，室温应在 25℃，水温 38℃ ~ 40℃时为宜。剖宫产和会阴切开后的产妇，在伤口还没长好以前，不能用淋浴，擦浴时也要防止脏水污染伤口。

产后洗浴应做到"冬防寒，夏防暑，春秋防风"。冬天沐浴，浴室宜暖，洗澡水须热。洗浴时以不大汗淋漓为度，因汗出太多易伤阴耗气，可导致头昏、憋闷、恶心欲吐等。夏天浴室宜空气流通，浴水如人体温，约 37℃左右，不可贪凉用冷水洗浴，图一时之快而后患无穷。产后触冷，气血凝滞，易致恶露停于腹中，将来可能患月经不调、身痛等病。

沐浴后若头发未干，不要把头发扎起来，不可立即入睡，否则湿邪侵袭而致头痛，颈项不适。饥饿时不可洗浴，饱食后不可洗浴，浴毕宜进少许饮食，补充耗损的气血。洗浴必须用淋浴，若家中无淋浴设备者，可在盆内浇水洗浴，禁忌坐于盆中。

洗浴时间，夏天产后 3 天可开始洗浴，冬天宜在产后 1 周以后洗浴。洗浴的次数不要太频，比正常人略少为宜。

为什么产妇要勤换洗衣服

产后皮肤排泄功能旺盛，产妇出汗多，在睡眠和初醒时更多，汗液常浸湿衣服被褥，这种情况往往需要有几天的时间才能好转。与此同时，乳房开始泌乳，有的产妇听到孩子哭声或到了喂奶时间乳汁就反射性地流出，有的产妇漏奶，乳汁不断外流，使乳罩、内衣湿透一大片。此外产后阴道排出血性恶露最初几天量比较多，常污染内裤、被褥，所以产后第一周内，产妇的内衣、内裤、月经带要天天更换，一周后也要勤更换，被罩、床单要勤换洗，保持清洁、干燥。

换下来的衣物要注意洗净汗渍、血渍、奶渍。乳汁留在衣服上时间过久，会变成酸性物质，损蚀织物纤维，内衣内裤最好选用吸水力强的棉织品，外衣外裤要宽松柔软，易于散热。

更换衣物时要避免感冒，但不要因怕感冒而穿着脏而湿的衣服，产褥期和平日一样，要养成清洁卫生的习惯。

产妇为什么要注意躺卧的姿势

子宫的位置靠其周围的四对韧带及骨盆底肌肉、筋膜的张力来维持。妊娠时子宫增大，韧带也随之拉长，分娩后子宫迅速收缩，但韧带的弹性却像拉长的橡皮筋，难以很快地恢复原状。分娩时骨盆底肌肉、筋膜过度伸展或撕裂，也使支持子宫的力量减弱，使子宫活动度加大，容易随产妇的姿势而移位。正常子宫的位置应该是前倾前屈的，如果仰卧时间过久，子宫就会因重力关系向后倾位，子宫的长轴与阴道成一直线，站立时子宫容易沿阴道下降，有可能导致子宫脱垂。子宫严重后倾会使恶露排出不畅并有腰酸背痛，日后会出现痛经、经量过多等症状。

　　产后卧床时间长，为了防止子宫向一侧或向后倾倒，就要经常变换躺卧姿势，仰卧与侧卧交替。从产后第 2 天开始俯卧，每日 1 ~ 2 次，每次 15 ~ 20 分钟，以恢复子宫的前倾位置。产后 2 周可开始胸膝卧位，以防止子宫后倾。

产后要注意什么

　　分娩以后，年轻母亲们觉得恢复往日动人丰采的时候到了，便急于开始锻炼活动。但要注意，这种活动必须遵照循序渐进原则进行，并要注意以下事项。

　　(1) **防便秘**：提倡早活动，早期下床可以防止便秘。

　　(2) **适当室外活动**：适当锻炼，产后 24 小时内可在床上休息，24 小时后则应到室外适当活动。

　　(3) **自主活动**：自己进食、梳洗，或在室外走走都可以让身体得到一些锻炼。

　　(4) **保证睡眠**：还应保持良好的情绪和充足的睡眠。

　　(5) **尽量避免激烈的运动**：如果产妇进行母乳喂养，则在第一次恢复月经前都应避免各种剧烈运动方式。

　　(6) **锻炼不要使心跳加快**：产妇休息几天后，开始绕房间缓慢行走，做基本的骨盆运动。适应了这种锻炼方式后，再推着小宝宝活动，但是不要使心跳加快。

　　(7) **逐步延长散步时间**：慢慢把散步的时间延长到 10 ~ 15 分钟，在医师的建议下，选择一种安全的健美运动。也可以同时开始腹肌练习，但应在感觉恢复了一定的力量和控制前，一定要保持在初始的水平。

(8) 适当的饮食：以产妇的频率进行锻炼，在适当的饮食和正确的锻炼方法下，产妇会恢复平坦的小腹。

产后何时开始锻炼较好

怀孕及分娩会使腹直肌分离、盆底肌肉松弛，而产后发胖多是由于在妊娠及哺乳期多吃少动、营养过剩所致。所以，产后适当的运动是产后保健及保持体形的重要措施。剖宫产的产妇应在产后 6 ～ 8 周后才开始锻炼，如果会阴有伤口，要等伤口痊愈后才能进行强度较大的锻炼。在产后头几天，产妇只能在床上或椅子上做一些轻微的运动。在分娩后 2 周内，一般正常分娩的妇女均可进行适当的锻炼。锻炼的目的主要是恢复妊娠和分娩时拉伸过度的肌肉，有助于恢复体力和保持体形；并可促进子宫的复旧，促使恶露排出，预防子宫下垂，增加乳汁分泌。

(1) 产后几天内，产妇可仰卧于床上做一些轻微动作：例如，有意识地缓缓吸气、呼气，收缩腹部及肛门外括约肌，反复运动 5 ～ 6 次；做抬头运动，轻轻活动头颈部；做膝关节屈伸动作及足趾屈伸运动。一般产后 3 天后可做床上运动，双膝跪于床上，双手紧贴床面，臀部做摇摆运动，反复进行 5 ～ 6 次；也可取以上姿势，做拱背动作，身体呈桥形将腹壁向脊柱紧缩并缩紧髋部肌肉。

(2) 产后 6 ～ 8 周后可做如下简单的运动：①仰卧起坐，左右膝交互运动 3 次。②膝胸卧式，双膝相距约 30 厘米，每次 5 分钟，每日 2 次。③端坐床上，屈起右膝关节，双手抱膝，向上伸展背部肌肉，腹壁缩紧，双肩松弛，双膝交互运动 10 次。④双脚分开 1 米站立，举起右手向对侧作侧弯，左右交替。⑤站立，双手后扣，向前弯腰，慢慢高举双臂。

(3) 进行适当的下床活动：不要以为坐月子就是应该每天躺在床上。平产后 3 天即可下地做些轻微的活动，如自己洗手、洗脸；满月后，应适当多做些家务劳动，如做饭、洗碗、洗衣物等。

产后脱发如何防治

产后脱发现象在医学上叫作分娩性脱发。有 35%～40% 的妇女，在坐月子中会有不同程度的脱发现象，这是因为头发也像人体其他组织一样，需要进行新陈代谢，不必忧虑。此外，产后脱发还与精神因素明显相关，有的妇女"重男轻女"一心希望生男孩，一旦生了女孩，便情绪低落，郁郁寡欢。也有的是因受到了其他不良的精神刺激，大脑皮质功能失调，自主神经功能紊乱，控制头皮血管的神经亦失调，使头皮供血减少，以致毛发营养不良而脱落。有些妇女在怀孕期间饮食单调，不能满足母体和胎儿的营养需求。产后哺乳期又挑食、偏食，造成营养不良，头发也容易折断、脱落。

怎样才能预防或减少产后脱发

(1) 妇女在孕期和哺乳期一定要保持心情舒畅、乐观，避免紧张、焦虑、恐惧等不良情绪的出现。

(2) 注意平衡膳食，多食新鲜蔬菜、水果、海产品、豆类、蛋类等，以满足身体和头发对营养的需要。

(3) 经常用木梳梳头，或者用手指有节奏地按摩、刺激头皮，可以促进头皮的血液循环，有利于头发的新陈代谢。

(4) 在医师指导下，产后适当服用一些维生素 B_1、谷维素及钙片，对孩子产后脱发也有一定的益处。如果出现了产后脱发，也不要心慌害怕，可服用维生素 B_6，养血生发胶囊。外用生姜片经常涂擦脱发部位，可促进头发生长。产后脱发一般在 6～9 个月后即可恢复，重新长出秀发。

产妇如何进行心理调节

首先必须改变分娩后精神面貌不佳和自觉青春已过的心理，继续保持良好的感觉和最佳心理状态，热爱生活，保持青春永不凋谢的良好心理。产后由于内分泌的急剧变化，情绪不稳。偶可见某些精神病状态，尤其是在难产手术、产后感染、不良妊娠等情况下会发生产后抑郁症，可表现为焦虑、激动、抑郁、失眠、食欲缺乏、言语行动缓慢等。若发现上述心理障碍时应及时做心理咨询，采取治疗措施。

一些产妇在产时或产后因情绪紧张而产生焦虑状态。20世纪，西方国家首创自我松弛术，成为行为医学和身心医学相结合治疗产后焦虑症的治疗方法之一。进行全身放松训练时，首先找一个安静的地方，采取最舒适的坐姿。然后微微闭上眼睛，集中注意自己的呼吸，缓慢而深沉地呼吸。这时应感到十分平静，意识自己从脚、脚踝、膝盖、臀部深沉而松弛。又从上腹部开始到整个胃部、手臂、肩、颈、下巴、前额沉而且有松弛感，逐步到全身有松弛的感觉。进行想象诱导训练时，感觉到自己的呼吸愈来愈深，愈来愈慢，然后想到太阳照着我，从头顶一直照射到身体的每一个部位，身体各部位感到很温暖而沉重，身上的温暖感觉缓慢地流动。此时自己的呼吸愈来愈深，全身感到十分松弛和平静。全身是那么舒适和松弛，此时心情也愈来愈宁静、安逸。

自我松弛是将肌肉的松弛与暗示诱导相结合所产生的作用，用以调节整个神经系统。自我松弛练习没有任何不良反应，可以在没有老师的指导下自己练习。对松弛与紧张的程度不要太认真，只要感觉自己的意识越来越安宁、身体轻松愉快就达到目的了。在整个练习过程中如果睡着了，也应顺其自然，这也是身体松弛后的最佳表现状态。通过上面这些简单的方法可以使焦虑症状得到缓解，顺利地度过产褥期单调、烦恼的生活。

产后恶露迟迟未干净怎么办

产后从阴道排出的分泌物叫作恶露。正常的恶露有血腥味，但无臭味，产后4～6周干净，总量为250～500毫升，个体之间差异较大。按恶露的性状可分为3种类型，产后最初几天的恶露称为血性恶露，恶露量比较多，颜色鲜红，含血液及坏死的蜕膜组织；3～5天后恶露变为淡红色，含少量血液，有较多的宫颈黏液、阴道排液、坏死的蜕膜及细菌，这种恶露称浆液恶露；产后约 2 周后变为白色恶露，呈白色或淡黄色，内含大量白细胞、坏死蜕膜细胞、表皮细胞、细菌及黏液等，约持续 3 周干净。这些变化是子宫复旧，出血量逐渐减少的结果。一般剖宫产比阴道分娩的产妇恶露持续时间要稍长些。

如果产后较长时间恶露仍为血性，或超过 8 周仍未净，首先要考虑子宫复旧不良。如果血性恶露时间较长，或量多如月经，要考虑胎盘或胎膜残留，随时有发生大出血的可能，应及时去医院诊治。如果恶露伴有恶臭味，色浑浊、污秽，子宫有压痛，体温略有升高，则要考虑发生产褥感染，如子宫内膜炎或子宫肌炎，也应立即去医院就诊，以免留下后遗症。

为什么会引起晚期产后出血

分娩 24 小时后，在产褥期间发生的子宫大量出血叫做晚期产后出血。出血大部分发生在产后 1 ~ 2 周，少数可至产后 6 周。阴道流血可为少量不规则，亦可表现为阴道突然大出血，产妇常因失血过多导致严重贫血或休克而就诊。发生了晚期产后出血，要考虑几个常见的原因。

(1)胎盘、胎膜残留多发生于产后 10 天左右，残留的胎盘组织发生变性、坏死，当坏死组织脱落时，暴露基底部血管，可引起大量出血。一旦确诊，应进行清宫术。

(2)蜕膜残留。正常蜕膜多在产后 1 周内脱落，并随恶露排出。若蜕膜剥离不全，影响子宫复旧，继发子宫内膜炎症，可引起晚期产后出血。

(3)子宫胎盘附着面感染或复旧不全。子宫胎盘附着面的子宫内膜修复不全或感染可引起出血，多发生在产后 2 周左右。

(4)剖宫产术后子宫切口愈合不良，或切口处有血肿导致缝合肠线溶解脱落后血窦重新开放。多发生在术后 2 ~ 3 周，出现大量阴道流血，甚至引起休克。

(5)产后子宫滋养细胞肿瘤、子宫黏膜下肌瘤等，均可引起晚期产后出血。

一旦发生晚期产后出血，尤其是出血量大的产妇，易发生贫血、休克，甚至危及生命，需及时就医，不要把出血当作月经来潮而忽视。

产后中暑如何急救

在夏季分娩的体质虚弱的产妇，如果产后经常处于湿热环境中，很可能发生体温调节中枢功能障碍而中暑。中暑是种急性热病。开始时，仅感口渴、恶心、全身乏力、头晕、胸闷、心慌、多汗和尿频。此时，若能立即宽衣解带，移至通风凉爽处，补充水和盐，情况可迅速改善。如不及时解救，则病情必然进一步恶化，体温可骤升高达40℃以上，产妇面色潮红，皮肤变干燥，有汗疹，出现呕吐、腹泻、谵妄、昏迷，随后面色转苍白，脉搏细速，血压下降，瞳孔缩小，终因虚脱而呼吸循环衰竭。即使抢救脱险，也可能由于中枢神经损伤而有严重后遗症。

一旦中暑，首先要迅速改变高温环境，降低体温，纠正水电解质紊乱、酸中毒和休克。立即将产妇移至低温通风的环境中，脱去过多的衣着，单用冷水或冷水加酒精擦浴全身，快速物理降温。按摩四肢使全身皮肤发红，血管扩张，身体盖上湿毛巾，颈部、腋窝、腹股沟部置冰袋，头戴冰帽，或用冰水灌肠。如患者有循环功能衰竭慎用物理降温，避免血管收缩加重循环衰竭。重视纠正脑水肿，可用甘露醇快速静滴。血压降低者，应静滴葡萄糖盐水1000～1500毫升，还可酌情静滴血浆、羧甲淀粉、低分子右旋糖酐、碳酸氢钠等液体，但应注意输液量（24小时控制在2000～3000毫升）和输液速度。对严重昏迷或物理降温后体温复升的患者，可采用冬眠疗法，但体温降至38℃时，应停止降温处理。同时，还应加强对症治疗和护理，可配合中医中药治疗。

产后发生急性乳腺炎怎么办

急性乳腺炎是乳腺的急性化脓性感染疾病，好发于哺乳期的产妇。因初产妇乳头较嫩，容易破裂，如果乳腺导管不畅通，乳汁淤积，在哺乳时又未将乳汁排空，就为细菌入侵创造了有利条件。急性乳腺炎在发病的早期有畏寒、发热等全身症状，乳腺肿胀、疼痛，皮肤表面微红。如果未能积极治疗，炎症会继续发展，表现为寒战、高热、乳房疼痛加剧、皮肤红肿，形成脓肿，使病程迁延难愈。

急性乳腺炎关键在于预防，要防止乳汁淤积和保持乳头清洁，避免乳头破裂。如已发生乳腺炎，可将乳房托起，局部冷敷。炎症明显者应暂停哺乳，做局部湿热敷或理疗，促使炎症局限化。还可请医师做封闭疗法，选用青霉素、红霉素类的抗生素给予抗感染治疗，局部可敷中药。如已形成脓肿，要请外科医师做切开引流，并暂停母乳喂养。

产褥感染怎么办

凡是在产前、产时或产后病原体侵入生殖器官，在产褥期引起局部或全身的炎症变化称为产褥感染。产褥感染的治疗主要是足量、有效的抗生素。

产褥感染的预防保健除了产科医务人员要正确处理分娩、严格无菌操作和正确缝合产道裂伤和会阴切口外，孕产妇应做到：①注意营养，增强体质。②注意产前卫生，产前1个月内禁房事。③必须注意产褥期卫生。

另外，还要注意两点：一是当有产褥期发热时，应鉴别有无生殖道以外的疾病：上呼吸道感染时会有咳嗽、咽痛等症状；泌尿道感染会有尿频、尿急、尿痛及肾区叩击痛；乳腺炎有乳房红、肿、痛、热，若脓肿形成则局部压之有波动感。二是暑天要防产褥中暑。产褥期体质虚弱，再受高湿环境影响，容易中暑。所以夏天，产妇一定要打破某些旧规陋俗，做到不着长衣裤及袜子，房间通风（或有空调），多饮汤液、饮料，多吃水果（西瓜最佳），以防中暑。若感口渴、多汗、恶心、头晕、乏力和胸闷等症状时，应及时告诉医护人员或到医院就诊。

产褥感染重在预防，产妇自身应加强孕期保健，孕晚期避免性交及盆浴，产褥期注意个人卫生，保持会阴清洁。如果治疗及时，大多数预后良好。若治疗不及时，身体抵抗力弱，则病情可以恶化。

产后腹痛如何护理

分娩后下腹疼痛剧烈，而且拒绝触按、按之有结块、恶露不肯下，此是瘀血阻在子宫引起；有的人疼痛发冷，得热则痛感减轻、恶露量少、色紫、有块，此是寒气入宫、气血阻塞所致。本病大多是淤和寒引起，但也有失血过多，子宫失于滋养而表现隐痛空空、恶露色淡的，此当以补养法治疗。

如果腹痛较重并伴见高热（39℃以上），恶露秽臭色暗的，不宜自疗，应速送医院诊治。饮食宜清淡，少吃生冷食物。山芋、黄豆、蚕豆、豌豆、零食、牛奶、白糖等容易引起胀气的食物，也以少食为宜。保持大便畅通，便质溏泄为宜。产妇不要卧床不动，应及早起床活动，并按照体力渐渐增加活动量。禁止性交。

腹痛时，忌滥服抗生素及索米痛片。一则无助于恢复子宫排出恶露瘀血，二则会通过乳汁给宝宝带来不良反应。产后忌失于保暖，以至寒气入子宫。

患者可用生姜30克，当归60克，肥羊肉120克，先将前2味水煎，过滤取汁，再用其药汁炖羊肉，每早空腹食之（用量酌定）。或用干姜粉1.5克，红糖25克，开水冲服，连服数次，具有温中散寒、活血化瘀的功效。也可用陈生姜250克，熟地500克，同炒为末，每服10克，温酒调下。生姜温经散寒，熟地黄滋阴养血，妇女产后因瘀血及失血过多而致腹痛者均可用之。

腹部每日按揉数次，轻重自己掌握，一则可以帮助胃肠消化排气，二则有利于子宫复旧，及时排清恶露。

产后身痛如何护理

产褥期（分娩后6～8周）出现肢体、腰膝、关节疼痛或全身酸痛，称为产后身痛或产后关节痛。主要原因为产褥期机体血脉空虚，气血运行不畅，稍有劳累或感受风寒外邪极易发病。本病特点是产后肢体酸痛麻木，局部无红肿灼热，当与风湿热鉴别。

产后痛甚时，宜卧床休息，保证充足睡眠。恢复期可下床活动，但应量力而行，以免损伤筋骨导致机体酸痛。居室应保持干燥，温度适宜，阳光充足，空气流通，但应避免直接吹风，以免风寒入侵，病情加重。应注意局部保暖，夏季勿要贪凉，不宜睡竹席、竹床，空调控温不宜过低。保持床铺及衣被的干燥、清洁。出汗多时，应勤用温水擦身，并及时更换衣被。提倡洗澡，但宜选用擦浴，再逐渐过渡到淋浴，且谨防着凉受寒。

产褥期因机体血脉空虚，气血运行不畅，稍微劳累或感受风寒外邪极易发病。腰痛、肢体关节酸痛麻木可谓常常见到。产后身痛多由血虚或外感风寒所导致，血虚者宜多食营养丰富的食品，如猪肝、羊肉、鸡、桂圆、大枣、赤小豆等。外感风寒者宜多食辛温散寒之品，如生姜、葱白、红糖及一些易消化的鱼、肉类。忌食生冷之物。

由于舒筋活络止痛药大多有燥热之性，忌随便取用或过量服用，以免产生口干、口气秽臭、大便干结、汗增多、口臭、呼气觉热等阴津受损、内热旺盛的不良反应，不利产后调养。

产后有子宫收缩痛怎么办

很多产妇在分娩后都能感觉到子宫收缩痛，这是正常的生理现象。因为产后膨大的子宫要逐渐收缩，回复到未孕时的大小。这一缩复过程是很快的，一般产后45天子宫就缩小到刚分娩完的1/20大。分娩后的子宫收缩痛比月经期的下腹坠胀痛通常更加强烈，但如果子宫收缩得越快越硬，产后出血就会越少。在给孩子哺乳时，因乳头的刺激也可能让人感到小腹肌肉在痉挛、疼痛。剖宫产产妇因为产后要使用催产素针，所以疼痛的感觉会比较强烈。如果是经产妇，产后疼痛通常会更显著。这是因为子宫的肌肉已被前一次妊娠拉伸过，所以不得不更加强烈地收缩，使子宫恢复到妊娠前的大小。

产后子宫收缩痛一般不用治疗，产后三四天通常就会消失。如果感觉疼痛较剧，可在小腹部用热敷，或服用一些中成药如产复康颗粒、益母草冲剂等。止痛药对产后子宫收缩痛并不很有效。

产后子宫收缩痛还要与一些病理性疾病导致的疼痛加以区别，比如并发子宫内膜炎、盆腔炎等产褥感染性疾病及子宫肌瘤、子宫后位等。

产后会阴胀痛应如何处理

造成会阴胀痛的原因很多，在处理之前应首先明确原因，然后根据不同的原因分别进行处理。分娩时如保护会阴不当或胎儿较大，会阴体较长、较紧，可造成会阴裂伤；做会阴切开缝合术也可使会阴部形成伤口，并可继发感染，先露部压迫会阴时间过久可造成会阴水肿，会阴伤口缝合时血管结扎不彻底所形成的会阴血肿等，都是导致会阴胀痛的常见原因。会阴胀痛可不同程度地影响产妇的饮食、休息以及全身的康复，故应及时处理。

如发现会阴血肿较大或逐渐增大时，应及时将血肿切开，取出血块，然后找出出血点，结扎止血，缝合血肿腔。会阴有伤口者，应加强会阴护理，保持会阴清洁，用 1∶1 000 新洁尔阴溶液或 1∶5 000 高锰酸钾液进行会阴擦洗，每天 2 次，并给消毒的会阴垫。如发现伤口感染时，应及时将缝线拆除，有脓肿者应切开排出脓液，并给予抗感染治疗。对会阴严重水肿者，可给 50%硫酸镁湿热敷，每天 2 次，每次 15 ~ 20 分钟，以促进水肿消失。总之，应针对造成会阴胀痛的不同原因，分别给以相应的处理，多可使会阴胀痛消失或明显减轻。

产后如何护理会阴伤口

初产妇分娩时一般都会有会阴裂伤，有时为了避免严重的会阴裂伤，需行会阴侧方切开术或正中切开术。在会阴伤口愈合以前会有些疼痛，如果会阴皮肤水肿、感染，疼痛感就会更强。伤口一般在产后 5 天左右拆线，虽然现在有条件的医院可能使用可吸收的缝线而不需要拆线，但在伤口愈合过程中，保持会阴伤口的清洁仍至关重要。由于会阴部增加了手术伤口，更应加强护理，以防感染。

在医院时，护理人员会每天用消毒剂冲洗会阴伤口，用红外线照射伤口，以促进愈合。使用冰袋和局部麻醉剂也可减轻疼痛感。产妇出院回家后要坚持淋浴而不要盆浴，沐浴后，用电吹风代替毛巾把伤口部位彻底吹干，或用吸水纸吸干，以免引起疼痛。在排尿时，酸性的尿液会流过会阴伤口并使皮肤刺痛，采取站立的姿势排尿可能会好一些；也可以在躺着排尿时用温水同时稀释尿液，减轻刺痛。平时要勤换会阴垫。在伤口愈合疼痛已消失后，可进行盆底肌肉的锻炼。要保持大便通畅，避免过分用力，最好采用坐式便器，以免蹲坑时间过长，造成伤口裂开。如大便干结难解，可服麻仁丸润肠通便。

如果是剖宫产，在医院时护理人员会给伤口消毒，一般产后 7 天伤口可拆线，如果没有感染，淋浴后可以不再包扎伤口。但一般在产后 6～8 周以内避免做腹部练习及抬重物；每天爬楼梯尽量不超过 1 次；下床及下蹲时小心下腹部，不要过度牵拉。

产后子宫复旧不全如何防治

在产妇分娩以后，膨大的子宫就要日渐回缩，约需 6 周的时间，方能恢复到接近妊娠前的大小；在这同时，子宫腔内由于胎盘剥离而形成的创伤面也在逐渐缩小，一般经过 6～8 周，创面便完全修复，子宫内膜也恢复到孕前的状态。子宫的这一复原过程，就叫作子宫复旧。如果由于某些原因，使得子宫复旧的能力受到阻碍，就会引起子宫复旧不全的病症。

影响子宫复旧能力的因素大体有以下几个方面：①胎盘或胎膜残留于子宫腔内。②子宫内膜脱落不全。③合并子宫内膜炎或盆腔内炎症。④子宫过度后屈，使恶露不容易排出。⑤合并子宫肌壁间肌瘤。⑥排尿不利，膀胱过度充盈，致使子宫不能下降至盆腔。此外，产妇年龄较大、健康情况差、分娩次数多或多胎妊娠者，也往往会影响子宫的复旧能力。

子宫复旧不全的主要表现是血性恶露明显增多，持续时间延长，可能长达 10 天左右（正常情况为 3～4 天），恶露混浊或有臭味，有时可能发生大量出血。血色恶露停止后，白带（也称白恶露）增多，产妇有时感到小腹坠胀或疼痛。子宫较同时期正常产妇的大而软，位置大多数后倾，有轻度压痛，宫颈口松弛。

为了预防子宫复旧不全的发生，一般要在产后注意以下几点：①产后应及时排尿，不使膀胱过胀或经常处于膨胀状态，以免影响子宫复旧。②产后

6～8 小时，疲劳消除后可以坐起来，第二天就应下床活动，以利于身体生理功能和体力的恢复，有利于子宫复旧和恶露排出。③产褥期应避免长期卧位，如果子宫已经向后倾，应做膝胸卧位来纠正。④产后应该哺乳，因为宝宝的吮吸刺激，会反射性地引起子宫收缩，从而促进子宫复旧。⑤要注意卫生，以免引起生殖道炎症。

产后盆腔静脉曲张如何防治

盆腔静脉曲张，是指盆腔内长期瘀血、血管壁弹性消失、血流不畅、静脉怒张弯曲的一种病变。本病好发于产妇和体质较弱的妇女。

(1) 产后注意卧床休息，经常变换体位，最好多采取侧卧位。在可能的情况下，卧床可采取头低脚高位。避免长时间的下蹲、站立和坐。

(2) 保持大便通畅，若有便秘发生，应早、晚服蜂蜜一匙，多吃新鲜蔬菜、水果。

(3) 经医师确诊为盆腔瘀血者，可按摩下腹部。用手掌在下腹部做正反方向圆形按摩，并同时在尾骶部进行上下来回按摩，1 日 2 次，每次 10～15 遍。

(4) 用活血化瘀、芳香理气药热熨，可选川芎、乳香、广木香、小茴香、路路通、红花等各 15 克，炒热盛布袋中，熨下腹部、腰脊和尾骶周围。

(5) 缩肛运动，将肛门向上收缩，如大便后收缩肛门一样，每天做 5～6 次，每次收缩 10～20 下。

(6) 平卧床上，两脚踏床，紧靠臀部，两手臂平放在身体的两侧，然后腰部用力，将臀部抬高、放下，每天做 2 次，每次 20 遍左右，以后可逐渐增加。

(7) 手扶桌边或床边，两足并拢做下蹲、起立，每天 2 次，每次 5～10 遍。

(8) 如果症状较严重者，除进行以上锻炼外，还可采用膝胸卧位。即胸部紧贴床，臀部抬高，大腿必须与小腿呈直角，每天 2 次，每次 15 分钟左右，这种位置可使症状很快缓解。

产后子宫脱垂如何防治

子宫脱垂与孕期、分娩和产后调养有着密切关系，因此应当做好孕期保健，分娩时与医师密切配合，产褥期中制定好防治子宫脱垂的有关措施。

(1) 产后下床劳动不可过早，避免过度体力劳动，尤其不可做上举劳作。但并不要求绝对卧床休息。

(2) 保持大便通畅。如有便秘，可服麻仁丸 10 克，每日 2 次；或早、晚各服蜂蜜 1 匙，以润肠通便。绝对禁止努力解大便。

(3) 注意保暖防寒，防止感冒咳嗽。患有慢性咳嗽者，应积极治疗。

(4) 加强盆底肌和提肛肌的收缩运动。如抬臀运动，让产妇仰卧屈腿，有节律地抬高臀部，使臀部离开床面，然后放下，每日 2 次，每次连做 10 ~ 15 下。这样能使盆底肌、提肛肌逐渐恢复其紧张度，凡产褥期体操均可采用。

(5) 若已发生子宫脱垂，应绝对卧床休息，可多食补气升阳益血的药膳，如人参粥、参芪粥、人参山药乌鸡汤、人参肘子汤、黄芪羊肉汤等。

治疗子宫脱垂，包括非手术疗法和手术疗法 2 种。非手术疗法中有子宫托、针灸、水针注射和中药治疗。中医学认为，子宫脱垂是由于产后气血不足、中气虚弱、气虚下陷所致，治法以补气升提为主，常用补中益气汤（丸）加减治疗。子宫托治疗子宫脱垂，既简单方便，又经济有效。子宫托的类型很多，目前我国常用的子宫托为塑料制的喇叭花形和环形 2 种。子宫托分大、中、小号 3 种，使用前应到医院检查，医师会根据妇女阴道的宽窄和松紧度，试配大小合适的型号，以放置后既不脱出、又无不适感为宜。

产后外阴炎症如何防治

外阴部在生理解剖上有其特殊的地位，它的前面是尿道，后面是肛门，中间是阴道，局部皮肤常被尿液、阴道分泌物浸润，容易污染，产后分泌恶露，月经纸垫与外阴摩擦，易使局部皮肤发红、发热、肿胀，加之产后抵抗力低下，常因局部皮肤损伤和产后调养失宜，引起细菌感染而发炎。

(1) 产后经常保持外阴皮肤清洁，大小便后用纸擦净，应由前向后擦，大便后最好用水冲洗外阴。

(2) 恶露未净应勤换月经纸和月经带，勤换内裤，若局部有创伤、破损，可用金霉素油膏（或眼膏）、红霉素油膏涂搽局部。

(3) 如果发现外阴部有红色小点凸起，可在局部涂些 2%碘附。注意只能涂在凸起的部位，不要涂到旁边的皮肤。少数人对碘酒过敏，不能涂搽。假如为脓点，可用消毒针头挑破，用消毒棉签擦去脓液，再涂上抗生素油膏。

(4) 如果外阴部出现红、肿、热、痛的症状，局部可用热敷。最好用蒲公英 50 克，野菊花 50 克，黄柏 30 克，大黄 10 克，水煎，洗涤外阴，或坐盆 15 分钟。口服磺胺、四环素、螺旋霉素等治疗。

(5) 如果局部化脓，除上述处理外，可用蒲公英 30 克，大黄 15 克，煅石膏 30 克，熬水，坐浴，有收敛、杀菌、解毒的作用。

(6) 如果患慢性外阴炎，局部皮肤瘙痒，绝不可因痒用热水烫洗，热烫虽能暂时止痒，但因反复烫洗，而使局部皮肤受到损伤，过后愈来愈痒。可用 1：5 000 的高锰酸钾溶液坐浴，或用中药黄柏 50 克，土茯苓 30 克，地肤子 30 克，花椒 10 克，水煎，坐浴，坐浴后可用 0.025%地塞米松冷霜涂搽局部。

(7) 患外阴炎后应忌食辛辣厚味、醪糟等刺激性食物，宜吃清淡食物。

产后如何防颈背酸痛

一些产妇在给小孩喂奶后，常感到颈背有些酸痛，随着喂奶时间的延长，症状愈加明显，此谓哺乳性颈背酸痛症。发生的原因如下。

(1) **产妇不良的姿势**：一般乳母在给小孩喂奶时，都喜欢低头看着小孩吮奶，由于每次喂奶的时间较长，且每天数次。长期如此，就容易使颈背部的肌肉紧张而疲劳，产生酸痛不适感；此外，为了夜间能照顾好小儿，或为哺乳时方便，习惯固定一个姿势睡觉，造成颈椎侧弯，引起单侧的颈背肌肉紧张，导致颈背酸痛的产生。

（2）**女性生理因素与职业的影响**：由于女性颈部的肌肉、韧带张力与男性相比显得相对较弱，尤其是那些在产前长期从事低头伏案工作的女性（会计、打字、编辑、缝纫），如果营养不足，休息不佳，加上平时身体素质较差。在哺乳时就更容易引起颈、背、肩的肌肉、韧带、结缔组织劳损而引发疼痛或酸胀不适。

（3）**自身疾病的影响**：一些乳母由于乳头内陷，宝宝吮奶时常含不住乳头。这就迫使做母亲的要低头照看和随时调整宝宝的头部，加之哺乳时间较长，容易使颈背部肌肉出现劳损而感到疼痛或不适。此外，患有某些疾病如颈椎病等，也会加剧神经受累的程度，导致颈背酸痛，以及肩、臂、手指的酸胀麻木，甚至还会出现头晕、心悸、恶心、呕吐、四肢无力等。

（4）**预防措施**：及时纠正自己不良姿势和习惯，避免长时间低头哺乳；在给小孩喂奶的过程中，可以间断性地做头往后仰，向左右转动的动作；夜间不要习惯于单侧睡觉和哺乳，以减少颈背肌肉、韧带的紧张与疲劳；平时注意适当的锻炼或活动。另外，要防止乳头内陷、颈椎病等疾患，消除诱因。最后，要注意颈背部的保暖，夏天避免电风扇直接吹头部；同时要加强营养，必要时可进行自我按摩，以改善颈背部血液循环。

产后如何防腰腿痛

此病是因骶髂韧带劳损或骶髂关节损伤所致。

（1）**主要原因**：①产后休息不当，过早的持久站立和端坐，致使产妇妊娠时所松弛了的骶髂韧带不能恢复，造成劳损。②产妇分娩过程中引起骨盆各种韧带损伤，再加上产后过早劳动和负重，增加了骶髂关节的损伤机会，引起关节囊周围组织粘连，障碍了骶髂关节的正常运动所致。③产后起居不慎，闪挫腰以及腰骶部先天性疾病，如隐性椎弓裂、骶椎裂、腰椎骶裂等也能诱发腰腿痛，产后更剧。

（2）**临床表现**：多以腰、臀和腰骶部疼痛日夜缠绵为主，部分患者伴有一侧腿痛。疼痛部位多在下肢内侧或外侧；有的可伴有双下肢沉重、酸软等症。

（3）**预防措施**：妇女产后要注意休息和增加营养，不要过早持久站立和端坐，更不要劳动和负重。避风寒，慎起居，每天坚持做产后操，能有效地预防产后腰腿痛。

产后如何防骨盆疼痛

骨盆疼痛的原因是产妇分娩时产程过长，胎儿过大，产妇用力不当，姿势不正以及腰骶部受寒等，或者当骨盆某个关节有异常病变，均可造成耻骨联合分离或骶髂关节错位而发生疼痛。一般说来，此病过一段时间（几个月甚至1年左右），疼痛会自然缓解。如果长期不愈可采用推拿方法治疗。并可服消炎止痛药，既可减轻疼痛，又可促进局部炎症吸收。本病的预防方法：

（1）患有关节结核、风湿症、骨软化症的妇女应在怀孕前治愈这些疾病，然后再考虑妊娠。

（2）怀孕后，多休息，少活动，但不能绝对静止不动，要适当而不要做过分剧烈的劳动或体育锻炼，如做一些伸屈大腿的练习，尽量避免腰部、臀部大幅度地运动或急剧的动作。

（3）产后避免过早下床或在床上扭动腰、臀部。

（4）孕妇分娩后，体内激素发生变化，结果会导致关节囊及其附近的韧带出现张力下降，引起关节松弛。此时若过多从事家务劳动，或过多抱孩子，接触冷水，就会使关节、肌腱、韧带负担过重，引起手关节痛，且经久不愈。防止手关节痛的方法是：产妇在产褥期要注意休息，不要过多做家务，要减少手指和手腕的负担，少抱宝宝，避免过早接触冷水。

产后如何防耻骨分离症

当妇女在怀孕期，尤其是在将分娩前，由于内分泌因素的影响，使骶髂关节和耻骨联合软骨及韧带变松软。在分娩时耻骨联合及两侧骶髂关节均出现轻度分离，使骨盆发生短暂性扩大，有利于胎儿的娩出。产妇大都在分娩后黄体酮分泌恢复正常，松弛的韧带及软骨也随之恢复正常。可在0.05%~0.1%的产妇中，因内分泌（黄体酮）分泌过多，致使韧带过度松弛，产时两侧骶髂关节及耻骨联合易发生分离。产程过长，胎儿过大，产时用力不当或姿势不正，以及腰骶部受寒等多种因素，造成产时或产后骨盆收缩力平衡失调，有可能使骶髂关节软骨面发生错位。因骶髂关节的关节面粗糙，在形态上变化较多，易发生关节细微错位。由于上述因素，造成产后骶髂关节错位，致使耻骨联合面不能恢复到正常位置，经过一段时间未能自行回复，症状加剧者，就形成了产后耻骨联合分离症。

产后手脚麻木、疼痛怎么办

(1) 因受凉引起者，可局部热敷、理疗（超短波、光疗、离子透入等）或加用维生素E、维生素B_{12}等。亦可用吲哚美辛25毫克，1日3次；保泰松0.1克，1日3欢；布洛芬0.2克，1日3次。以上任选一种。可用泼尼松25毫克加1%普鲁卡因行痛点封闭，1周1次，3次为1个疗程。必要时亦可按压穴位治疗，手臂麻木者取肩穴（位于锁骨上凹内1/3与2/3交界处向上一寸）按压，手法应由轻到重，病人有电麻传导感，并向手指尖放射为有效；脚腿麻木者，可取足三里、三阴交穴，每穴按压3～5分钟。另外，也可服用中成药，加舒筋活血丸、虎骨酒、鸡血藤浸膏片等，随症加减。

(2) 因机体钙质缺乏所致大腿抽筋及手脚麻木疼痛者，可适当补充钙剂，如钙片0.5～1.0克，一日2次，同时服鱼肝油丸1～2丸，一日2次。饮食中应多吃鱼、肝、瘦肉、木耳、蘑菇等含钙多的食物。

产后发生尿潴留怎么办

正常情况下，产妇于分娩后4～6小时内应当排一次小便，有些分娩不顺利的产妇，往往出现排尿困难，如排不出尿或尿不干净尿。这是因为：①分娩过程中，胎儿先露较长时间的压迫膀胱，膀胱黏膜水肿，张力下降，收缩力差。②会阴伤口产生疼痛，对排尿有恐惧心理，尿道反射性痉挛，因此排尿困难。③腹壁松弛，张力下降，排尿无力。④有的人不习惯躺着排尿。因此很容易发生尿潴留或尿不彻底，留有残余之尿，产后抵抗力差，细菌容易乘虚而入，发生泌尿系感染。

出现这种情况产妇会很痛苦，也容易出现泌尿系统感染，可以尝试以下方法协助排尿。

(1) 产后多饮水，使尿量增多，产妇尽早自解小便，小便时争取半蹲半立的姿势

(2) 用热水熏洗外阴或用温开水冲洗尿道周围或让产妇听流水声，以诱导排尿。

(3) 在下腹正中放置热水袋以刺激膀胱收缩。

(4) 针灸治疗，可采用强刺激法刺激关元、气海、三阴交及阴陵泉穴。

(5) 药物治疗，肌内注射新斯的明可帮助膀胱肌肉收缩。

(6) 如上述疗法均无效时，应在严密消毒情况下导尿，采取定期开放的方法，同时口服抗生素预防感染，1~2天后拔除尿管。通常经过上述处理，产妇多能自行恢复排尿功能。即使排尿后仍需注意防止膀胱内有残余尿。检查的方法为产妇排尿后在耻骨上方用力压小腹部，体会一下是否还有尿意。如果仍有尿意，说明有残余尿，需用上述方法治疗一个阶段，直到恢复正常排尿为止。

产后便秘怎么办

产妇分娩后最初几天，往往发生便秘，有时3~5天不解大便，或者大便困难，引起腹胀、食欲不振，严重者还会导致脱肛、痔疮、子宫下垂等疾病。

(1) **引起产后大便困难的常见原因**：①由于妊娠晚期子宫长大，腹直肌和盆底肌被膨胀的子宫胀松，甚至部分肌纤维断裂，产后腹肌和盆底肌肉松弛，收缩无力，腹压减弱，加之产妇体质虚弱，不能依靠腹压来协助排便，解大便自然发生困难。②产妇在产后几天内多因卧床休息，活动减少，影响肠子蠕动，不易排便。③产妇在产后几天内的饮食单调，往往缺乏纤维素食物，尤其缺少粗纤维的含量，这就减少了对消化道的刺激作用，也使肠蠕动减弱，影响排便。

(2) **产后便秘的对策**：一是产妇应适当地活动，不能长时间卧床。产后

头两天应勤翻身，吃饭时应坐起来，两天后应下床活动。二是在饮食上，要多喝汤、多饮水，每日进餐应适当配一定比例的杂粮，做到粗细粮搭配，力求主食多样化。在吃肉、蛋食物的同时，还要吃一些含纤维素多的新鲜蔬菜和水果。三是平时应保持精神愉快，心情舒畅，避免不良的精神刺激，因为不良情绪可使胃酸分泌量下降，肠胃蠕动减慢。四是用黑芝麻、核桃仁、蜂蜜各 60 克。方法：先将芝麻、核桃仁捣碎，磨成糊，煮熟后冲入蜂蜜，分 2 次 1 日服完，能润滑肠道，通利大便。也可用中药番泻叶 6 克，加红糖适量，开水浸泡代茶频饮。用上述方法效果不明显者，可服用养血润燥通便的"四物五仁汤"：当归、熟地黄各 15 克，白芍 10 克，川芎 5 克，桃仁、杏仁、火麻仁、郁李仁、瓜蒌仁各 10 克，水煎，2 次分服。

怎样预防产后肛裂

肛裂是一种很常见的疾病，而分娩后的妇女尤为多见。产妇容易发生肛裂的原因，除了因分娩时阴道扩张、撕裂累及肛门所致外，更主要是由于便秘所伤。调查表明，产后便秘者达 76.4%，而肛裂者中 70.6% 有便秘。

肛裂主要症状是便后疼痛，严重者便后疼痛持续可达数小时之久，因而使患者惧怕大便，结果粪便停留肠腔内时间更久、更干燥，下次排便痛，形成恶性循环，苦不堪言。

有的产妇喜吃羊肉、狗肉、姜汤等热性和辛辣食物，长时间不吃或很少吃蔬菜、水果，加上产妇卧床休息，活动量减少，肠蠕动减慢，以致大便在肠道内停留时间过久，水分被吸收而过于干燥、硬结，排便就困难。再者，产后腹肌松弛，盆腔压力突然降低，直肠弛缓也易使大便潴留，从而发生便秘。一旦出现便秘，若强行排解，即很容易造成肛裂。

产后尽早起床活动。自然分娩者产后 1～2 天可起床活动，初起床时可先进行轻微的活动，如抬腿、仰卧起坐、缩肛等，这对增强腹直肌能力、锻炼骨盆肌肉、帮助排便、恢复健康很有益处。产妇食谱中除营养丰富的荤食外，应适当多吃些新鲜蔬菜、水果等，以增加大便容量；少吃或不吃热性、辛辣食物，多吃鱼汤、猪蹄汤，帮助润滑肠道和补充足够的水分，以防便秘。

便秘的治疗方法很多：①液状石蜡 30 毫升，一次服，早晨服后，下午可排便。②酚酞 100 毫克，服后 6 ~ 8 小时可排便。③开塞露 1 支，插入肛门将药物挤入直肠，10 ~ 20 分钟即可排便。总之，防止产后便秘，是预防产后肛裂的关键所在。一旦发生便秘，应及时治疗，切忌强行排便。

如何预防产后心力衰竭

患有心脏病的妇女，当然在怀孕和分娩时会发生心力衰竭，要注意预防。除此之外，在产后的 6 ~ 8 天内，尤其是产后 1 ~ 3 天，仍存有发生心力衰竭的危险，还必须做好预防工作。这里提出几点预防产后发生心力衰竭的注意事项：

(1) **产妇一定要好好休息。**最好请别人带孩子，以保证充足睡眠，避免劳累。可以每天在床上活动下肢，以助心脏活动，5 ~ 7 天后再下地活动，下地活动也要循序渐进，先小活动，后大活动，根据身体状况来实行。

(2) 不要情绪激动。家中其他人不要惹产妇生气。

(3) 饮食仍要限制盐量，最好食用低钠盐。多食容易消化的食物，不可吃太油腻的食品，以防增加消化负担。一次不要吃得过饱，特别是晚餐不要吃得过饱，最好少食多餐。

(4) 要防止感染，垫会阴用的棉花、纸应消毒，要经常更换，保持干爽。

(5) 心脏功能很差的产妇不宜哺乳，可采取人工喂养。

(6) 产褥期内不能性交。

(7) 掌握好做绝育手术的时间。做绝育手术一般在产后 1 周左右进行输卵管结扎手术，如果产妇心脏不好，有心力衰竭者，要在心力衰竭控制后才能做绝育手术。

七、女性乳房保健及哺乳卫生

女性乳房有何特点

乳房是哺乳动物所具有的，成年女性的乳房是人体最大的皮肤腺。乳房除有泌乳功能外，还是一个性欲发生区。故现代人对乳房的要求是既要有外在的美，又要有其良好功能。

乳房的形态可因种族、遗传、年龄、哺乳等因素而差异较大。我国成年女性的乳房一般呈半球型或圆锥形，两侧基本对称，哺乳后有一定程度的下垂或略呈扁平。老年妇女的乳房常萎缩下垂且较松软。乳房的中心部位是乳头。正常乳头呈筒状或圆锥状，两侧对称，表面呈粉红色或棕色。乳头直径为 0.8 ~ 1.5 厘米，其上有许多小窝，为输乳管开口。乳头周围皮肤色素沉着较深的环形区是乳晕。乳晕的直径 3 ~ 4 厘米，色泽各异，青春期呈玫瑰红色，妊娠期、哺乳期色素沉着加深，呈深褐色。乳房的皮肤在腺体周围较厚，在乳头、乳晕处较薄。有时可透过皮肤看到皮下浅静脉。

乳房位于两侧胸部胸大肌的前方，其位置亦与年龄、体型及乳房发育程度有关。成年女性的乳房一般位于胸前的第 2 ~ 6 肋骨之间，内缘近胸骨旁，外缘达腋前线，乳房肥大时可达腋中线。乳房外上极狭长的部分形成乳房腋尾部伸向腋窝。青年女性乳头一般位于第 4 肋间或第 5 肋间水平、锁骨中线外 1 厘米；中年女性乳头位于第 6 肋间水平、锁骨中线外 1 ~ 2 厘米。

由于乳房的形态和位置存在着较大的个体差异，女性乳房的发育还受年龄及各种不同生理时期等因素的影响。因此，应避免将属于正常范围的乳房形态及位置看作是病态，从而产生不必要的思想负担。

正常乳房的外形是怎样的

正常乳房位于胸前两侧，其外形在成年女性因有发育增大的腺体，乳房呈半球形，或为轻度下垂的半锥形。其上缘起自第2肋骨，下达第5肋骨水平，外侧缘至腋前线，其外上方向腋部伸延，呈一尖形突出，称为乳房"尾部"。乳腺后面与胸大肌筋膜之间的疏松结缔组织连接，使其得以相对固定但又能移动。

在乳房的中央部，有一色素较深呈棕色的突起，即乳头，乳头表面皮肤粗糙，呈颗粒状，内有15～20个乳腺导管开口，乳头周围有一圈与乳头颜色相同的棕色皮肤，称为乳晕。乳晕皮肤较薄，但表现有皮脂腺开口，内有皮脂腺、汗腺和丰富的淋巴结构。妊娠后，乳晕区范围扩大，色泽加深。

乳房的大小，随人种、年龄、发育、营养、体型、胖瘦等因素有所不同。西方人的乳房比较大，发育好的比发育差的大，胖人皮下脂肪多乳房也比瘦人大。成年女性的乳房两侧大小基本相等，并对称或偶见略有大小差异的。曾有哺乳史的乳房多数有些下垂，左右大小略有不同，常见左侧比右侧大，这与哺乳习惯有关。绝经后和老年女性的乳房常萎缩、松软和下垂。如果两侧乳房的大小相差较大，要想到是否是巨乳症或乳房肉瘤。巨乳症可发生于单侧，也可发生于双侧。如果乳房内触及肿瘤，要仔细辨认和进一步检查。少数女性的一侧或两侧腋前处，可见有细小的乳头样突起，或伴有浅淡的色素，这为副乳。个别副乳可隆起，其内可扪及腺体样组织。

乳房有何生理功能

(1) **哺乳**：哺乳是乳房最基本的生理功能。乳房是哺乳动物所特有的哺育后代的器官，乳腺的发育、成熟，均是为哺乳活动做准备。在产后大量激素的作用及小婴儿的吸吮刺激下，乳房开始规律地产生并排出乳汁，供小婴儿成长发育之需。

(2) **第二性征**：乳房是女性第二性征的重要标志。一般说来，乳房在月经初潮之前 2 ～ 3 年即已开始发育，也就是说在 10 岁左右就已经开始生长，是最早出现的第二性征，是女孩青春期开始的标志。拥有一对丰满、对称而外形漂亮的乳房也是女子健美的标志。不少女性因为对自己乳房各种各样的不满意而寻求做整形手术或佩带假体，特别是那些由于乳腺癌手术而不得不切除掉患侧乳房者。这正是因为每一位女性都希望能够拥有完整而漂亮的乳房，以展示自己女性的魅力。因此，可以说乳房是女性形体美的一个重要组成部分。

(3) **参与性活动**：在性活动中，乳房是女性除生殖器以外最敏感的器官。在触摸、爱抚、亲吻等性刺激时，乳房的反应可表现为乳头劲起，乳房表面静脉充血，乳房胀满、增大等。随着性刺激的加大，这种反应也会加强，至性高潮来临时，这些变化达到顶点，消退期则逐渐恢复正常。因此，可以说乳房在整个性活动中占有重要地位。对于那些新婚夫妇及那些性生活不和谐者尤其重要的是，了解乳房在性生活中的重要性，会帮助您获得完美、和谐的性生活。无论是在性欲唤起阶段还是在性兴奋已来临之时，轻柔地抚弄、亲吻乳房均可以刺激性欲，使性兴奋感不断增强，直至达到高潮。

性冷淡诱发乳房疾患吗

性冷淡又称"性抑制""性欲缺乏"，不少已婚女子都存在着不同程度的性冷淡。性冷淡妨碍妇女自身健康，可诱发许多乳房疾病。

(1) **乳房胀痛**：妇女进入性兴奋时，乳房充血增大，达到性高潮时，乳房比平时增大 1/4；得到性满足后，乳房充血消退恢复原状。这一过程一般为 15 ～ 30 分钟。有正常性生活的妇女，乳房有充血、肿胀及消退的周期性变化，有利于促进乳房内部的血液循环。性冷淡妇女性欲长期得不到满足，乳房的充血肿胀不充分而易导致乳房胀痛。

(2) **促进小叶增生**：乳腺小叶增生又称乳腺增生病，是妇女最常见的乳房疾病，约占全部乳房疾病的 60%，多见于 35 ～ 45 岁，有少数患者可转变为乳腺癌。研究发现，性冷淡或性生活不和谐是乳腺小叶增生的重要诱发因素。不良精神刺激导致的郁郁寡欢、孤独焦虑则是乳腺小叶增生的"催化剂"。

性冷淡心理长期处于抑制状态，导致内分泌失调并缺乏调节，久而久之就容易患乳腺小叶增生。

（3）诱发乳腺癌：有资料表明，在乳腺癌患者当中，高龄未婚、性功能低下、丧偶女性的比例明显高于其他人群。这就提示，无正常性生活及性冷淡的妇女患乳腺癌的危险性大大增加。而长期精神压抑的妇女易出现性冷淡，这些人容易诱发乳腺癌。

乳房为什么会分泌乳汁

人类的乳房实际上是一个大的内分泌腺，这个腺体平时是不分泌乳汁的。从未生育过的女子，其乳腺处在非活动的状态下，如果用负压抽吸这个乳房，有时也有若干液体流出，但它和真正的泌乳不同，仅仅是一些组织液而已。人的乳房内有18个分叶和一组乳腺管系统，它们被脂肪和结缔组织所包围。乳房的大小主要与乳房中脂肪含量多少有关，所以乳房大小并不代表与泌乳能力的大小。有的女子乳房小而较平，却具有很强的泌乳能力；乳房的形态与种族不同有关，但并不影响乳汁分泌。

女子到青春期时，由于内分泌系统的发育成熟，开始出现月经，乳房、乳头会明显地增大，脂肪和结缔组织增加。在怀孕期，孕妇乳房的腺体、腺管极快的增加，分枝增多，乳头的长度和外突度增加。这种改变，是受孕期激素的影响，主要是雌激素、黄体酮、催乳素等的影响，在孕期最后3个月，有的女子已有初乳分泌。分娩后，胎盘排出，雌激素分泌急剧减少，而催乳素分泌增多，加上婴儿吸吮奶头的刺激，乳汁即源源不断地产生，供新生儿吸食。乳房泌乳量受母亲心理因素的影响。一些乳母听到孩子的声音，嗅到孩子的气味或见到孩子，瞬间乳房皮肤温度升高，乳头勃起，乳胀等现象，甚至出现射乳，这叫泌乳反射。但有的乳母受了不良心理因素影响，对给孩子喂奶惶恐不安，泌乳反射可以受到抑制，或出现不泌乳的结果。

理想乳房的保养原则是什么

乳房一直被人们认为是女性特有的美的象征，因此女性常常追求有一对理想的乳房。

（1）理想的乳房：①丰满、匀称、柔韧而富有弹性。②乳房位置在第 2 ～ 6 肋间，乳头于第 4 肋骨。③两乳头间的间隔大于 20 厘米，乳房基底面直径为 10 ～ 20 厘米，乳轴（从基底面到乳头高度）为 5 ～ 6 厘米，左右乳大小基本一样。④形状挺拔，呈半球形。

（2）保护乳房正常发育：①保持挺胸收腹的良好姿势。②多食富有蛋白质的食物。③适当食用含脂食物和碳水化合物，使皮下脂肪丰满。④月经要保持正常。⑤心情愉快，精神饱满，睡眠充足。⑥保护乳房，以免损伤，并防止乳头皲裂，乳晕炎以及乳房感染。⑦不能束胸或穿紧身衣，合理使用胸罩。⑧如两侧大小不一时，睡眠时多侧向较小的一边，但不宜长期如此，否则会引起肌肉紧张疼痛。对过小的一侧进行按摩，在睡前按摩 5 ～ 10 分钟。

（3）乳房过大或平坦：①直推乳房。用右手掌面在左侧乳房上的锁骨下方着力，均匀柔和地向下直推至乳房根部，再向上沿原路线推回 20 ～ 50 次后，换左手按摩右乳房。②侧推乳房。用左手掌根和掌面向胸正中着力，横向推按右侧乳房直至腋下，返回时五指指面连同乳房组织回带，反复推 20 ～ 50 次后，换右手按摩左乳房。③托推乳房。右手托扶右侧乳房的底部，左手放右乳上部与右手相对，两手相向乳头按摩 20 ～ 50 次。若乳头下陷，可在按摩同时用手指将乳头向外牵拉数次。

依此法坚持连续按摩 3 个月效果较明显。

如何正确选用胸罩

胸罩的大小可以参考如下三个尺寸：一是乳房基底部位的胸围（乳下线），二是乳头顶端的胸围（乳上线），三是两个乳头之间的最短距离（乳头间距）。如果胸罩能够同时符合你身体的这三个尺寸，就非常合身了。由于乳房和胸廓还在继续发育，最好选用那种可调胸围的胸罩。

选用合适的胸罩包括以下几个方面：首先要根据本人的身体和体型以及乳房的大小，选用松紧度和大小适中的，戴起来既不会太紧又不会太松的胸罩。因为太松或太大的胸罩起不了依托固定乳房的作用。有些妇女乳房体积较小，怕戴上胸罩后会影响乳房的发育，所以选用很松的胸罩甚至不肯戴胸罩，这样就使乳房失去依托，易引起下垂甚至变形。更有些少女怕别人说她乳房太小而缺乏女人的魅力，盲目地戴上大号的胸罩代替乳房，以达到遮盖乳房小的目的。如此实质上乳房只是非常松弛地藏于胸罩内，同样是没有起到依托固定的作用。因此，太松太大的胸罩是不能对女性乳房起到生理保健作用的。那么，胸罩太小、太紧又怎么样呢？胸罩太小、太紧使乳房明显受压迫，影响乳房的局部血液循环，使乳房及其周围组织器官的生长发育发生障碍，出现扁平胸，甚至会使乳头凹陷，造成污垢积聚，引起非哺乳期乳腺炎，所以要善于选用外形与自己乳房形状相似的胸罩。目前全世界多流行外凸型和锥状型两种胸罩，这两种型的胸罩多与乳房形态相似。平坦型的胸罩由于戴上后，向后直接压迫乳晕，容易引起乳头凹陷，而且失去了女性特有的曲线美，所以最好不要选用。另外要注意选用质地软、吸汗性能好、不易引起皮肤过敏，而又易于清洗、易干的胸罩。

如何清洗乳房

现代医学认为，乳房上有皮脂腺及大汗腺，乳房皮肤表面的油脂就是乳晕下的皮脂腺分泌的。妇女在怀孕期间，皮脂腺的分泌增加，乳晕上的汗腺也随之肥大，乳头变得柔软，而汗腺与皮脂腺分泌物的增加也使皮肤表面酸化，导致角质层被软化。此时，如果总是用香皂类的清洁物品从乳头上及乳晕上洗去这些分泌物，对妇女的乳房保健是不利的。

经常使用香皂类的清洁物品，会通过机械与化学作用洗去皮肤表面的角化层细胞，促使细胞分裂增生。如果经常不断去除这些角化层细胞，就会损坏皮肤表面的保护层，使表皮质肿胀，这种肿胀就是由于乳房局部过分干燥、黏结及细胞脱落引起的。若每晚重复使用香皂等清洁物品，则易碱化乳房局部皮肤，而乳房局部皮肤要重新覆盖上保护层，并要恢复其酸化环境，则需要花费一定时间。香皂在不断地使皮肤表面碱化的同时，还促进皮肤上碱性菌丛增生，更使得乳房局部酸化变得困难。此外，用香皂清洗，还洗去了保护乳房局部皮肤润滑的物质——油脂。

如果哺乳期妇女经常用香皂擦洗乳房，不仅对乳房保健毫无益处，相反还会因乳房局部防御能力下降，乳头干裂，招致病菌的感染。加之婴儿频繁的吸吮机械刺激，很容易诱发乳腺炎及其他乳房疾病。因此，要想充分保持哺乳期乳房局部的卫生，让婴儿有足够的母乳喂养，最好还是选择温开水清洗，尽量不用香皂，更不要用酒精之类的化学刺激物。要想充分保持乳房局部的卫生，最好还是选择温开水清洗。

乳房过小怎么办

一些乳房过小的妇女，如果是疾病引起的，应当首先治疗疾病。对于单纯发育不良的，可以通过药物、饮食、按摩、锻炼、丰乳整形手术等矫治。

(1) 增加营养：锌元素可促进人体生长和乳房发育，而且是性征及性功能的催化剂。故青年女子多吃含锌的肉及核桃仁等食品，可使乳房丰满。

(2) 加强锻炼：运动员和舞蹈演员，由于经常舒胸展臂，胸肌得到锻炼，乳腺导管也得以充盈，故乳房丰满健美。乳房小的姑娘如能做丰胸体操、跳迪斯科，乳房会逐渐丰满。

(3) 保健按摩：①直推乳房。先用右手掌面在左侧乳房上部，即锁骨下方着力，均匀柔和地向下直推至乳房根部，再向上沿原路线推回，做20～50次后，换左手按摩右乳房20～50次。②侧推乳房。用左手掌根和掌面自胸正中部着力，横向推按右侧乳房直至腋下，返回时用五指指面将乳房组织带回，反复20～50次后，换右手按摩左乳房20～50次。③热敷按摩乳房。每晚临睡前用热毛巾敷两侧乳房3～5分钟,用手掌部按摩乳房周围，从左到右，按摩20～50次。只需按上述方法每天按摩1次，坚持按摩2～3个月，可使乳房隆起2～3厘米。

乳房过大怎么办

乳房发育得大或小并不以人们的意愿为转移，它是由种族、遗传等多方面先天因素所决定的。在月经初潮来临的前一段时间，有的女孩会出现暂时性乳房肥大，并伴有不同程度的乳房胀痛，当月经来了以后，这种暂时性肥大现象就会逐渐消失，恢复正常。个别少女青春期乳房明显肥大。多为双侧，肥大乳房甚至垂至腹部。这类少女月经周期和内分泌功能都正常，病因是乳腺组织对雌激素过于敏感。也有人认为，乳房过大是由于乳腺发育过度，内分泌过于旺盛，脂肪贮存量太多，形成堆积的缘故。

因此，乳房过大，需要进行充分的全面体育锻炼，以减少全身的脂肪。同时，还要多做胸肌群的力量练习，以消耗胸部多余的脂肪。除了做俯卧撑等增强胸肌群力量的练习外，还应做以下徒手操：①臂慢上举，由前至上举，由前慢下落，每次做 20 ～ 30 次（或尽力做，不限制）。要求上体直，臂直，肩自然，有上提胸肌群的感觉。②两肘侧曲于肩侧，缓慢地由前、向上、向后、向下绕环，做 8 ～ 10 次后，再向相反方向绕环。要求上体和头正直。③两臂曲肘放于胸前，右手尽量慢上推，右足起踵，右手、右踵下落还原，左手上推，左足起踵，左右轮流慢上推，共做 20 ～ 30 次（或不限制，直到胸臂肌肉发酸为止）。在做完以上徒手操后，必须做全身放松练习。

乳房下垂如何矫治

乳房的松弛下垂有碍女性体形的曲线美，更严重的是使人产生自卑感，影响人的心理健康。有的人由于一侧或两侧的乳房下垂较重，导致行动不便，颈肩部不适，两侧乳房皱褶处有糜烂或患湿疹，故一定要对此进行矫治。

乳房松垂是一种生理现象，常见于历经妊娠并哺乳之后的中老年妇女，系由于乳房内的腺体和结缔组织增生使乳房增大，其后又发生萎缩，随着乳房增大而被牵伸扩展的皮肤和悬吊支撑结构等弹性降低，加以重力的作用，不再回缩复原，致使乳房松弛而向下垂坠，形状似袋。

根据乳房下垂的程度不同，可将其分为三度：Ⅰ度，乳房下垂，乳头与乳房反折线平行。Ⅱ度，乳头位置低于乳房下皮肤反折线，但高于乳房最低位置。Ⅲ度，乳头位于乳房的最低位置，但有些乳房下垂，特别是乳房远端肥大者，虽下垂较严重，乳头位置仍不在乳房的最低处，此类也应视为Ⅲ度下垂。

乳房下垂的矫治方法并不复杂，手术目的是切除过多的皮肤，重建乳头乳晕位置，并抬高乳房到一适当的高度。对于严重乳房下垂者，可将乳房提高并间断缝合固定于胸大肌筋膜上，并使乳房体积适当缩小，使其能够保持耸立态，术后加压包扎，7～10天拆线。

乳房悬吊固定术和其他美容术一样，术前设计非常重要，在皮肤上标出新乳头乳晕的位置，画出应切除皮肤的范围，这关系到手术效果。所以应认真对待。

性爱会让乳房更健美吗

女性乳房不仅是哺乳器官，具有分泌乳汁、哺乳后代的功能，更重要的是它作为女性性器官的一部分，是女性性成熟的重要标志，参与整个性反应周期即性生活的全过程。

许多女性关心如何使自己的乳房丰满，却对怎样保持乳房健康，减少乳房疾病知之甚少，特别是漠视性生活与乳房疾病的密切关系，当性生活不和谐或女性长期性抑制时，确实会引起乳房的一些疾患。

女性乳房在性反应周期中的生理反应过程是：在性反应周期的初始阶段即兴奋期中，乳房对性紧张反应增强的最先表现就是乳头充血、变硬、勃起，接着，在进入性反应周期的持续期阶段，由于乳房深部血管充血，整个乳房的实际体积会明显胀大，同时乳头周围的乳晕部亦出现明显充血而变得肿胀发亮。进入性高潮阶段，乳房体积增大达到高峰，未曾哺过乳的女性尤其明显，比平时扩大接近25%之多，此时，乳房甚至出现颤抖现象，哺乳期中的乳房还可能喷射乳汁。性高潮过后进入消退期，乳晕部肿胀迅速消退，回复到常态，消退过程通常为5～10分钟左右，这是乳房血管充血迅速消退的结果。

可以肯定，女性乳房在性兴奋时充分的充血肿胀及性高潮后迅速消退的过程，对保持女性乳房的健康具有重要的意义。

性生活不和谐时，会导致女性在性生活中难以达到高潮，这样乳房充血反应不充分，消退也缓慢，这种"夹生饭"的结果，使乳房常常处于持续充血状态，就会招致乳房疼痛和压迫感，时间久了，很可能酿成乳腺小叶增生症。在乳腺小叶增生症患者中，有1%～3%的人可能转变为乳腺癌。事实上，在乳腺癌患者中，性功能低下、高龄未婚、高龄初产，以及孀居者的比例明显高于其他人群。

正常有规律而和谐的性生活对女性乳房健美来说是很有益处的，所以夫妻双方应该互相交流性感受，不断提高性生活的质量，享受快乐健康的性生活。

乳房平坦如何按摩

女子乳房平坦是指女子因乳腺发育不良，或因体质、营养等原因引起的乳房瘦小、平坦、弹性较差，从而影响了女性的形体美，不少女性常为此烦恼。

(1) 揉乳根、乳中穴：丈夫用拇指指面或食、中、无名指指面，分别按揉妻子的乳根穴（锁骨中线上，第5肋间隙中）、乳中穴（乳头之中央），做轻柔的揉动，各100次。

(2) 推揉乳房：丈夫用手掌托住妻子的乳房根部，轻轻地向乳头方向推揉，约30次。

(3) 牵拉乳头：丈夫用拇指、食指和中指捏住妻子的乳头，轻轻地向外牵拉，约10次。

(4) 揉三阴交穴：丈夫用拇指指端在妻子的内踝尖直上3寸处的三阴交穴做揉法，约1分钟。

(5) 揉肾俞穴：丈夫用拇指指端在妻子的第2腰椎棘突下，旁开1.5寸处的肾俞穴作揉法，约100次。

(6) 擦命门、肾俞穴：丈夫用小鱼际沿着妻子第2腰椎棘突下的命门穴、第2腰椎棘突下，旁开1.5寸处的肾俞穴做擦法，以透热为度。

特别提醒：①按摩前须解除胸罩或脱去内衣。②按摩时可在乳房部涂上护肤霜、营乳液。③妻子要保持情绪稳定，增加形体锻炼，适当增加营养，选择合适胸罩。

乳房健美操如何做

(1) 两脚开立，两臂屈肘侧举。手指放松置肩前，然后两臂向前平举。两肘向前、向上、向后、向下环绕，绕至开始姿势，重复练习 10 次。

(2) 直立，双腿并拢，两手按在胸下部两侧，憋气，用气压乳房两侧，然后两手臂向上举，重复练习 10 次。

(3) 两脚开立与肩同宽，成直立姿势。张口深呼吸，头后仰，同时沿身侧提至小臂前平举，肩臂后展，挺胸，掌心向上，然后还原成直立姿势，重复练习 10 ~ 15 次。

(4) 膝着地，手掌向前方着地，手指向内，身躯正直下降，然后再推起、重复练习 6 ~ 8 次。

(5) 右脚支撑，右手握住左脚后上举，挺胸、抬头，上体尽量舒展，左有交换做 5 次。

(6) 直立做两手臂快速交叉运动，也可手握哑铃等器械练习，注意双臂向外扩张时应憋气；交叉、扩张为一次，练习 5 ~ 10 次。

如何饮食才能达到丰乳效果

一般说来，多吃蛋白质、胶质和胆固醇含量较高的食物，有助于胸部发育。营养丰富并含有足量脂肪和蛋白质的食品，可使身体脂肪增多，这包括在乳房组织内的脂肪。而乳房组织的 2/3 是脂肪，1/3 是腺体。乳房中的脂肪多了，自然会显得丰满。许多能健脑的干果含脂肪和多种维生素和矿物质，因此也能丰胸健乳。叶类食物以莴苣最具丰胸健乳的效果。虽然脂肪是构成胸部的最主要成分，但我们并不能控制吃下去的脂肪类食物会囤积在身体的什么地方。也许脂肪会囤积在小腹，也许在臀部，也许等全身都堆满脂肪，胸部还是没有太多的变化呢？因此，想要拥有丰满的胸部，应该从均衡饮食着手，不仅要食用一定量的脂肪类食物，还要食用牛奶、瘦肉、蛋类、豆类等蛋白质含量丰富的食品，以及含多种维生素和矿物质丰富的食物。此外，植物雌激素的作用也不忽视，中药当归、何首乌、人参等药材便是较好的植物雌激素的来源。

胖人的乳房中脂肪积聚较多，所以乳房大些；体瘦的人，乳房中脂肪积聚也相应减少，故乳房要小些。为促进青春期乳房发育，或是避免中老年后出现乳房萎缩，可以多吃一些富含维生素 E 以及有利激素分泌的食物，加卷心菜、花菜、葵花籽油、玉米油和菜籽油等。B 族维生素也有助于激素合成，它存在于粗粮、豆类、牛奶、牛肉等食物中。因为内分泌激素在乳房发育和维持过程中起着重要的作用，雌性激素使乳腺管日益增长，黄体酮使乳腺管不断分枝，形成乳腺小管。对于乳房发育不丰满的女性，还应注重多吃一些热能高的食物，如蛋类、瘦肉、花生、核桃、芝麻、豆类、植物油类等，使瘦弱的身体变得丰满，同时乳房中也由于脂肪的积蓄而变得丰满而富有弹性。

先天性乳头发育不良怎么办

先天性乳头发育不良，除前面谈到的乳头内陷外，还有乳头先天破碎、短缩等。

有的一对大乳房配一对小乳头，甚至用手也提拉不起；也有的乳头虽突出，但不完整而破碎；有的经常内缩，需用手将其拉出；有的牵拉也不能复出。以上情况除内陷不能复出有可能手术外，一般不考虑手术治疗。复出后应预防感染，预防出现乳晕部瘘管。

因乳头内陷而引起感染的病人并未注意到这个问题。有的感染反复发作直到医生指出时，她才知道这个危害。这时，须通过抗感染治疗，如有与乳头相通的瘘管，切除才能彻底解决问题。所以内陷的乳头，不论能否复出都要定期每天清洁，如不清洁，内陷之处就有乳白带臭味的分泌物。清洁的方法是尽量将内陷的乳头拉起，尽可能暴露；如果不行，则使用棉签放于乳头内轻轻旋转清洁。对于内缩的乳头，每天洗澡时可以轻轻提拉乳头。乳头在受刺激后可以勃起，反复进行，可有一定的帮助。对于破碎的乳头，只要能突起，感染的机会就不多，但会影响外观美。同时，由于乳管的阻塞，哺乳可以受影响，所以遇到这种情况，不能哺乳者可以考虑回乳，以免发生急性乳腺炎。

哪些女性易患乳腺疾病

(1) 家里直系亲属得过乳腺癌者，患病的概率比正常女性高 4 倍。

(2) 一侧乳房已患有癌症，其另一侧得病的概率比正常者高 10 倍。

(3) 月经来潮早或绝经晚的女性。

(4) 不生育的女性。

(5) 情绪不稳定，工作压力大的女性，如家庭气氛不温馨，夫妇长期分居，容易受情绪影响或高度集中的工作者。

(6) 不哺乳的妈妈。

对于初学乳房自我检查的女性，可在一个月内的几个不同的时间进行检查，这样你就会了解乳房的硬度，皮肤肌理会发生怎样的周期性变化。之后再改为每月一次例行检查。女性乳房自检常存在两个极端，有的女性自检出肿块后，就异常紧张，容易造成紧张情绪，反而对自身健康不利。另有一些女性，发现肿块后没有及时就医，最终延迟治疗，造成遗憾。所以，女性更重视乳房自检，发现异常肿块后立即到医院进行专业检查。异常肿块有几种可能：①肿块是新出现的。②肿块是独立的，体积和位置比较独立。③肿块的大小不随月经周期的变化而变化。④两侧乳房不对称。

何时适宜检查乳房疾病

月经周期中，因受各种相关内分泌激素的影响，乳腺会发生一些生理性的增生与复旧的变化，造成乳腺组织处于不同程度的充血、水肿，而这些变化可能干扰医生检查乳房肿块的位置、大小、性状等，从而影响对乳房肿块性质的判断。

那么，什么时间检查是最合适的呢？一般在月经来潮的第十天左右是检查乳房的最佳就诊时间，此时雌激素对乳腺的影响最小，乳腺处于相对静止状态，乳腺的病变或异常容易被发现。绝经后的老年妇女，由于体内雌激素减少，受内分泌激素的影响也小，因而可随意选择就诊时间。但应提醒您的是，乳腺癌高发年龄阶段是在 45～55 岁，如果在乳房自我检查或普查中发现了乳房病变应及早就诊，并遵医嘱复诊。有些患者在良性乳腺病临床缓解后，很长时间不再做定期复查，等到原有的良性病变发生了恶变，要想治愈就很困难了。因此，尽早就诊应成为一个重要的原则，而选择最佳就诊时间是提高诊断正确率的重要手段。

乳头溢液是怎么回事

在非妊娠期和非哺乳期，挤捏乳头时有液体流出称为乳头溢液。乳头溢液与以下几种乳房疾病有关。

（1）**乳腺导管扩张症**：患有此病的部分病人，早期首发症状为乳头溢液。溢液的颜色多为棕色，少数为血性；溢液化验检查可见有大量浆细胞、淋巴细胞而无瘤细胞。此病好发于 40 岁以上非哺乳期或绝经期妇女。发生溢液的乳晕区有与皮肤粘连的肿块，直径常小于 3 厘米，同侧腋窝淋巴结可肿大、质软、有触痛。若并发感染时，肿块局部有红、肿、热、痛的炎症表现。

（2）**乳管内乳头状瘤**：此病以 40～50 岁者多见，75%的瘤体发生在邻近乳头的部位，瘤体很小，带蒂而有绒毛，且有很多壁薄的血管，故易出血。化验检查溢液内可找到瘤细胞。有时病人仔细触摸乳房，可发现乳晕下有樱桃大的包块，质软、光滑、活动。

（3）**乳房囊性增生**：以育龄妇女多见。部分病人乳头溢液为黄绿色、棕色、血性或无色浆液样，化验检查溢液内无瘤细胞存在。此病有两个特点：一是表现为乳房周期性胀痛，好发或加重于月经前期，轻者多不被病人介意，重者可影响工作及生活。二是乳房肿块常为多发，可见于一侧或双侧，也可局限于乳房的一部分或分散于整个乳房。肿块呈结节状且大小不一，质韧不硬，与皮肤无粘连，与周围组织界限不清，肿块在月经后可有缩小。

(4) **乳腺癌**：部分乳腺癌病人有鲜红或暗红色的乳头溢液，有时会产生清水性溢液，无色透明，偶有黏性，溢出后不留痕迹，化验检查溢液内可找到癌细胞。45～49岁、60～64岁为此病的两个发病高峰。其起病缓慢，病人在无意中可发现乳房肿块，多位于内上限或外上限，无痛，渐大。晚期病变部位出现橘皮样皮肤改变及卫星结节。腋窝淋巴结肿大、质硬，随病程进展彼此融合成团。

乳房结核是怎么回事

乳房结核可分为原发性和继发性两种。原发性乳房结核除乳房病变外，体内别无他处结核病灶，结核杆菌可通过乳腺皮肤的破损处或经乳头感染，这种类型较少见。继发性乳房结核可在身体其他部位找到原发的结核病灶，结核杆菌多从肺部或肠系膜淋巴结核而来，亦可由腋窝、锁骨上下淋巴结、肋骨、胸壁、胸膜等结核病灶直接蔓延或经淋巴管道而来。

乳房结核病程进展较缓慢，主要的临床表现为病变初起时乳房内扪及的单个或多个硬结，触痛不明显或较轻微，与周围正常组织分界不清，逐渐与皮肤粘连，常为单侧发病，双侧发病少见。病位多在乳房的外上象限，位于乳晕附近的病变可导致乳头内陷或偏斜。数月后肿块可软化形成寒性脓肿，脓肿破溃后发生一个或数个窦道或溃疡，排出混有豆渣样的稀薄脓液，若结核杆菌破坏了乳管，脓液可从乳头溢出。患侧腋窝常可扪及淋巴结肿大。病程长的可出现低热，乏力、盗汗及消瘦等全身症状。

乳房结核虽然也可以出现化脓，但从起病、发展到预后与急性感染性乳腺炎完全不一样。同时，由于结核性肿块没有明显不适，其临床表现又与恶性肿瘤有相似之处，故不少是被诊断为恶性肿瘤行手术切除时才明确诊断的，而单纯以手术切除并不能治愈。临床上强调抗结核应坚持系统有效的治疗，不能随意停药，治疗期间最好不要妊娠及哺乳，以免药物对胎儿及婴儿产生影响。结核病患者更要注意营养休息的调理，如有条件可配合中医药治疗。

乳房出现瘘管是怎么回事

乳房瘘管，是指发生在乳房部或乳晕部的反复渗液、久不收口的慢性炎症性管道。

(1) **临床表现**：发病前有乳房的炎症病史，有手术或外伤史，有先天性乳头凹陷史等，溃口久不收敛，反复渗液（脓血，乳汁，干酪样物），有时瘘口暂时闭合，不久又肿胀溃破流脓，反复发作，经久难愈。瘘管口多数为单个，也有多个，也有单个瘘口而乳房内有多个管道形成，往往在管口旁边扪及条索状物引向深部。乳晕部瘘管发生时，在乳晕部可扪及结块，质中韧，溃破后多与乳腺导管相通，反复流液，缠绵难愈。

(2) **治疗**：强调外治为主，结合内服药物治疗。有条件者可行瘘管造影，以显示其方向及病变范围，再根据瘘管的具体情况选择外治法。

①压贴法。用七三丹或八二丹等药条插入瘘管以提脓祛腐。

②垫棉法。当瘘管脓腐已尽，肉芽红活时，用棉垫或纱布加压包扎，促使瘘管空腔愈合。

③切开法。当瘘管空腔较浅时，局部麻醉下切开管腔，清除坏死组织，再敷祛腐生肌的药物使伤口愈合。

④挂线法。适用于位置较深的瘘管。

⑤瘘管切除术。适用于病程较长，瘘管管壁已呈硬索状的，并多条管道为复杂性瘘时，可在麻醉下行瘘管切除术。

乳房外伤后会有何表现

乳房受到挤压、撞击等外伤后，局部会出现疼痛、瘀斑，一般在数日后可以自行吸收。严重者形成血肿，小血肿可以逐渐被机体吸收而消失，而较大的血肿则不易吸收，淤积时间长则可合并感染，形成乳腺脓肿或出现乳腺蜂窝织炎等炎症性疾病。有些乳房外伤后还能引起局部无菌性脂肪坏死而表现为乳房局部肿块，大小不等，可发生于乳房任何部位，但多见于乳晕范围及其附近，因为该处最容易被撞伤。脂肪坏死早期可见皮肤呈蓝褐色瘀斑，或见局部皮肤暗红色，随着病变发展，局部出现肿块，质地韧硬，多数无疼痛，部分可有轻微压痛，与周边组织轻度粘连，后期由于大量的纤维组织增生，肿块纤维样变显得硬实而固定，甚至与表面皮肤粘连而凹陷，此时容易误诊为乳腺癌。外伤性脂肪坏死，药物治疗效果不佳，最可靠而最有效的治疗方法就是局部手术切除。

临床上出现乳房外伤原因之一是意外撞、跌伤，还有可能是做爱时的挤压抓捏伤，故尤其要提醒妇女，保护乳房如同保护自己眼睛一样重要。

乳腺癌如何诊断

乳房恶性肿瘤也称乳腺癌。乳腺癌是乳腺的恶性肿瘤之一，全球每年死于乳腺癌者约 25 万人。

无痛性乳房肿块是绝大多数乳腺癌患者的第一症状，占 95%～98%。肿块好发部位为乳房的外上方，其次为内下方。大多为单发，肿块早、中期能活动。肿块的大小不一，能在越小被发现越好，大多数肿块质地都较硬，触摸上去边界不清楚，当发生周围浸润时可以与表皮粘连，皮肤出现凹陷、牵拉、"橘皮样"改变。肿块与胸大肌粘连，基底的活动就受限制。也有一小部分恶性肿瘤可以出现疼痛，多以牵拉痛、钝痛、放射状痛为主。乳头的内陷、牵拉、偏移也是典型的表现，消炎治疗往往不能解除症状，这时肿块往往就在被牵拉的方向处，触诊时可以发现。乳头导管单乳管溢血，同样是导管内病变，但尤其要注意乳腺癌，有上述表现再加上或有腋下淋巴结肿大，可以说是乳腺癌较典型的临床表现。随着癌肿的浸润发展，出现疼痛，乳房皮肤及外形改变，肿块固定不移，乳头溢液，全身消瘦，腋下淋巴结及锁骨上淋巴结均可发生转移。晚期出现血行转移及转移器官损坏的症状。

乳房发现肿块，质硬韧，边缘不光滑，不活动，或有乳房疼痛，肿块相邻的皮肤凹陷，或出现橘皮样变，乳头溢液，回缩。对于疾病谁都希望早发现、早诊断、早治疗，尤其是对恶性肿瘤。目前对于乳腺癌，国际抗癌联盟明确提出进行乳腺普查是一个对公众健康具有更大的潜在效果行之有效的方法。

乳腺癌如何预防

乳腺癌早期出现的体征是乳内肿块，患者早期进行自我检查或定期体检，是可以及早发现的，尤其是 35 岁以上的妇女，意义更大。一旦发现乳房肿块，或发现乳头溢液、内缩，应进一步深查而最终得出结果，进行合理治疗。对于患者而言，乳腺癌手术以后，在正规医院接受系统治疗和监控是防止复发的关键。特别是原发的乳腺癌手术后第一个 5 年内，只要条件允许，应该在正规医院（最好是原手术医院）坚持做完全套的治疗，而后遵医嘱定期复查。除治疗外，应做些力所能及的身体锻炼，以强身健体。此外，还应改掉一些不良生活习惯，如吸烟、酗酒、高脂肪饮食等。相信只要抱定积极乐观的生活态度，顽强地与癌症斗争，定会取得胜利。

哪些人容易患乳腺癌？乳腺癌主要发生于青春期以后的成年妇女，35 ～ 55 岁为好发年龄，约占全部患者的 75%。

(1) 13 岁以前即有月经初潮或至 50 岁还未停经的妇女，得乳腺癌的机会较多。

(2) 妇女婚后没有生育的，乳腺癌的发病率比已生育的为高。

(3) 生育后一直未哺乳或哺乳期过长或过短的，得乳腺癌的机会比正常哺乳者要多。

(4) 有乳腺癌家族史的妇女，患乳腺癌的机会明显高于没有乳腺癌家族史者。

(5) 独身未婚妇女较已婚妇女易患乳腺癌，且年岁越大这种倾向愈加明显。

(6) 一侧已得过乳腺癌的，对侧患癌的机会比正常未得癌的可能性要大。

(7) 乳腺因各种原因反复多次接受放射线的，也可增加患癌的机会。

(8) 有人认为，常食脂肪而肥胖的妇女易得乳腺癌。此外也应该指出，乳腺癌虽然多见于妇女，但男性患乳腺癌也是有的，只是发病率较低而已。一般认为男性与女性乳腺癌的发生比例为 1 ∶ 100，所以当男性乳腺出现异常，如肿块、疼痛、溢液时，应及时去医院检查，不要忽视。

上述可能只是相对而言，即使在患癌机会较多的人群中，真正得癌的人还是少数，罗列这些可能性，只是为了提醒高发人群注意防范。

怎样早期发现乳腺癌

乳腺癌很早期时，临床上毫无症状，也无肿块，是很难发现的，除非应用特殊的检查方法。为了早期发现乳腺癌，最好的办法是妇女学会自己定期检查乳房，这样就可以使肿瘤在还未长大之前就被发现。

自我检查时，如发现乳头溢液或乳房湿疹样改变或很小的结节，不要轻易放过，因为这些异常现象绝大多数为乳腺癌的首发症状。乳头溢液或湿疹样改变，由于内衣被水渍所污染，容易发现，而小结节肿块不痛不痒，不加注意就容易被忽视。每遇这种情况，应该立刻到医院里去做进一步检查。

患者、医务人员发现乳房的任何微小异常，都应该予以高度重视（而不是精神紧张），如乳房皮肤有轻度的凹陷（酒窝征），或乳房的皮肤有增厚变粗、毛孔增大现象（橘皮征），这些异常变化也常是乳腺癌的特征。

有时仅仅依靠上述这些情况来发现临床早期病例，未必可靠，我们应该结合患者的年龄全面分析。年龄在 35 ~ 55 岁者，是女性乳腺癌的高发阶段，除临床确诊为良性肿瘤外，对可疑的癌瘤，常须做肿块的局部针吸、细胞学检查、切除活检等各种检测乳腺癌的方法，以明确诊断，避免发生漏诊、误诊。

因此，我们希望每个妇女都能坚持每季度自我检查 1 次乳房，相信绝大多数的癌瘤都能早期得到发现。早期乳腺癌的治愈率可达 80% ~ 90%，可以大大提高乳腺癌的疗效。

什么是乳腺纤维瘤

乳腺纤维瘤是乳腺小叶内的纤维组织和腺上皮同时增生所形成的，是最常见的乳房良性肿瘤，发病率占乳房良性肿瘤的首位（约占 10%）。该病特点为乳房出现无痛性肿块，大多为单侧单个肿块，占 75% ~ 85%，以外上象限多见，活动度大，无粘连。本病癌变的可能性很小，但偶可变成小叶癌、管内癌或肉瘤。癌变率一般在1%以下。本病好发于未婚的青年妇女，常见于20～25岁女性，很少发生在月经初潮前或绝经后的妇女。一般手术切除后即获治愈，只有极个别患者在原手术瘢痕处出现复发。中医学对乳腺纤维瘤认识比较模糊，无独立病名。因为本病有伴发乳腺增生者，所以归于"乳癖"范畴，有不伴发乳腺增生者，不痛不痒，可能包括在早期乳腺结核与乳腺癌内。本病好发于青壮年女性，常因痰湿凝于乳络结块而病。

乳腺纤维瘤的形成，与卵巢功能旺盛，机体和乳房局部组织对雌激素过度刺激的敏感性有关。雌激素水平过高，乳腺组织对其发生局部反应，而导致乳腺上皮和纤维组织增生，通常形成具有完整的薄包膜的纤维上皮性腺瘤。由于本病好发于卵巢功能旺盛而又调节紊乱的妇女，因此在妊娠、哺乳期内，上皮细胞可明显地显示出分泌现象，形成腺泡，此时肿块可迅速增大。

乳腺纤维瘤如何预防

青年女性平时要注意调节情绪，忌过喜过忧。避免外力撞击乳房。防止胸罩过紧及挤压乳房。乳腺纤维瘤属于良性肿瘤，除有高度增生伴间变者外，不应视为癌前病变。总的说来，肿瘤切除后可以获得治愈。少数患者在术后一段时间内于同侧或对侧乳房又长出同类的肿瘤。只有极个别患者可在原处复发。如有多次复发者，应提高警惕，对这样的患者应考虑乳房单纯切除，以免发生恶变。纤维腺瘤，特别是巨大纤维腺瘤内的上皮细胞增生活跃时，可有极少数患者癌变为小叶癌、管内癌或肉瘤，应引起医师、患者高度警觉。

乳腺纤维瘤为什么好发于青春期

乳腺纤维瘤一般好发于青春发育期，不少女孩子由于对身体的发育认识不足，许多人并未注意到肿瘤的出现，甚至出现在月经来潮前的肿瘤，被误认为是发育的乳房，而未发生肿瘤的一侧被认为是乳房发育不良。这时肿瘤可以占据整个乳房。

乳腺纤维瘤的发病机制目前尚未明确，一般认为与以下因素有关：①性激素水平失衡，如雌激素水平相对或绝对升高。雌激素的过度刺激可导致乳腺导管上皮和间质纤维异常增生，形成肿瘤。②乳腺局部组织对雌激素敏感性增高。③饮食因素，如高脂肪、高糖饮食。④遗传倾向。

青春期的女性，卵巢功能逐渐成熟，性激素周期变化处于不稳定状态，乳腺作为多种激素的靶器官，对于性激素的变化很敏感，若出现内分泌绝对或相对的失衡，或乳腺局部组织的敏感性增高，都可诱发乳腺纤维瘤的发生，所以本病好发于卵巢功能尚未稳定的青春期。

药物能治愈乳腺纤维瘤吗

对于手术，不少人都担心切除后肿瘤再复发，年轻女性怕在乳房上留下瘢痕，故不少人都提出药物治疗，尤其希望服中药。有的人甚至会说纤维瘤就是服药消失的。其实消失的是不是纤维瘤还不能下定论，因为临床上即使是临床诊断的纤维腺瘤也并不一定能得到病理的支持。比如腺体的瘤样化、纤维化有时临床表现也像纤维瘤。当然有些肿块是可以通过药物治疗达到消失。能用药物消失肿块，如乳腺增生、乳腺炎症等疾病出现或好转；但乳腺纤维瘤是由腺上皮和纤维组织共同构成的，经大量的临床观察发现，药物治疗只能使瘤体稍缩小或控制其增大变硬，单纯药物治愈纤维腺瘤的可能性极少。一般主张手术治疗，但手术时年龄越小，术后复发率越高，所以，25岁以前的妇女患乳腺纤维瘤，尤其是多发性的小纤维腺瘤，可考虑密切观察下暂不手术，中药辨证治疗，对乳腺纤维瘤有一定的治疗和控制其生长的作用。

怎样选择乳腺纤维瘤的手术时机

目前，大多数乳腺纤维瘤的患者都能接受手术治疗，随着治疗方法的完善，肿瘤的复发率在下降。对于选择手术时机应从如下几个方面考虑：

（1）诊断明确，年龄超过25岁者，应及时手术治疗。

（2）对生长迅速的纤维腺瘤应行手术切除（不论任何年龄）。

（3）对于已婚但未受孕的妇女，宜在怀孕前手术切除乳腺纤维瘤；怀孕后发现乳腺纤维瘤的，应视其发展而决定是否手术治疗或继续观察。

（4）对于较年轻的乳腺纤维瘤患者，可在密切观察下，择期手术治疗。乳腺纤维瘤能完整切除，且很少复发。但对于性激素不稳定或局部乳腺对激素敏感的患者，在同侧或另一侧乳腺仍有出现纤维腺瘤的可能，仍考虑手术治疗。为预防术后复发，临床上可以在术后进行 3 ~ 6 个月的中西药治疗，尤其是多发纤维瘤者可选用中药加三苯氧胺治疗，以降低乳腺对雌激素的敏感。方法是中药辨证治疗，西药在月经第 15 天开始连服 1 周，三苯氧胺 10 毫克，每天 2 次。

什么是急性乳腺炎

急性乳腺炎是常见的乳房化脓性疾病，多见于哺乳期妇女，且以初产妇最为多见，约 90% 为产后哺乳期妇女，特别是初产妇更为多见。本病多发生在产后第 2 ~ 4 周内，个别见于产后 1 年以上。其主要发病原理是产后机体抵抗力下降，容易使病菌侵入、生长和繁殖。由于引起急性乳腺炎的病因不同，故把其分为化脓性乳腺炎和淤积性乳腺炎。

急性乳腺炎的症状主要是乳腺局部红、肿、热、痛、胀，伴全身性发热，但不同阶段症状可有差别。初期患侧乳腺胀痛，哺乳时胀痛加重，病变部位乳房变硬，有部分病人全身发热或寒战。早期乳房患处由胀痛变成搏动性疼痛，局部皮肤出现红、肿，并有明显触痛，体温继续升高。化脓早期乳房红肿加重，病变范围扩大，红肿区中央部可出现软化，搏动性疼痛明显，腋窝淋巴结肿大，发冷发热明显，血中中性白细胞升高，细胞核左移。脓肿形成时，乳房红、肿、痛加重，高热寒战，体温不退，炎症肿块处出现波动，皮肤光亮，穿刺可抽出脓液。乳房脓肿位置较深，甚至为乳房后脓肿，出现全乳房胀痛，局部红肿及波动不明显。脓肿可 1 个、多个，或同时形成，或先后形成；脓肿可穿破皮肤，脓汁大量外溢；脓肿也可以穿破乳管，脓汁从乳头溢出；脓肿亦可穿入胸大肌前筋膜，形成胸壁和乳房间脓肿。极少数情况下，脓肿可穿破血管壁，脓栓入血，引起败血症和脓毒血症。患者在脓肿形成后，宜切开引流。

如何预防急性乳腺炎

急性乳腺炎重在预防，这是妇女保健的重要内容之一。

（1）妊娠期，尤其在哺乳期，应注意保持乳头的清洁卫生，常用肥皂水和水清洗乳头，保持乳头干净。

（2）哺乳应做到定时，每次哺乳应将乳汁吸净，有时需用吸奶器吸净。洗净吸奶器，并经常煮沸消毒。

（3）哺乳后将乳房用胸罩托起，防止乳房悬吊或悬垂。注意母亲或婴儿体位，尤其防止熟睡时压迫乳房，防止婴儿含乳头睡觉。

（4）乳头发生破损或皲裂，局部要保持清洁、干燥，并涂以抗生素软膏。

（5）哺乳期乳房出现肿块且确定为积乳块，要给予按摩、热敷，并吸净奶汁。

（6）产褥期妇女出汗较多，要经常用温热水洗乳房，经常更换内衣，尤其乳晕处要经常清洁或消毒。

（7）青少年时期，发现乳头回缩，应经常用手法使乳头复位。

（8）产褥期不宜过分强调高蛋白、高脂肪饮食，那样会造成奶液分泌过多至奶汁淤积，这也是引起急性乳腺炎的原因。

乳房窦道和瘘管是怎样形成的

乳房窦道是指乳腺组织与体表相通的病理性管道，多为乳房炎症的后遗症，临床以创口久不收敛、反复溃破为特征。

发生在乳房部的窦道常有以下几种原因：①哺乳期乳房急性化脓性炎症或其他急性乳房感染性疾病后，手术切开时损伤乳管或引流不畅。②因外伤而损伤乳管。③乳房外伤或手术后存留于乳房内的异物继发感染。④乳房结核形成寒性脓肿，自行破溃或切开后，损伤乳管或引流不畅。发病前常有明确的感染史、外伤史或结核病史。相应的内治与外治，包括病因治疗及局部处理，可望愈合。

发生在乳晕部的窦道多因乳腺导管扩张综合征而引起。发病前常有乳头先天性凹陷史及乳头溢液史，继之迅速在乳房内出现肿块，肿块形成脓肿，破溃后流出粉刺样物或油脂样物，常形成通向输乳孔的瘘管，创口久不收敛，并反复溃破，病程迁延，可长达数月或数年，虽经治疗，仍可反复发作，不易根治。

这里说的乳房窦道和瘘管应注意与晚期乳腺癌造成的皮肤溃疡相鉴别。后者常为巨大坚硬的肿块破溃，于破溃处渗血或出血，结合临床表现、病史及有关检查不难作出判断。

急性乳腺炎各期应怎样治疗

（1）**急性乳腺炎的初起阶段**：主要表现为乳汁淤积，热毒内盛，其治疗原则为舒肝清热、通乳消肿，中药治疗可用瓜蒌牛蒡汤加减，药用瓜蒌、牛蒡子、天花粉、黄芩、陈皮、栀子、金银花、柴胡、甘草、连翘等。通乳加穿山甲、木通、王不留行；气郁加橘叶、川楝子；发热明显加生石膏、重用黄芩；肿胀痛者加乳香、没药、赤芍；需要回乳者加焦山楂、焦麦芽。同时可予外敷金黄膏、玉露膏；或用芒硝溶液湿敷。对乳汁排出不畅者，可定时进行乳房按摩。

（2）**急性乳腺炎成脓期**：如脓肿确已形成，则应由外科医生及时切开排脓。西药治疗可口服或注射抗生素。特别是严重的感染，局部及全身症状明显时，应早期足量应用有效的抗生素。目前，各类抗生素不断更新换代，但对急性乳腺炎来说，普通青霉素仍是极其有效的，因此我们建议，只要不过敏，抗生素宜首选青霉素，以静脉注射效果为好。但值得说明的是，最好不要因图省事，而只用抗生素治疗，不接受中医中药治疗。单用抗生素有时会使乳房的急性炎症迁延难愈，形成僵块。由于中医中药治疗本病有明显的优势，故应以中医中药为主，在适当的时机予以适当的抗生素治疗，临床会取得很好的疗效。

急性乳腺炎患者如何自我调养

急性乳腺炎初期，患者可自我用冰袋（或深井凉水）局部冷敷，注意勿冻伤皮肤，持续 3 ~ 4 小时后，去掉冰袋（或深井凉水），待皮肤复温后再重复冷敷，至乳腺炎性肿块压痛消失为止。

乳房疼痛时，用三角巾或胸罩托起患乳，脓未成可减少行动牵扯痛。破溃后应使脓液畅流，防止成脓。

当乳房感染后，应停止哺乳。为了防止乳液淤积，可用吸奶器吸出，或用手按摩，不可旋转挤压或用力挤压。也可令成人吸去淤奶弃之，热敷后再按摩效果更好。

注意乳房清洁，勤换内衣，保持心情愉快，饮食宜清淡，忌辛辣。积极配合医师治疗，促进疾病早愈。

什么是乳腺增生

乳腺增生病既非肿瘤，亦非炎症，而是乳腺导管和小叶在结构上的退行性和进行性变化。乳腺增生发生的原因不十分清楚，可能和女性内分泌紊乱有关。乳腺是卵巢性激素的靶细胞，受卵巢内分泌的影响，可以发生周期性的生理变化，但当各种因素的刺激使卵巢内分泌的动态平衡发生失衡时，比如雌激素分泌增多，可以刺激乳腺组织产生乳腺增生性变化，这就容易患乳腺增生病。晚婚不育，或过多的人工流产，不能正常哺乳等多种因素，破坏了人体生理环节，可以造成内分泌功能紊乱，导致乳腺增生病。

乳腺增生在各年龄组均可发生，30 ~ 50 岁发病率高些，临床表现为两侧乳房同时或相继出现大小不等、形状不一的结节，结节质地较韧，有囊性感，与皮肤不粘连。肿块界限不很清楚，有一定的活动度。一般为多发，少数病例为单发结节，腋窝淋巴结不肿大等。乳痛症，乳腺常无具体结节，有时发现乳腺组织有片状肥厚，肥厚的组织有触痛。乳房或肿块疼痛与月经周期有关，是"乳痛症"或"单纯性乳腺增生"的特点，月经来前疼痛加重，月经过后疼痛明显减轻。慢性囊性乳腺病，或无乳痛，或乳痛无规律，少数乳痛也与月经周期有关。单纯乳腺增生，其症状或肿块可自行减轻或消除，而慢性囊性乳腺病多数长期存在，二者症状和情绪及劳累程度有关。有时伴乳头溢乳，溢乳可以为黄色、棕色，少数为血性。局限性囊性乳腺增生，病程长者可形成腺瘤样增生，与癌性结节不易区别。

乳房疼痛就是乳腺增生病吗

发生在乳房的疼痛并不一定就是乳房的问题。比如发生于第2肋~第6肋的肋骨骨膜炎可以表现为乳房疼痛，肋间神经疼痛也可以表现为乳房疼痛，胸肋部的带状疱疹（一种皮肤病）也可以表现为乳房疼痛，所以要认真仔细地检查疼痛部位。

乳房本身也可以随月经周期出现生理性疼痛，而这一疼痛经前明显，经后消失。青春期女性尤其多见，疲劳、情绪不佳时疼痛可以加重，这应考虑为生理现象，不能列为乳腺增生病范畴。不少女孩子对这一生理现象不了解，对疼痛产生了明显的恐惧心理，加上青春期的腺体较致密，尤以外上象限可以触到结节，很容易以为就是乳腺增生。不少人听别人说某种药可以治疗乳腺增生，也不经医院检查就盲目服药，造成了不必要的思想负担及经济负担。

临床上有时也会出现乳痛症的诊断。乳痛症的疼痛一般呈持续性，没有周期，疼痛及肿胀一般是同存的，但触不到结块，较明显地影响了患者的工作和生活。这时虽然没有肿块也需要服一段时间药物帮助缓解疼痛。

以上几种情况都表现为乳房疼痛，但不能诊为乳腺增生病，无论是一般性体检还是临床就诊，医者都要掌握这个尺度。

乳腺增生病如何治疗

到目前为止，乳腺增生尚无疗效确切的非手术治疗方法。过去曾有人用雄激素或雄激素衍生物丹那唑治疗，以抑制雌激素，但长期应用会干扰内分泌功能，故未被广泛采用。还有人用黄体酮、溴隐亭等药物治疗，也有一定疗效。口服 5%的碘化钾,刺激垂体产生黄体生成素,可以帮助恢复卵巢功能,以减轻乳腺疼痛,帮助消除肿胀。有人认为,乳腺增生和乳腺组织内碘离子缺乏有关,这是用碘化钾治疗的另一种依据,但这一种理论未被证实。近年来采用他莫昔芬治疗乳腺增生,该药是雌激素受体拮抗剂,每次 5 ~ 10 毫克,每日服 2 次,长期治疗有一定效果。中药治疗本病方剂很多,疗效不一。治疗原则为软坚散结、理气宽中、清热止痛。有人采用他莫昔芬 5 毫克和普力多宁 5 毫克合用,每日口服 2 次,20 天为 1 个疗程,效果较好。采用中药全瓜蒌、橘叶、青陈皮等制成的纯中药制剂口服液,治疗效果较为满意。

乳腺增生一般在下列情况下采取手术治疗:①局限性囊状增生或腺瘤增生长期不愈与癌结节在物理检查上不易区别。②乳腺内的广泛增生,活组织检查为增生活跃,可根据病人具体情况施行部分乳腺组织切除或单纯乳腺切除。总之,乳腺增生在何种情况下采取手术治疗是比较复杂的问题,一定要慎重对待。

影响乳汁分泌的因素有哪些

影响乳汁分泌的主要因素有情绪波动,哺乳方式,宝宝的吸吮力及乳母的健康状况。

与泌乳有关的多种激素都直接或间接地受下丘脑的调节。因下丘脑功能与情绪有关,故泌乳受情绪影响甚大。担忧的心情如唯恐泌乳量不足,可以刺激肾上腺素分泌,使乳腺血流量减少,妨碍营养物质及有关激素进入乳房,从而进一步减少乳汁分泌。刻板地规定哺乳时间也可造成精神紧张,故在宝宝早期采取按需哺乳的方式并做好及时的宣传解释工作甚为重要,新生儿期应合理安排母亲的生活及工作,以避免焦虑、悲伤、过度疲劳等。

按需哺乳及每日多次哺乳可使催乳素保持较高的血浓度。按需哺乳还能保证宝宝有较强的吸吮力,如前所述,吸吮对乳头的刺激可反射性地促进泌乳,乳汁排空后使腺泡的压力降低,也可进一步刺激乳汁合成,因此有力的吸吮是促进乳汁分泌的重要因素。给宝宝过多地喂糖水,往往使他在喂奶时缺乏饥饿感,此时宝宝思睡、吸吮无力,使新妈妈既缺乏泌乳的刺激,又产生情绪不愉快，从而导致泌乳减少。

乳母的健康状况显然会影响泌乳功能，故妇女产后的卫生保健对宝宝也十分重要。

母乳喂养对母亲有什么好处

当母亲喂哺孩儿时，那种爱抚和拥抱的亲昵动作，对宝宝情绪、智力和性格的发展有一定作用，并使孩子得到安全感和愉快感，促进母子感情日益加深，可使孩子获得满足感和安全感，使孩子心情舒畅，也是孩子心理正常发展的重要因素，可以更好地促进孩子大脑与智力的发育。由于吸吮能反射性引起体内缩宫素分泌增加，促进子宫收缩，减少产后流血，促使子宫复原。母乳喂养最卫生、方便、安全、新鲜和经济。母亲从母乳喂养中密切了与宝宝的关系，并从中得到特殊的心理安慰。由于正常的母乳喂养能产生"哺乳期闭经"，使母亲在这段时间内体内的蛋白质、铁和其他营养物质减少了消耗，得以贮存，既有利于母亲产后的康复，亦有利于延长生育间隔，起天然避孕作用。据有关研究，母乳喂养可能通过使乳腺经历正常的生理活动和抑制卵巢细胞活动，而减少乳腺癌和卵巢癌发生的危险。母乳具有温度适宜、清洁无菌、经济等特点，哺喂方便。母亲自己喂奶，还能及时发现宝宝的冷暖、疾病，便于及早诊治。

母乳喂养能增进家庭成员之间的感情，有利于稳定家庭关系。使家庭成员对母乳喂养增加了感性认识和理性认识，体验到母乳是宝宝最好的食物，降低了宝宝的发病率和死亡率，提高了妇幼保健水平，增强了青少年、宝宝的体质和有利于心理素质的成长。从而促进了社会人口素质的提高，节约了社会代乳品、儿童保健和计划生育等方面的各种不必要的消费。研究显示，母乳还能加快宝宝大脑的发育。母乳比配方奶、牛奶和羊奶都容易消化。母乳含有宝宝所需的各种矿物质和均衡的营养，喂起来也很方便：既不用花钱，宝宝饿了的时候又可以随时喂。因此，母乳对于宝宝可谓好处多多。

产后母乳喂养应做哪些准备

（1）学习有关母乳喂养的知识，从理论上认识到母乳喂养的优点，了解如何进行母乳喂养。树立产后母乳喂养的信心。只要孕妇有信心，就可以排除来自长辈、亲朋好友的外来反对母乳喂养的干扰。不仅孕妇要学，而且丈夫也要学习，以取得支持、关心。

（2）孕期要注意营养的摄入。在整个孕期，孕妇的体重有明显的增加，包括胎儿、羊水、胎盘；其中大约3500克是为了产后母乳喂养时提供的热能，如果孕期体重增加达不到一定数值，则会影响产后乳汁的分泌。

（3）乳房的护理每日轻轻按摩双侧乳房5～10分钟，有利于乳房发育，有利于日后乳汁的分泌。每日还应用热毛巾或肥皂水反复擦洗乳头及乳晕，使局部皮肤坚韧，以免哺乳后乳头皲裂，发生乳腺炎而致不能喂哺母乳。

（4）如果发现乳头凹陷或平坦，则每晚睡前用手指轻轻将乳头向外牵拉5～10分钟，直至乳头突出为止，以免产后宝宝吸吮困难。

产后如何保证奶量

母乳是宝宝最理想的天然食品，不但营养丰富，容易消化、吸收，还含有免疫球蛋白可增加宝宝的抗病能力，既方便，又经济。怎样才能保证充足的奶量呢？

（1）早开奶：新生儿吸吮乳头可刺激乳汁分泌，开奶时间越早越好，有人建议产后1小时就应喂奶。

（2）坚持正确的哺乳方法：保证足够的喂奶时间；两乳交替哺喂，先吸空一侧再喂另一侧，使乳房充分排空，一次喂不净时要将剩余的乳汁排出，因空虚的乳房对大脑是一种机械刺激，促进脑垂体分泌生乳素，排空不充分时可以抑制泌乳。

（3）保证营养：因乳母分泌大量乳汁，故所需要的营养和热能也要增加，营养好坏对乳汁质量有明显影响。其中，最重要的是供应足够的蛋白质、矿物质（钙、铁、磷）和维生素。动物蛋白较植物蛋白好。每天吃主食 500 克，鸡蛋 3 ~ 6 个，牛奶或豆浆 2 袋，鱼、肉 150 ~ 200 克，豆制品 100 克，青菜 500 克，就能基本满足乳母的营养需要。

(4) 生活有规律：保持精神愉快，有充分休息和睡眠。

(5) 禁忌：口服避孕药能抑制乳汁分泌，不宜服用。

产后如何保养乳房

女性的乳房是一个富于脂肪和腺体的组织，每个乳房由 15 ~ 20 个乳腺所组成，在乳腺间有不少结缔组织和脂肪，将每个乳腺隔成许多小房。一对丰满坚挺的乳房是形成优美的身体曲线的重要因素。在哺乳期，乳房还担负着哺育宝宝的重任，但在哺乳期及断奶后若不注意保养，会造成乳汁分泌不足、产后乳房下垂等病症。所以在产后要重视对乳房的保健。

(1) **饮食调节**：每天坚持口服维生素 E、C 丸，可使乳房丰满白嫩，防止乳房皱纹的产生，也可从新鲜辣椒、苦瓜、黄瓜、香菜、小白菜、番茄、橙、柠檬、山楂中摄取。另外，可多食鱼、虾、动物肝脏、蘑菇、黑木耳、花粉等食物。

(2) **乳房按摩**：经常按摩乳房可改善局部血液循环，通畅乳腺导管，增加乳汁分泌，改善乳房的弹性。具体手法是：将乳房托在两手之间，按顺时针方向进行旋转式按摩；继之用双手捧住乳房根部，向外上方抖动十余次；再将手的虎口放在乳晕部周围均匀按摩；最后用拇、食、中三指捏住乳头颈部，上下左右牵动数次。按摩时可用一些按摩膏。可从怀孕 30 周开始进行，每天 2 ~ 3 次，每次 10 ~ 20 分钟，直至产后。民间还有用木梳梳乳房，长期坚持能取得相同的功效。

(3) **合理哺乳**：有些母亲为了保持体形而不愿意哺乳。而分娩后能否保持乳房不下垂，并不完全取决于是否给宝宝哺乳，掌握正确的哺乳方法很重要。哺乳时，应让孩子交替吸吮双侧乳房，一侧吸空后，再吸另一侧，这样可使每一侧乳房均匀哺乳，断奶后乳房仍保持丰满。有人发现在妊娠分娩过程中体重变化较大的妇女更容易发生产后乳房下垂。

（4）及时断奶：给孩子断奶的时间最好在1周岁以内。因为哺乳时间过长，乳汁已失去营养价值并会影响孩子发育，也会使乳房变得干瘪，断奶后乳房无法恢复到以前的形状。在妊娠和哺乳期间都要坚持戴合适的胸罩，以防乳房下垂。

产后哺乳时应注意什么

　　母乳喂养营养最好，温度适中，有抗体，吸吮乳头可促进宫缩。初次哺乳前应洗清乳头，先涂以植物油或矿物油，使垢痂变软，再用热肥皂水及清水洗净，擦干。产后12小时开始哺乳，此时乳量少或无乳，主要通过吸吮刺激泌乳。哺乳时间3～4小时1次，第1次只需几分钟，以后逐渐延长至15～20分钟，每次哺乳前用清水擦净乳头，母亲要洗手。产后3天乳胀是暂时的，急性期1～2天，主要由于淋巴及静脉充盈，剧烈时在腋窝摸到肿大、压痛的硬结。一般哺乳10个月到1年为宜。哺乳时间过长，会因乳汁质量下降引起宝宝营养障碍、母亲子宫萎缩而致闭经。哺乳开始后应注意以下几点。

　　（1）清洁卫生：分娩前，即用植物油（橄榄油、麻油、豆油）或矿物油（液状石蜡）涂敷乳头，使乳头表面的积垢和痂皮变软，再用肥皂水和热水洗净。产后即可开奶，每次喂奶前，先洗净双手，然后用温开水或2%硼酸水擦净乳头，挤掉几滴奶，以冲掉乳腺管内可能存在的细菌。

　　（2）喂好初乳：分娩后，经1～2天，乳房开始分泌乳汁。要自己的宝宝吃初乳（即第一口奶），不要让别的大的孩子来代替吸吮初乳。莫小看这第一口奶，宝宝吃了既能增强抵抗力，又能帮助宝宝腹中胎粪排出。

　　（3）催乳：乳汁不足者，应有正确的哺乳方法，按时哺乳，每次哺乳都要将乳汁吸净。注意睡眠及适当饮食。另外，可服用下奶的中药：黄芪15克，当归10克，王不留行10克，穿山甲12克，漏芦6克，白芷3克。也可服用甲状腺素0.03克，每日2～3次，连服3～4天。

　　（4）胀奶：产后3～4天左右乳房中会充满乳汁，使乳房变大变重，触摸时会觉得它很柔软很温暖，此即俗称的胀奶。胀奶通常只持续1～2天，但非常不舒服且可能复发。缓解胀奶的办法是人工挤奶或喂宝宝吃（但在新妈妈哺喂前应先挤掉一些，好让宝宝能吸住新妈妈的乳房）。此外，以热水浸泡、热敷乳房，或轻缓的朝乳头处按摩也可以。在喂乳期间胀奶的情形随时可能复发，尤其是乳房未适当排空，或宝宝错过一餐时特别容易发生。

（5）乳管阻塞：刚哺乳的几周，可能发生乳管阻塞的情况。可能因胀奶，胸罩太紧或干燥的乳汁堵住了乳头所致。如果乳管堵住了，新妈妈会觉得乳房柔软而沉重，同时皮肤发红。使乳管通畅的办法，是由胀奶的那一侧乳房开始哺乳，且喂奶时由疼痛部位的上方朝乳头的方向按摩。如果乳管尚未通畅的话，此侧的乳房不应再哺乳，需立即就医。因为有可能因感染造成内部化脓，虽然不是什么大病但会非常疼痛。

（6）疼痛的乳头：当新妈妈开始哺乳时，宝宝吸食的前几分钟，乳房感觉有点儿疼痛，这种疼痛是相当正常的，几天后就会消失。但乳头疼痛是产后前几周最常发生的问题，而且会把哺乳的乐趣转为梦魇。

（7）乳头皲裂：哺乳时，宝宝不正确地吸住乳房，或者喂完后将宝宝移开时不小心，都可能造成乳头疼痛及皲裂。只要在开始和结束哺乳时小心地处理，才可防止发生；若已经发生疼痛或皲裂时，喂食前后也必须小心处理好，让乳头能尽快地复原。如果疼痛的乳头裂开了，宝宝不能吸食该侧之乳房，至少要等72小时，而且应将其中的乳汁挤出以免胀奶。乳头裂开非常疼痛，而且容易导致乳房感染。为了避免乳头裂开，可以乳头上滴几滴宝宝乳液。

（8）乳腺炎：乳腺炎最初的症状是乳房肿胀、变软且感染的部位红肿，同时还出现类似感冒的症状，包括发热、发冷、疼痛、头痛，有时还会恶心及呕吐。如果新妈妈怀疑自己罹患乳腺炎，应立即就医。如果治疗妥当，乳腺炎可在1天左右即治愈。由于乳腺炎只感染乳房组织与乳汁无关，因此不会传染给宝宝。

哺乳时如何保护乳房

哺育宝宝是母爱的体现，母乳喂养是喂养宝宝的最佳方式。凡是身体健康的新妈妈，都应以母乳喂养自己的孩子。有不少新妈妈，孩子生下后便拒绝哺乳，代之以人工喂养，为的就是保持乳房的原有形态。请不必担心，只要保养得法，乳房不会下垂。哺乳期间应注意以下几点：

(1) 产后要早吸吮。分娩后 30 分钟，母婴裸体皮肤接触并让宝宝吸吮 30 分钟以上。早吸吮有利于早分泌乳汁，多分泌乳汁，也有利于乳房的健康和子宫的收缩。大多数妇女在产后第二天就可从乳头挤出少许乳汁，叫作初乳，以后由于哺乳的关系，乳汁的分泌量日见增多。

(2) 根据具体情况选择正确的喂奶方式，一般常用坐式、侧卧式、环抱式等。正确的喂奶姿势有利于防止乳头疾病的发生。根据宝宝需要随时哺乳。每次喂奶后应将乳汁排空。

(3) 哺乳时不要让孩子过度牵拉乳头，每次哺乳后，用手轻轻托起乳房按摩 10 分钟。

(4) 每日至少用温水洗浴乳房两次，这样不仅有利于乳房的清洁卫生，而且能增加悬韧带的弹性，从而防止乳房下垂。

(5) 胸罩选戴松紧合适，令其发挥最佳提托效果。

(6) 哺乳期不要过长。孩子满 10 个月，即应断奶。

(7) 注意宝宝口腔卫生，如有乳头破损，要停止喂奶并及时治疗。

(8) 哺乳期妇女应注意休息，保持精神愉快，增强全身抵抗力，减少乳腺炎的发生。一旦发现乳腺炎要及时去医院在医师指导下治疗。

(9) 坚持做俯卧撑等扩胸运动，促使胸肌肉发达有力，增强对乳房的支撑作用。

如何用仙人掌外敷治疗乳汁淤积

新妈妈出现乳汁淤积会表现为：乳房灼热、疼痛、红肿，伴有寒热、恶心、烦渴等，有的新妈妈腋窝还会有肿块，但血常规化验结果正常，B 超检查也没有异常。

发病原因是因产后 1 周内乳汁分泌充足，宝宝进食量相对较少，因由胃经热毒壅滞，极易发生乳汁淤积，引起乳房灼热疼痛、红肿、寒热、恶心、烦渴等症状。

目前对乳汁淤积的治疗方法很多，包括外敷性激素、热敷、吸乳器吸乳、内服中西药、仙人掌外敷等方法。下面介绍仙人掌外敷法：将仙人掌去刺，捣成糊状敷在乳房硬肿处，并超过硬肿范围（腋窝处的淋巴结不予外敷），敷好后用纱布覆盖以免被衣服粘掉。24小时后，大部分患者肿胀、疼痛缓解，体温正常。

仙人掌外敷对今后的泌乳没有影响。仙人掌外敷治产后乳汁淤积，与其能清热化瘀和分解乳汁中糖分有关。

怎样减轻新妈妈乳房肿胀

有的新妈妈在产后2～3日出现乳房胀痛，甚至疼痛难忍。这是因为，产后乳房大量泌乳，同时乳房的血管和淋巴管亦扩张，这时，如果乳管淤塞不通，导致乳汁充盈郁积成块，宝宝吸不出奶，则会形成乳汁淤积，引起乳房胀痛。

乳房淤积根据程度不同，可分为四级，其治疗方法也不同。①属正常范围。有暂时轻度胀满感，经新生儿吸吮或用手挤，乳汁容易排出。乳汁排出后，胀痛立即缓解。②乳房充盈。乳房胀痛，可触及硬结，用吸乳器抽取，或让新生儿吸吮即逐渐缓解。③乳房淤积。乳房严重膨胀，有硬块，疼痛较重，皮肤有水肿，弹性消失，表面发热，乳头低平，宝宝用力吸吮水肿的乳头，容易发生皲裂，母亲也有疼痛感。此情况需要到医院请医师治疗。④乳房淤积及乳管阻塞。因乳房组织明显水肿，乳管不通畅，乳汁排出受阻，导致肿胀加重，出现皮肤充血、水肿、发硬、发热，重者可见紫红色瘀斑；新妈妈体温升高，疼痛剧烈。此时应停止喂奶，及时到医院医治，若及时处理，可在2日内逐渐平复。

乳房郁积、发热、疼痛者，可局部热敷，轻轻从四周向乳头方向按摩，使乳汁排出，也可吃中药通乳散结。怀疑有感染时，可用抗生素，切不可因疼痛而拒绝按摩或吸乳，致使乳汁不能排出，淤积加重，而导致发生乳腺炎。

预防乳汁淤积应采取的措施是：疏通乳腺管道，使乳汁分泌流畅。产后乳房护理方法，可先用湿热毛巾敷乳房，然后分四步动作进行按摩。①一手扶手乳房下侧面，另一手按在乳房上缘向外侧转动乳房，并向乳头方向拨动，目的是疏松乳腺管筋膜。②分两个动作。双手捧住乳房，从乳房根部向外上方提拔；一手捏住乳房根部作上下左右抖动数次。③一手以虎口穴轻压乳房壁，露出乳头，围绕乳房均匀地按摩，以疏通乳腺管。④以食指、中指、大拇指将乳头做上下左右牵扯数次。

以上方法目的是使乳腺管内的乳汁集中于乳窦内，便于宝宝吮吸乳汁。

如果宝宝吸吮力不足，可用吸乳器吸出或挤出乳汁，以减轻乳汁淤积现象。其次，可选用散结通奶的中药治疗。例：柴胡 6 克、当归 12 克、王不留行 9 克、漏芦 9 克、通草 9 克，煎服。或用中药鹿角粉每天 9 克，分 2 次，用少量黄酒冲服，效果很好。

哺乳会影响乳母的体形美吗

有些年轻的妈妈，为了保持自己娇美的体形，产后不亲自给宝宝哺乳，而用牛奶或其他营养品代替。其实，这种做法会适得其反。

孕期母体贮存的部分脂肪是为产后哺乳而准备的。因此，分娩后哺育宝宝，随着乳汁的大量分泌、母体增加了热能消耗，可防止产后发胖，有利于产后形体的恢复。哺乳也不会使乳房松弛下垂。实际上乳房松弛变形与孕晚期乳房胀大程度有关。胀得过大的乳房即使不哺乳也会松弛变形。否则，即使哺乳也不易变形。防止乳房松弛变形的关键是产后要正确使用乳托，而不是放弃哺乳。

宝宝吸吮可以促使乳母子宫收缩，促进子宫腔内的分泌物尽快排出，以及子宫的复原。当宝宝吸奶时，母亲感到下腹正中轻度酸痛，说明子宫正在收缩。哺乳还可减少受孕概率。此外，哺乳妇女卵巢癌、乳腺癌发病率显著低于不哺乳妇女。可以说，哺乳有益于妇女的健康。

哺乳时由于有宝宝的吸吮，刺激了乳头，使母体中的一种名叫催产素的激素分泌增加，此激素可使因妊娠而增大的子宫缩回，臃肿的腹壁迅速复原。哺乳还可以加速乳汁分泌，促进母体的新陈代谢和营养循环，减少皮下脂肪的蓄积，从而也可以有效地防止肥胖。

另外，宝宝在吃母乳时，可以刺激母体产生一种称为催乳素的激素，这种激素的作用可使乳房的肌上皮细胞和乳房悬韧带接受刺激，有助于防止乳房的过度下垂。同时，哺乳可以密切母子感情，沉浸在母性的幸福之中，有助于宝宝和母亲的身心健康。

为了保持体形优美，乳母要注意饮食合理、营养全面，并适当做体育锻炼。哺乳时，两侧乳房轮流喂奶，防止两侧乳房因泌乳多少不均，而造成乳房大小不同。佩戴型号合适的胸罩。坚持运动和正确的喂奶会使支撑乳房的肌肉发达，防止乳房下垂，减少腹部的脂肪堆积，恢复优美的体形。

妇女因生育而失去娇美的体形，是生育后未能及时下床活动和生育过多而引起的，并非哺乳的缘故。哺乳有利于调整和恢复因妊娠而变更了的生理状态，恢复娇美的体形。

哺乳时乳头疼痛怎么办

乳头疼痛最常见的原因是宝宝吸吮时含接不正确，宝宝没将乳头和大部分乳晕含到嘴里，仅仅含住了乳头。这样吸吮时只用力嚼乳头，所以母亲感到疼痛。母亲由此对哺乳产生了顾虑，并可能减少喂哺的次数，缩短哺乳时间，而精神不愉快也影响乳汁分泌。宝宝由于光嚼乳头，吸不到足够奶水，乳房乳汁不能排空，进而使泌乳量减少，最终导致母乳喂养失败。

因此，母亲一旦感到乳头疼痛，应及时找医师或有哺乳经验的母亲帮助改进宝宝吸吮姿势。一般经纠正后，在多数情况下，疼痛会立即消失。

如果纠正姿势后，疼痛仍持续不减，或开始喂奶时无乳头痛，以后才出现时，应注意检查宝宝口腔情况。有时宝宝患鹅口疮，可传染到乳头，也会引起乳头疼痛，这样就需要用制霉菌素同时治疗宝宝的口腔和母亲的乳头。

要使母亲免受乳头疼痛之苦，需在孕期学会和掌握乳房护理的方法。懂得不用肥皂或酒精擦洗乳头，因为在乳头或乳晕局部有一种腺体，分泌油脂保护乳头，以防干裂。用肥皂洗乳头，会清除掉这层天然保护膜。此外，当宝宝吃奶后，要等他自己松开乳头，再将宝宝抱离乳房，切勿从宝宝嘴里强拉出乳头。

若母亲在某些情况下，不得不中断哺乳时，要将一手指轻轻放在宝宝口中使其停止吸吮，再拔出乳头。而最重要的是母亲在临产前最好学会如何使宝宝正确含接乳头的技巧。

产后乳腺炎如何防治

乳腺炎是产褥期常见的疾病，急性乳腺炎是以乳房部的急性化脓性感染为常见。尤以初产妇为多见，常发生于产后 3 ~ 4 周的哺乳期妇女，故又称之为哺乳期乳腺炎。急性乳腺炎的致病菌多为金黄色葡萄球菌及溶血性链球菌，经乳头的裂口或血行感染所致。乳汁淤积、排乳不畅是发病的主要原因。为什么初产妇容易得乳腺炎呢？这主要因为初产妇乳头的皮肤娇嫩，耐受不了宝宝吸奶时乳头含接不好，来回牵拉、摩擦乳头及乳晕，造成奶头皮肤损伤，形成裂口，尤其是乳头凹陷和平坦的可造成宝宝吮吸困难而咬破乳头，

乳头皮肤破溃，表面形成小裂口和溃疡，更耐受不了宝宝吸吮的刺激，而发生乳头皲裂。乳头裂口后，哺乳时会引起乳头疼痛，所以喂哺时间缩短，甚至不让宝宝吸奶，这时大量乳汁淤积在乳腺内，以致乳汁在乳腺内逐渐分解，分解后的产物最适合细菌的生长。假如此时外面的细菌从乳头裂口入侵，在乳腺内大量繁殖，便会发生乳腺炎。病人会突然感到恶寒发热，乳房结块，局部红肿和疼痛。如果能及时用抗生素和清热解毒的中药治疗，病情会很快得到控制。如治疗不及时或不治疗，病情会逐渐加重，局部疼痛剧烈，呈刺痛、跳痛，持续高热不退，导致局部化脓，甚至发生败血症。因此，积极预防和治疗本病是产后乳房保健的首要内容。

急性乳腺炎主要是因为乳头皲裂、细菌入侵、乳汁淤积而发病，故预防急性乳腺炎的发生首先要防止乳头皲裂。如在孕早期开始纠正乳头凹陷，孕5 个月后每天用 75% 酒精擦乳头或用肥皂水清洁乳头，然后用清水冲洗干净，涂上食用油，使乳头皮肤变得坚韧，产后哺乳时就不会发生乳头皲裂。其次，定时喂奶，每次喂奶时间不宜过长，10 ~ 15 分钟为宜，不要让宝宝含着乳头睡觉。每次喂奶，先吸空一侧，再吸另一侧乳房，下次喂奶时先吸另一侧。这样交替喂哺，如奶吸不完，应把乳汁挤掉。

乳腺炎患者要抓住有利时期尽早治疗，把疾病消灭在萌芽状态。当乳母哺乳时感到乳头疼痛，轻则在喂奶后涂药，如抗生素软膏、青黛散调麻油、鱼肝油之类外搽。如乳头已皲裂，可暂停直接哺乳，可用吸奶器将奶吸出再喂养宝宝，或用玻璃罩橡皮乳头放在乳头周围皮肤上哺乳，再煎药外搽乳头裂口。如已发生急性乳腺炎，可用抗生素如青霉素、红霉素等治疗；如已化脓则需切开排脓。另外，还可配合中药疏肝通乳、清热解毒等法治疗，效果会更佳。

怎样预防产后乳房胀痛

产后2天乳房开始胀痛、沉重，局部可以摸到硬块。宝宝吸吮后2～3天，乳房变软，硬结消失，新妈妈自觉轻松，这是正常现象。有的新妈妈乳房胀得厉害，摸到大硬块，又挤不出多少奶汁，宝宝吸吮后硬块不消，痛得不能碰，局部皮肤上能看见扩张的血管，甚至发热38℃左右，这就是俗话说的"乳热"，不仅会使新妈妈痛苦而且还影响乳腺的分泌功能。因此，预防产后乳胀很有必要。

(1) 从怀孕中期开始进行乳房护理。

(2) 分娩后就让宝宝吸吮母乳。

(3) 产后先不要多喝汤水，待乳管通畅后再添加鸡汤、鱼汤等下奶食物。

(4) 用合适的乳罩或三角巾悬托乳房，促进局部血液循环。

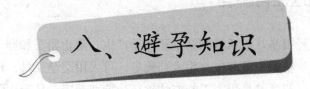

什么是避孕

避孕是应用科学手段使妇女暂时不受孕。主要控制生殖过程中的三个环节：一是抑制精子与卵子产生，二是阻止精子与卵子结合，三是使子宫环境不利于精子获能、生存，或者不适宜受精卵着床和发育。

常见的避孕方法有：使用避孕药、避孕套、避孕膜、安全期避孕法、体外排精避孕法、压缩尿道避孕法、手术避孕法等。

蜜月旅游要不要避孕

结婚旅游已相当普遍，这虽然有不少优点，但新婚夫妇可别忘了注意避孕，以免此时播下劣质的"种子"而遗憾终生。因为旅游生活无规律，心情紧张，精神及体力疲劳，机体抵抗力也随之下降，这些会影响精、卵质量。再说旅途中各地气候差别很大，容易受凉感冒，加之人群混杂、污染广泛，洗浴住宿卫生条件差，容易诱发和传染疾病。特别是风疹病毒、性病毒病菌的感染，是导致流产、早产、死胎或胎儿畸形或继发不孕的重要诱因。医学及遗传学家们认为，受孕以安逸愉快的生活条件为宜。从优生的角度来看，新婚夫妇如欲早些怀孕，则不宜蜜月旅游。蜜月旅游的夫妇应采取避孕措施，最好在旅游结束后 1～2 个月再受孕。

避孕的途径有哪些

避孕的途径很多，包括抑制精子和卵子产生、阻止精子和卵子相遇、改变宫腔环境使受精卵不能着床、手术补救等，可采用避孕工具、药物、绝育术及其他方法。节育就是用人工的方法破坏受精卵着床，从而达到不能受孕的目的。

（1）阻止精卵相遇：①机械作用。一种方法是阻止精子进入阴道，例如阴茎套。另一种是可让精子进入阴道，但不能进入子宫的腔，例如子宫帽。②利用化学作用杀死精子或使精子失去活力。在阴道内放入避孕药膏、药片或栓剂。这些药品的酸度可杀死精子，或者形成精子不能穿透的油层或薄膜，阻止精子进入子宫。③安全期性交。利用精子、卵子排出后只能生存 24 小时的生理现象，避免在排卵期前后性交，使精卵没有机会相遇，例如安全期避孕法。④手术方法。将男性输精管或女性输卵管结扎切断，使精子、卵子不能相遇，从而达到永久性绝育。

（2）改变宫腔内条件：利用物理方法使其不利于受精卵生存，不适于孕卵着床，例如放置宫内节育器等。

（3）抑制排卵或抗受精卵着床：用外源性激素抑制排卵或阻止受精卵着床。如口服避孕药Ⅰ号、Ⅱ号，复方 18－炔诺孕酮、探亲药等，以及长效避孕药等，能使卵巢不能排卵，或使子宫内膜发生改变，受精卵不能着床。

避孕药的避孕原理是什么

由于女性口服避孕药和避孕针剂含有雌激素和孕激素，因此它们有以下四方面的作用。

女子在性成熟以后，每月从卵巢排出一个卵子，这是在丘脑下部、脑垂体和卵巢三者的互相作用、控制下进行的。丘脑下部分泌一种叫促性腺激素释放激素的物质，作用于脑垂体，使脑垂体分泌一种叫促性腺激素的物质，在它的作用下，卵巢里的卵泡发育成熟和排出卵子，并分泌雌激素和孕激素。

卵巢产生的雌激素和孕激素又反过来作用于丘脑下部的脑垂体，影响它们的分泌功能。当卵巢分泌的雌激素和孕激素增多时，就会通过丘脑下部抑制或减少脑垂体分泌促性腺激素。促性腺激素被抑制或减少，卵巢里的卵泡就不发育成熟和排卵。因为口服避孕药和避孕针剂含雌激素和孕激素，人体内的这两种激素增加了，抑制了丘脑下部促性腺激素释放激素的分泌，因此脑垂体分泌的促性腺激素也受到抑制，也就抑制了卵泡的发育成熟和排卵，起到了避孕作用。停药后，卵巢很快恢复排卵。

子宫内膜在月经周期中进行周期性地改变形态。当它受雌激素和孕激素的影响时，子宫内膜的腺体增殖，螺旋动脉增长，整个内膜层增厚，富有营养，便于受精卵着床。但是口服避孕药或打避孕针以后，子宫内膜比较薄，腺体少，分泌也不好，这种发育不良的子宫内膜无法接纳受精卵着床，因此也就不会怀孕了。

子宫颈的黏液也随月经周期而变化。在月经刚走时，体内雌激素还不多，子宫颈黏液的量也少。当快排卵时，体内的雌激素增多，产生较多的黏液，稀薄而透明，有利于精子的通过和保护精子的活力。排卵过后，在卵巢分泌的孕激素的影响下，子宫颈分泌的黏液变得黏稠不透明，这样的黏液不利于精子通过；口服避孕药或避孕针剂中的孕激素，能使宫颈腺体分泌的黏液黏稠，不利于精子通过，可以起到避孕的作用。

口服避孕药和避孕针剂中的雌激素可以加速输卵管的运动，孕激素对输卵管上皮的纤毛和分泌细胞有一定的影响，使受精卵在输卵管中的运行加快，当受精卵到达子宫时，子宫内膜的发育还不成熟，不利于受精卵着床。

短效避孕药有几种

短效避孕药是目前应用最多、最广的一种避孕药，因为它在人体内发挥作用的时间短，所以要每天按时服用，1个月经周期必须连服22天才能起到避孕效果。短效避孕药是由人工合成的雌激素和孕激素配制而成，我国常用的口服短效避孕药有以下4种。

（1）**避孕药1号**：又称复方炔诺酮片，内含炔雌醇0.035毫克、炔诺酮0.6

毫克。

(2) **避孕药 2 号**：又称复方甲地孕酮片，内含炔雌醇 0.035 毫克、甲地孕酮 1 毫克。

(3) **避孕药 0 号**：内含炔雌醇 0.035 毫克、炔诺酮 0.3 毫克、甲地孕酮 0.5 毫克。

(4) **短效 18 甲**：又称复方 18 炔诺孕酮片，内含炔雌醇 0.03 毫克、18 炔诺孕酮 0.3 毫克。

上述 4 种短效避孕药效果一致，使用方法完全相同，可任选其中一种服用。具体服药方法如下：从月经来潮当天算起的第 5 天开始服药（即使那天月经尚未干净，也要服药），每天晚上服 1 片，连续服 22 天，可避孕 1 个月。一般在停药后 1 ~ 3 天月经来潮，然后再从月经来潮的第 5 天开始，继续按上述方法连续服 22 天。这样逐月地重复下去，可连续服用多年。

服用短效避孕药要注意什么

服药时要注意以下几点：

(1) 严格按照规定服药，不管到时月经是否干净，必须在来月经的第 5 天开始服，服迟了就不能抑制排卵，会影响避孕效果。

(2) 服药不能中断，必须连续服 22 天，如在某天晚上忘记取药，第 2 天早晨必须补服 1 片。如果不补服或中途停服，会引起阴道出血或避孕失败。

(3) 少数妇女服药后有恶心、呕吐、头晕等反应，反应高峰多在服药后 3 ~ 4 个小时。为了减轻反应，最好在晚饭后或睡前服药。这样待药物反应时，服药者已经熟睡，可大大减轻药物反应。

(4) 要养成定时服药习惯，这样不易忘记，防止漏服。

(5) 如果服完 22 片短效避孕药后 7 天仍没有来月经，应在那天晚上开始服下个月的避孕药。如连续 2 个月不来月经，应停止服药，检查原因，此时仍要采取其他避孕措施，以免怀孕。月经恢复后可以继续服用短效避孕药。

(6) 口服短效避孕药尚有口服避孕膜 1 号、2 号、0 号，它们的成分和含量分别与避孕药 1 号、2 号、0 号相同，使用方法也相同。

服用避孕药为什么会发生阴道流血

短效避孕药安全、有效，绝大多数妇女服用后无任何反应；但有少数妇女在服药期间会发生阴道点滴样或月经样流血，这种不正常的阴道流血称为"突破性出血"。这样的阴道流血实际上是子宫内膜坏死、脱落所致的出血，其主要原因有两点。

（1）**避孕药的剂量不足**：短效避孕药应在月经来潮的第 5 天开始，每天服 1 片，连服 22 天，如中途漏服或停服，会引起体内的雌激素和孕激素水平突然下降，子宫内膜失去激素的支持便发生坏死、脱落而造成阴道流血。

（2）**个体差异**：避孕药中所含的雌激素和孕激素的比例与某些服药者体内的雌激素和孕激素的平衡要求不相符合，造成体内某种激素相对不足，因而不能维持子宫内膜生长，使其脱落而引起出血。

①阴道流血发生在月经周期的前半期。可能是雌激素不足引起。处理的办法是在服避孕药同时，每天加服避孕辅助药炔雌醇 1 ～ 2 片，直到服完 22 片避孕药后一起停药。雌激素增加以后，促使子宫内膜重新生长，因而有止血作用。

②阴道流血若发生在月经周期的后半期。常常是孕激素不足引起，此时每天需要加服 1 片避孕药，也就是每天服 2 片避孕药，一直服到预定停药日期为止。

③阴道流血量增多。如月经样或阴道流血快要接近月经期时，就算是月经来潮，这时应立即停药，并在停药后的第 5 天开始，继续服下一个月经周期的避孕药。

④连续数月出现阴道流血。应到医院检查有无器质性疾病，并改用其他避孕方法。

长期服用避孕药会致癌吗

有不少人担心，长期服用避孕药是否会致癌。据国内外大量调查研究资料表明，长期服用避孕药不但不会致癌，还有预防某些癌症的作用。口服避孕药能预防卵巢癌。卵巢癌的发生与排卵有关，卵巢排卵后局部形成囊肿，排卵次数越多，形成的囊肿也越多，而这种囊肿有可能发生恶性变。服用避孕药能抑制排卵，减少了囊肿的形成，所以也就减少了卵巢癌的发生。据美国疾病控制中心研究表明，美国每年使用口服避孕药可以免除 1700 名妇女患卵巢癌而死亡。我国对服用长效避孕药的 2 600 名妇女进行了 5 ~ 13 年的随访，结果无一例患卵巢癌。上述情况足以说明口服避孕药有预防卵巢癌的作用。口服避孕药还能减少子宫肌瘤和子宫内膜癌的发病率。这两种肿瘤的发生与体内雌激素的含量较高有一定关系。避孕药中含有孕激素，服用后可以抑制雌激素分泌，因而有预防作用。据有关资料统计，连续服用避孕药达 5 年的妇女，子宫肌瘤的发生率可减少 17%。服药时间越久，患子宫肌瘤的可能性越小。另一项研究表明，连续服用避孕药 1 年以上的妇女，患子宫内膜癌的机会可减少一半；即使停药后，其预防作用仍可维持 5 年之久。服药时间越长，患子宫内膜癌的危险性也越小。口服避孕药与子宫颈癌、乳腺癌的关系尚未肯定。但多数学者认为，导致这两种癌的发病因素很多，目前国内外资料均没有证据证实它与服避孕药有关。由此可知，长期服用避孕药不会引起癌症。当然，对于已经患有各种肿瘤的妇女来说，为了慎重起见，最好不要服用避孕药。

阴道炎患者怎样避孕

正常健康妇女的阴道由于其组织学和生物学的特点，有防止外界致病微生物侵袭的能力。但是，当自然防御功能由于某种原因遭到破坏时，病原体就容易乘虚而入，引起阴道炎。育龄妇女常见的阴道炎有两种：①阴道毛滴虫引起的滴虫性阴道炎。它可以通过性交直接传染，也可以通过公共场所，如浴池、医疗器械等间接传染，临床上以灰黄色泡沫状白带，伴有外阴、阴道瘙痒为特点。②白色念珠球菌引起的念珠菌阴道炎。临床上以外阴奇痒及白色豆腐渣样白带为特点。

患了阴道炎以后，在治疗期间应当禁止房事。如果是轻症的阴道炎可以选择长效或短效口服避孕药；假如阴道炎很严重，特别是滴虫性阴道炎，则应当选用避孕套比较合适，因为避孕套可以避免阴茎与阴道直接接触，以免交叉感染。同时，还要特别注意搞好个人清洁卫生，防止用公共浴具，积极治疗疾病。

更年期女性还需要避孕吗

妇女更年期是指月经完全停止前数月至绝经后若干年的一段时间，一般妇女从 45 岁开始到 55 岁左右。由于妇女进入更年期后，月经变化，生育能力丧失，性生活能力下降，因而一些人对是否需要继续采取避孕措施产生怀疑，甚至干脆不再避孕，结果造成意外怀孕。从妇女的生理进程来看，更年期女性的生殖功能是一个逐渐衰退的过程，在这个过程中，卵巢功能也是逐渐衰退的，而不是突然中止的。因此，卵巢活动的标志——月经的表现也是从规则到不规则，再到月经稀少，最后直至绝经。在这段漫长的时期内，卵巢的体积逐渐缩小，皮质变薄，表面变皱，随着皮质内的卵泡明显减少，排卵也相应减少，直到绝经期。由此可知，虽然更年期女性的月经不规则，经量也明显稀少，但仍有不规则的排卵。而只要有成熟的卵泡排出，就有怀孕的可能。因此，更年期夫妇应认真采取有效避孕措施，直至妇女彻底绝经。更年期宫内节育器是否需要取出？更年期早的可从 40 岁开始出现症状，如月经有些紊乱，这表示排卵功能已丧失，但是偶然还可能有几次卵泡发育成熟、排卵，故仍有受孕的可能。绝经一年后可将节育环取出。一般绝经后，再有卵泡发育的可能性极少。宫内节育器到绝经后已完成了使命，及时把它取出为好。

如何用壬苯醇醚药膜避孕

（1）作用与适应证：本品为外用避孕药，系非离子型表面活性剂，通过降低精子的脂膜表面张力，改变精子渗透压而杀死精子或使它们不能游动，难于穿透宫颈口而无法使卵受精，达到避孕效果。适用于女性外用短效避孕。

（2）**剂型规格**：膜剂，每片含壬苯醇醚 50 毫克。

（3）**用法与用量**：阴道内给药。于房事前 10 分钟，取药膜一张，对折 2 次或揉成松软小团，以食指（或中指）戴指套将其推入阴道深处，10 分钟后可行房事。最大用量每次不超过 2 片。

（4）**特别提醒**：①对本品过敏者，或可疑生殖道恶性肿瘤者，以及有不规则阴道出血者禁用。②取药膜时，应注意药膜与包装纸的区别，切勿错用。③药膜必须置于阴道深处，待溶解后（约需 10 分钟）方可进行房事。④房事后 6 小时方可冲洗。⑤拆开包装后，剩余药品应密闭保存，防止吸湿和污染变质。⑥本品性状发生改变时禁止使用。⑦请将此药品放在儿童不能接触的地方。

（5）**不良反应**：①偶见过敏反应，可使女性外阴或阴道，甚至男性阴茎发生较严重的刺激症状，如局部瘙痒、疼痛。②少数患者局部有轻度刺激症状，阴道分泌物增多。

（6）**药物相互作用**：如正在使用其他药品，尤其是口服避孕药时，在使用本品前应咨询医师或药师。

（7）**性状与贮藏**：本品为类白色或微黄色半透明药膜，遇水易溶。在阴凉干燥处保存。

如何用壬苯醇醚阴道片避孕

（1）**作用与适应证**：本品为外用避孕药，系非离子型表面活性剂，通过降低精子的脂膜表面张力，改变精子渗透压而杀死精子或使它们不能游动，难于穿透宫颈口而无法使卵受精，达到避孕效果。适用于女性外用短效避孕。

（2）**剂型规格**：片剂，每片含壬苯醇醚 0.1 克。

（3）**用法与用量**：阴道内给药，1 次 1 片，于房事前 5 分钟放入阴道深处。

（4）**特别提醒**：①对本品过敏者，或可疑生殖道恶性肿瘤者，以及有不规则阴道出血者禁用。②房事后 6 小时方可冲洗。③本品性状发生改变时禁止使用。④请将此药品放在儿童不能接触的地方。

（5）**不良反应与药物相互作用**：同壬苯醇醚药膜。

(6) **性状与贮藏**：本品为白色片。密闭，在阴凉干燥处保存。

如何用壬苯醇醚栓避孕

(1) **作用与适应证**：本品为外用避孕药，系非离子型表面活性剂，通过降低精子的脂膜表面张力，改变精子渗透压而杀死精子或使它们不能游动，难于穿透宫颈口而无法使卵受精，达到避孕效果。适用于女性外用短效避孕。

(2) **剂型规格**：栓剂，每枚含壬苯醇醚 40 毫克，或 50 毫克，或 100 毫克。

(3) **用法与用量**：阴道内给药，1 次 1 粒，于房事前 5 分钟放入阴道深处。

(4) **特别提醒、药物相互作用**：同"壬苯醇醚阴道片"。

(5) **不良反应**：同"壬苯醇醚药膜"。

(6) **性状与贮藏**：本品为水溶性基质制成的白色或乳白色栓。遮光、密闭保存。

如何用壬苯醇醚胶冻避孕

(1) **作用与适应证**：本品为外用避孕药，系非离子型表面活性剂，通过降低精子细胞膜表面活性，改变精子渗透性而杀死精子或使它们不能游动，难于穿过宫颈口而无法使卵受精，从而达到避孕效果。适用于女性外用短期避孕。

(2) **剂型规格**：胶冻剂，浓度为 4%。

(3) **用法及用量**：阴道内给药。于房事前将药管内胶冻完全注入阴道深处。

(4) **特别提醒**：必须按要求正确使用，初用者可请医师或药师指导。胶冻必须注入阴道深处，否则易导致避孕失败。使用后的注入器应用温开水洗净，揩干，用清洁纸包好，下次备用。当药品性状发生改变时禁用。如使用过量或发生严重不良反应时应立即就医。请将此药品放在儿童不能接触的地方。

(5) **不良反应**：偶见过敏反应，可使女性外阴或阴道，甚至男性阴茎发生较严重的刺激症状，如局部瘙痒、疼痛等。少数患者局部有轻度刺激症状，阴道分泌物增多。

(6) **药物相互作用**：如正在使用其他药品，则在使用本品前应咨询医师或药师。

(7) **性状与贮藏**：遮光、密闭保存。

如何用炔诺酮滴丸避孕

(1) **作用与适应证**：本品为口服避孕药，为孕激素类药物，具有抑制排卵作用。适用于女性探亲时短效避孕。

(2) **剂型规格**：滴丸剂，每丸含炔诺酮 3 毫克。

(3) **用法与用量**：口服。自同居当晚起，每晚 1 丸，10 天之内必须连服 10 丸，同居半个月，连服 14 丸。

(4) **特别提醒**：①对本品过敏者，患有心血管疾病、肝肾疾病、糖尿病、哮喘病、癫痫、偏头痛、血栓性疾病、胆囊疾病及精神病患者禁用。②如服用过量或发生严重不良反应，请立即就医。③本品性状发生改变时禁止使用。④请将此药品放在儿童不能接触的地方。

(5) **不良反应**：①偶见过敏反应。②可见胃肠道反应，如食欲减退、恶心。也可见头晕、倦怠。③不规则出血。

(6) **药物相互作用**：如正在使用其他药品，使用本品前请咨询医师或药师。

(7) **性状与贮藏**：本品为乳白色或淡黄色滴丸。遮光、密封保存。

如何用复方炔诺酮膜避孕

(1) **作用与适应证**：本品为外用避孕药，药中的炔诺酮能阻止孕卵着床，并使宫颈黏液稠度增加，阻止精子穿透。炔雌醇能抑制促性腺激素分泌，从而抑制卵巢排卵。两种成分配伍可增强避孕作用，又减少不良反应。适用于女性外用避孕。

(2) **剂型规格**：膜剂，每片含炔诺酮 0.6 毫克、炔雌醇 0.035 毫克。

(3) **用法及用量**：阴道内给药。于月经第 5 日开始，每日取 1 片，置阴道深处，连用 22 日。停药后 3～7 日内行经，于行经的第 5 日开始使用下一周期药物，产后或流产后应在月经来潮后再用。不得漏用。

（4）**特别提醒**：①对本品过敏者，或可疑生殖道恶性肿瘤者，以及有不规则阴道出血者禁用。②取药膜时，应注意药膜与包装纸的区别，切勿错用。③药膜必须置于阴道深处，待溶解后（约需 10 分钟）方可进行房事。④房事后 6 小时方可冲洗。拆开包装后，剩余药品应密闭保存，防止吸湿和污染变质。⑤本品性状发生改变时禁止使用。⑥如使用过量或出现严重不良反应，请立即就医。⑦请将此药品放在儿童不能接触的地方。

（5）**不良反应**：①偶见过敏反应，可使女性外阴或阴道，甚至男性阴茎发生较严重的刺激症状，如局部瘙痒、疼痛。②少数患者局部有轻度刺激症状，阴道分泌物增多。

（6）**药物相互作用**：如正在使用其他药品，尤其是口服避孕药时，在使用本品前应咨询医师或药师。

（7）**性状与贮藏**：遮光、密封保存。

如何用复方炔诺酮片避孕

（1）**作用与适应证**：本品为口服避孕药，药中的炔诺酮能阻止孕卵着床，并使宫颈黏液稠度增加，阻止精子穿透。炔雌醇能抑制促性腺激素分泌，从而抑制卵巢排卵。两种成分配伍，增强避孕作用，又减少了不良反应。适用于女性口服避孕。

（2）**剂型规格**：片剂，每片含炔诺酮 0.6 毫克、炔雌醇 0.035 毫克。

（3）**用法与用量**：口服，从月经周期第 5 日开始用药，一日 1 片，连服 22 天，不能间断，服完等月经来后第 5 天继续服药。

（4）**特别提醒**：①对本品中任一成分过敏者禁用。②服药期间，应定期体检，发现异常应及时停药就医。③下列情况应禁用：乳腺癌、生殖器官癌、肝功能异常或近期有肝病或黄疸史、深部静脉血栓病、脑血管意外、高血压、心血管病、糖尿病、高脂血症、精神抑郁症及 40 岁以上妇女。④出现下列症状时应停药：怀疑妊娠、血栓栓塞病、视觉障碍、高血压、肝功能异常、精神抑郁、缺血性心脏病等。⑤按规定方法服药，漏服药不仅可发生突破性出血，还可导致避孕失败。一旦发生漏服，除按常规服药外，应在 24 小时内加服 1 片。⑥哺乳期妇女应于产后半年开始服用。⑦如服用过量或出现严重不良反应，请立即就医。⑧本品性状发生改变时禁止服用。⑨请将此药品放在儿童不能接触的地方。

（5）**不良反应**：①类早孕反应，表现为恶心、呕吐、困倦、头晕、食欲减退。②突破性出血（多发生在漏服药时，必要时可每晚加服炔雌醇 0.01 毫克），闭经。③精神压抑、头痛、疲乏、体重增加，面部色素沉着。④肝功能损害，或使肝良性腺瘤相对危险性增高。⑤ 35 岁以上的吸烟妇女，服用本品患缺血性心脏病危险性增加。⑥可能引起高血压。

（6）**药物相互作用**：①可使避孕效果降低的药物，如抗菌药，尤其是口服广谱抗菌药；药酶诱导剂，如利福平、苯巴比妥、苯妥英等，应避免同时服用。②本品影响其他药物的疗效，使其作用减弱的有抗高血压药、抗凝血药以及降血糖药。使其疗效增强的有三环类抗抑郁药。③如您正在服用其他药品，使用本品前请咨询医师或药师。

（7）**性状与贮藏**：本品为糖衣片，遮光、密封保存。

如何用复方炔诺孕酮片避孕

（1）**作用与适应证**：本品为口服避孕药，其中炔诺酮能阻止孕卵着床，并使宫颈黏液稠度增加，阻止精子穿透；炔雌醇能抑制促性腺激素分泌，从而抑制卵巢排卵。两种成分配伍既可增强避孕作用，又减少了不良反应。适用于女性口服避孕。

（2）**剂型规格**：片剂，每片含炔诺酮 0.3 毫克、炔雌醇 0.03 毫克。

（3）**用法及用量**：口服。从月经周期第 5 日开始用药，一日 1 片，连服 22 天，不能间断，服完等月经来后第 5 天重复服药。

（4）**特别提醒**：①对本品中任一成分过敏者禁用。②服药期间，应定期体检，发现异常应及时停药就医。③下列情况应禁用：乳腺癌、生殖器官癌、肝功能异常或近期有肝病或黄疸史、深部静脉血栓病、脑血管意外、高血压、心血管病、糖尿病、高脂血症、精神抑郁症及 40 岁以上妇女。④出现下列症状时应停药：怀疑妊娠、血栓栓塞病、视觉障碍、高血压、肝功能异常、精神抑郁、缺血性心脏病等。⑤按规定方法服药，漏服药不仅可发生突破性出血，还可导致避孕失败。⑥一旦发生漏服，除按常规服药外应在 24 小时内加服 1 片。⑦哺乳期妇女应于产后半年开始服用。⑧如服用过量或出现严重不良反应，请立即就医。⑨本品性状发生改变时禁止服用。⑩请将此药品放在儿童不能接触的地方。

（5）**不良反应**：①类早孕反应，表现为恶心、呕吐、困倦、头晕、食欲减退。②突破性出血（多发生在漏服药时，必要时可每晚加服炔雌醇 0.01 毫克），闭经。③精神压抑、头痛、疲乏、体重增加，面部色素沉着。④肝功能损害，或使肝良性腺瘤相对危险性增高。⑤35 岁以上的吸烟妇女，服用本品患缺血性心脏病危险性增加。⑥可能引起高血压。⑦偶见过敏反应。

（6）**药物相互作用**：①可使本品避孕效果降低的药物有抗菌药尤其是口服广谱抗菌药；药酶诱导剂，如利福平、苯巴比妥、苯妥英等，应避免同时服用。②本品可减弱抗高血压药、抗凝血药以及降血糖药的疗效。③本品可增强三环类抗抑郁药的疗效。④如正在服用其他药品，使用本品前请咨询医师或药师。

（7）**性状与贮藏**：遮光、密封保存。

如何用左炔诺孕酮片避孕

（1）**作用与适应证**：本品为口服避孕药，为速效、短效避孕药，避孕机制是显著抑制排卵和阻止孕卵着床，并使宫颈黏液稠度增加，精子穿透阻力增大，从而发挥速效避孕作用。适用于女性紧急避孕，即在无防护措施或其他避孕方法偶然失误时使用。

（2）**剂型规格**：片剂，每片含左炔诺孕酮 0.75 毫克。

（3）**用法与用量**：口服，在房事后 72 小时内服第 1 片，隔 12 小时后服第 2 片。

（4）**特别提醒**：①本品是用于避孕失误的紧急补救避孕药，不是引产药。②本品不宜作为常规避孕药，服药后至下次月经前应采取可靠的避孕措施。③如服药后 2 小时内发生呕吐反应，应立即补服 1 片。④本品可能使下次月经提前或延期，如逾期 1 周月经仍未来潮，应即到医院检查，以排除妊娠。⑤对本品过敏者禁用。⑥乳腺癌、生殖器官癌，肝功能异常或近期有肝病或黄疸史、静脉血栓病、脑血管意外、高血压、心血管病、糖尿病、高脂血症、精神抑郁患者以及 40 岁以上妇女禁用。⑦本品性状发生改变时禁止使用。⑧请将此药品放在儿童不能接触的地方。

（5）**不良反应**：偶有轻度恶心、呕吐，一般不需处理，可自行消失，如症状较重应向医师咨询。

（6）**药物相互作用**：如正在使用其他药品，尤其是苯巴比妥、苯妥英钠、利福平、卡马西平、大环内酯类抗生素，咪唑类抗真菌药、西咪替丁以及抗病毒药等，使用本品前请咨询医师或药师。

（7）**性状与贮藏**：本品为白色片。避光、密封保存。

如何用复方左炔诺孕酮片避孕

（1）**作用与适应证**：本品为口服避孕药，药中的左炔诺孕酮能阻止孕卵着床，并使宫颈黏液稠度增加，阻止精子穿透。炔雌醇能抑制促性腺激素分泌，从而抑制卵巢排卵。两种成分配伍，既增强避孕作用，又减少了不良反应。适用于女性口服避孕。

（2）**剂型规格**：片剂，每片含左炔诺孕酮 0.15 毫克、炔雌醇 0.03 毫克。

（3）**用法与用量**：口服，从每次月经来潮的第 5 日开始服药，每日 1 片，连服 22 日，不能间断、遗漏，服完后等月经来潮的第 5 日，再继续服药。

（4）**特别提醒、不良反应、药物相互作用**：同"左炔诺孕酮片"。

（5）**性状与贮藏**：本品为糖衣片或薄膜衣片，除去包衣层后呈白色或类白色。遮光、密封保存。

如何用复方左炔诺孕酮滴丸避孕

（1）**作用与适应证**：本品为口服避孕药，药中的左炔诺孕酮能阻止孕卵着床，并使宫颈黏液稠度增加，阻止精子穿透。炔雌醇能抑制促性腺激素分泌，从而抑制卵巢排卵。两种成分配伍，增强避孕作用，又减少了不良反应。适用于女性口服避孕。

（2）**剂型规格**：每丸含左炔诺孕酮 0.15 毫克、炔雌醇 0.03 毫克，

（3）**用法与用量**：口服，从每次月经来潮的第 5 日开始服药，每日 1 丸，连服 22 日，不能间断遗漏，服完后等月经来潮的第 5 日，再继续服药。

（4）**特别提醒、不良反应、药物相互作用**：同"左炔诺孕酮片"。

（5）**性状与贮藏**：本品为糖衣丸。遮光、密封保存。

如何用复方醋酸甲地孕酮片避孕

（1）**作用与适应证**：本品为口服避孕药，系由孕激素与雌激素的衍生物组成的复方制剂。孕激素的衍生物醋酸甲地孕酮能阻止孕卵着床，并使宫颈黏液稠度增加，阻止精子穿透。雌激素的衍生物炔雌醇能抑制促性腺激素分泌，从而抑制卵巢排卵。两种成分配伍，增强避孕作用，又减少了不良反应。适用于女性口服避孕。

（2）**剂型规格**：片剂，每片含醋酸甲地孕酮 1 毫克、炔雌醇 0.035 毫克。

（3）**用法与用量**：口服，于每次月经第 5 天开始，一日 1 片，连服 22 日。停药后 3～7 天内行经，于行经的第 5 天再服下一周期的药。产后或流产后在月经来潮再服。服药一个月可以避孕 1 个月，因此需要每个月服药。一般在睡前服，可减少不良反应。

（4）**特别提醒、不良反应、药物相互作用**：同上。

（5）**性状与贮藏**：本品为糖衣片，遮光、密封保存。

如何用炔雌醇／孕烯二酮片避孕

（1）**作用与适应证**：本品为口服避孕药，所含炔雌醇能抑制促性腺激素分泌，从而抑制卵巢排卵。本品另一成分孕烯二酮为孕激素，在较大剂量时能显著抑制促性腺激素和性激素分泌，从而具有抗早孕、抗着床以及使宫颈黏液变稠的作用。两药并用可发挥协同作用，提高避孕效果。适用于女性口服避孕。

（2）**剂型规格**：片剂，每片含炔雌醇 0.03 毫克、孕烯二酮 0.075 毫克。

（3）**用法及用量**：口服。自月经周期第 1 日起，每日在相同时间服白色药片 1 片，连用 21 日，随后每日在相同时间服红色药片（提醒药片）1 片，连用 7 日，共服 28 片。以后每个月均按上述方法重复服用，不得漏服。

（4）**特别提醒**：对本品中任一成分过敏者禁用。服药期间，应定期体检（包括宫颈细胞涂片），发现异常应及时停药就医。必须按规定方法服药，若漏服药不仅可发生突破性出血，还可导致避孕失败。一旦发生漏服，除按规定服药外，应在 24 小时内加服 1 片。下列情况禁用：乳腺癌、生殖器官癌、肝功能异常或近期有肝病或黄疸史、阴道异常出血、镰状细胞性贫血、深部静脉血栓病、脑血管意外、高血压、心血管病、高脂血症、精神抑郁症及 40 岁以上妇女和哺乳期妇女。出现下列症状时应停药：怀疑妊娠、血栓栓塞病、听力或视觉障碍、高血压、肝功能异常、精神抑郁、缺血性心脏病、胸部锐痛或突然气短、偏头痛、乳腺肿块、癫痫发作次数增加、严重腹痛或腹胀、皮肤黄染或全身瘙痒等。吸烟可使服用本品的妇女发生心脏病和中风的危险性增加，尤其是 35 岁以上的（含 35 岁）妇女，故服药期间应戒烟。当药品性状发生改变时禁用。如服用过量或发生严重不良反应时应立即就医。请将此药品放在儿童不能接触的地方。

（5）**不良反应**：常见的有恶心、呕吐、头痛、乳房痛、经间少量出血；较少见的有阴道感染、抑郁、皮疹及不能耐受隐形眼镜；较严重的不良反应尚有血栓形成，高血压、肝病、黄疸以及过敏反应等。

（6）**药物相互作用**：可使本品避孕效果降低的药物，如抗菌药尤其是广谱抗菌药、药酶诱导剂如利福平、苯巴比妥、苯妥英等，应避免同时服用。本品影响其他药物的疗效，使其作用减弱的有抗高血压药，抗凝血药以及降血糖药；使其疗效增强的有三环类抗抑郁药。如正在服用其他药品，使用本品前请咨询医师或药师。

（7）**性状与贮藏**：避光、密封保存。

如何用复方醋酸环丙孕酮片避孕

（1）**作用与适应证**：本品为口服避孕药，所含醋酸环丙孕酮能抑制促性腺激素分泌，从而抑制卵巢排卵，并能阻止孕卵着床和增加宫颈黏液稠度，阻止精子的穿透。本品另一成分炔雌醇亦能抑制促性腺激素分泌，从而抑制排卵。两种成分配伍，可增强避孕效果，减少不良反应。适用于女性口服避孕。

（2）**剂型规格**：片剂，每片含醋酸环丙孕酮 2 毫克、炔雌醇 0.035 毫克。

（3）**用法及用量**：口服。于每次月经出血的第 1 天开始服药，从药盒中取出标记该周星期日期的药片开始用，以后每天顺序服用，直至服完 21 片，随后 7 日不服药。即使月经未停也要在第 8 日开始服用下一盒药。应在每天大约相同的时间服药。

（4）**特别提醒、不良反应、药物相互作用**：同"炔雌醇／孕烯二酮片"。

（5）**性状与贮藏**：遮光、密封保存。

如何用三相避孕片避孕

（1）**作用与适应证**：本品为口服避孕药，其中所含左旋炔诺孕酮（18 甲炔诺酮）为口服强效孕激素，作用较炔诺酮强，并有雄激素、雌激素和抗雌激素的作用，既可抑制卵巢排卵，又可增加宫颈黏液稠度和抑制子宫内膜发育。另一成分炔雌醇亦能抑制促性腺激素分泌，从而抑制卵巢排卵，两药配伍既提高避孕效果，又减少了不良反应。适用于女性口服避孕

（2）**剂型规格**：片剂，①黄色片。每片含左旋炔诺孕酮 0.05 毫克、炔雌醇 0.03 毫克。②白色片。每片含左旋炔诺孕酮 0.075 毫克、炔雌醇 0.04

毫克。③棕色片。每片含左旋炔诺孕酮 0.125 毫克、炔雌醇 0.03 毫克。

（3）**用法及用量**：口服，首次服药从月经的第 3 日开始，每晚 1 片，连续 21 日，先服黄色片 6 日，继服白色片 5 日，最后服棕色片 10 日。以后各月经周期均于停药第 8 日按上述顺序重复服用。不得漏服。

（4）**特别提醒、不良反应、药物相互作用**：同"炔雌醇／孕烯二酮片"。

（5）**性状与贮藏**：避光、密封保存。

口服避孕药有什么不良反应

短效口服避孕药都为雌激素、孕激素复合片，因含雌激素，可引起类早孕反应，例如恶心、呕吐、食欲不振、困倦乏力等。为了减轻这些反应，最好在每天晚上饭后或睡觉前服药，个别严重者，可加用反应抑制片（又叫抗副反应片），每次 1 片，每天 1～2 次，服 2～3 天即可。

长效避孕药主要是利用炔雌醚被胃肠道吸收后，能贮藏在脂肪组织内缓慢释放的原理。由于复方制剂中所含的孕激素成分都不具有长效作用，在大部分时间里不能对抗炔雌醚的不良反应，因而产生类早孕反应，并有白带增多、月经失调等现象出现：①类早孕反应。主要表现为胃口不好、恶心、呕吐、头晕、乏力等，发生在服药后 8～10 小时，因而中午服药可减少反应。这种现象的发生率为 17.7%，在服药的最初 3 个月中发生率较高，以后会逐渐减少或消失。出现类早孕反应时可喝点浓茶，反应严重者可选服维生素 B_6 10 毫克，日服 3 次。②白带增多。于服药第一周期即可出现，用药 3 个月后发生率增多，约有 1/3 的人会出现这种现象，这与长效口服避孕药中所含炔雌醚量较多，使子宫颈腺体分泌旺盛有关。遇到些情况时可请医师开一些止带中药服用。③月经失调。部分人服药后出现月经失调，其中以月经量减少为主，这种情况对身体并无太大的影响，如果发生闭经，甚至连续 3 个月闭经，应请医师检查或暂停服药，采用其他避孕措施。④血压升高。约有 4% 的人会出现血压升高的现象，因此高血压患者不宜服用长效口服避孕药。患有急慢性肝炎、肾炎、肿瘤、糖尿病、血栓性疾患及心脏病的人不宜服用长效口服避孕药。哺乳期妇女和 45 岁以上妇女也不宜服用。

经量减少是药理作用造成的，不需处理，如果服 22 片短效避孕药停药 2～5 天后没有月经，则以停药第 7 天开始继续服第二个周期的药。如果连续闭经 2～3 个月，则应停药，待月经恢复后再按规定服药。

如果出血发生在月经周期的前半期，可每晚加服炔雌醇 1 片（0.005 毫克），直到服完 22 片避孕药为止。若发生在月经周期的后半期，可每晚加服避孕药 1 片，直到这次服药周期结束。如果出血量多，则应立即停止服药，把它算作 1 次月经，从第 5 天再开始服下 1 个周期的药。不规则出血与漏服避孕药有关，因此要养成按时服药的习惯，坚决防止漏服。如果当天晚上漏服，第 2 天早晨应补服 1 片，而这天晚上还要照常服药 1 片。为了避免忘记，可将药片装入瓶内，放在枕头底下或床头柜上，以便举手可得。

一般认为，短效避孕药可连服 6～7 年，长效避孕药可连服 3～4 年，如需长期服用，应定期检查身体。要掌握好各种避孕药物的剂量，各种避孕药的剂量、用法不同，用前一定要看清说明书，不识字的妇女应咨询计划生育工作者，一定要搞清，切勿将长效药物当短效药物连续服用，以免肝功能受到损害。有些避孕药物的主要成分在糖衣上，应该保管好，存放在干燥处，以防止潮解失效。欲怀孕的妇女服用避孕药时，应停药 6 个月以后方可怀孕，否则对胎儿有不良影响。

哪些妇女不宜服用避孕药

口服避孕药确实使用简便，避孕效果好。不少妇女连续使用 5～7 年，甚至十几年，对身体健康没有任何影响，因而避孕药深受广大妇女的欢迎。但是，口服避孕药也不是所有的妇女都能应用的，怀疑已经怀孕或者以前怀孕时患过黄疸病者，不宜服用避孕药；40 岁以上妇女、生育后孩子不满 2 周岁及有吸烟、饮酒嗜好的妇女，应慎重服用女性口服避孕药。

避孕药能抑制催乳激素的分泌，因而使乳汁减少、乳汁的质量发生变化，影响对婴儿的营养供应，不利于婴儿的生长发育。如果哺乳期服用避孕药，药物还能通过乳汁进入婴儿体内，影响婴儿的身体健康。

口服避孕药含有人工合成的雌激素和孕激素，这两种物质都必须在肝脏内解毒进行代谢，急、慢性肝炎患者的肝功能不好，急、慢性肾炎患者的肾功能不好，药物不能很好地进行代谢，就会造成药物在体内的积蓄。这样会加重肝、肾负担，不但不利于肝、肾功能的恢复，而且会使病情加重。如果肝、肾疾病已经痊愈，也要慎重，能否用口服避孕药，应听取医师指导。

患有子宫肌瘤、卵巢肿瘤、身体其他部位肿瘤，以及乳腺肿块者，不宜应用口服避孕药。虽然经过几十年的研究观察，没有发现口服避孕药有致癌作用，但是因为它含有雌激素和孕激素，可能会对已长的肿瘤有所影响，为了慎重起见，最好不用。

应用口服避孕药以后，有少数人血糖会升高，对糖尿病的症状缓解和治疗不利。另外，据认为，糖尿病有遗传因素，如果用药后，血糖升高，可能使原来隐性糖尿病人，成为显性，也就是诱发了糖尿病，因此不宜服用。

有血管栓塞如脑血栓、心肌梗死、脉管炎等疾病的人，如果口服避孕药，避孕药中的雌激素可能会增加血液的凝固性，这对健康人没什么影响，可是对血管栓塞的患者来说，可能会加重病情。

少数人应用口服避孕药后，有血压增高的倾向，因此有高血压和有明显高血压家族史的人不宜用。据研究，雌激素有使人体内水、钠潴留的倾向，这样可能加重心脏负担，因此心脏病患者也不宜应用口服避孕药。

服用避孕药如何注意营养调节

在临床实践中发现，长期服用口服避孕药的妇女，如果不注意合理营养，易造成维生素缺乏。

(1) 叶酸的补充：口服避孕药可妨碍叶酸的吸收。如果缺乏叶酸可引起舌炎、腹泻及贫血。叶酸广泛存在于动植物食品中，以绿叶蔬菜、猪肝含量最为丰富。因而长期服用避孕药的妇女宜多吃蔬菜、猪肝等，必要时加服叶酸片。

(2) 维生素 B_2 的补充：服避孕药后可使维生素 B2 减少，如果不及时补充，可造成维生素 B_2 缺乏症，引起口角炎、舌炎、结膜炎、脂溢性皮炎。维生素 B_2 在绿色蔬菜、黄豆、小麦、乳类等食物中含量最多，长期服用避孕药的妇女也应多吃上述食物。维生素 B_2 遇碱易被破坏，因而服避孕药的妇女忌食碱煮食品。

(3) 维生素 B_6 的补充：有些妇女口服避孕药后出现忧郁、悲观、脾气急躁，这是由于维生素 B_6 的缺乏引起的。麦芽、花生、葵花子富含维生素 B_6，香蕉含维生素 B_6 最为丰富，其含量为其他水果的 5 倍。

(4) 维生素 B_{12} 的补充：避孕药可增加某些组织维生素 B_{12} 的亲和力，从而降低维生素 B_{12} 的血液浓度。维生素 B_{12} 缺乏会引起贫血。维生素 B_{12} 在猪肝内含量较丰富。长期口服避孕药的妇女宜适当多吃猪肝。

(5) 维生素 C 的补充：口服避孕药可促进维生素 C 的分解。缺乏维生素 C 可引起坏血病，降低免疫功能。新鲜蔬菜、水果中维生素 C 含量最多，在酸性环境中维生素 C 不易破坏，所以长期服用避孕药的妇女应多吃些新鲜蔬菜、水果，尤其是带酸味的水果。必要时可服用维生素 C 片，1 日 3 次，每次 2 片。

避孕工具有哪些

应用一段时间的口服避孕药以后，最好改用避孕工具。女性用的避孕工具有阴道隔膜、男性用的有避孕套等，都能阻止精子进入阴道或子宫腔，从而达到避孕目的。避孕套有大、中、小和特小四种型号，可以根据自己的情况选用，如果避孕套外再涂上避孕药膏，效果会更好。女方可以用避孕药膜或子宫帽加避孕药膏。没有生育过的妇女，子宫颈口狭小，为确保安全起见，暂不宜放置宫内节育器。应用避孕工具，不仅安全可靠，而且没有不良反应，可以长期使用。惟一的缺点是开始不习惯，过一段时间就适应了。

如何使用避孕套避孕

避孕套是男用避孕工具，它是用优质乳胶制成的又软又薄的套子，又称为阴茎套，分大、中、小和特小号 4 种型号，直径分别为 35、33、31、29 毫米，可根据个人的情况选用。颜色分蓝、绿、黄、红、天蓝和无色透明等多种。避孕套的前端有一个小囊，用来贮存性交时射出的精液。用避孕套避孕，方法简便，容易掌握，安全可靠，无不良反应，是值得提倡的一种避孕方法。美中不足的是开始时有些人不习惯。如果避孕套和避孕药膏合用，即在阴茎前部涂少许避孕药膏，然后戴好避孕套，再在避孕套外涂些避孕药膏，除能润滑阴道、减少异物感、消除对性欲快感的影响以外，还能增强避孕效果。使用避孕套避孕的优点是比较便宜，使用方法简单，容易掌握。男女均可在当地计划生育部门领取或从药店购买。还可对性病及宫颈癌有预防作用。对男女双方的身体健康毫无影响，是一种安全可靠的避孕方法。随着生活水平的不断提高，人们对避孕套提出了更高的要求。因此，形形色色的新型避孕套应运而生，不仅改变了品种单一的缺陷，而且增加了"特异功能"，使性生活和谐美满。

（1）**迷你型避孕套**：这类避孕套色彩多样，有粉红、浅红、浅黄、浅绿、浅蓝等，可根据个人爱好选择。甚至还有一种黑色避孕套，专供丧礼期间使用，可谓独具匠心，挖空心思。有的配有茉莉、玫瑰、桂花、玉兰等香味。通过嗅觉和视觉的刺激，提高性兴奋，给人新奇舒适感。

（2）**药物型避孕套**：在避孕套中加入不含激素的天然提取药物，具有壮阳、固精、灭菌、消炎等功效。有的能弥补男女性兴奋上的时间差，延长性交时间。有的加入了治疗性病及阴道炎症的药物，使避孕与防病治病融为一体。药物套有阳刚套、延缓套、"1+1"保健套。

（3）**功能型避孕套**：这是一类加长加厚的象形套，形似已经勃起的阴茎，主要用于阴茎短小者。有的套顶有不同形状的枝状凸起，特定部位有不同大小的点状颗粒，能有效防治性感缺乏、性冷淡、性高潮困难等女性性障碍。有的配有理疗环，对男性早泄、早泄型勃起功能障碍有疗效。主要有象形套、怡乐套等。

（4）**异型避孕套**：避孕套的表面带有螺纹、颗粒、刺状凸起，能增加对阴道的刺激，增强女方的性快感，尤其适合女方有性冷淡、性高潮障碍时使用。其超薄型设计，又减少了男女间的隔膜不适感。中间紧缩型避孕套为肠膜制品，无过敏性，质地薄软，无隔膜不适之感，很受使用者的欢迎。其材料来源于活羊的盲肠末端，成本较高，售价不菲。

形形色色的新型避孕套带来了新功能和新感受，但价格较高。因此，在购买时要看有无计划生育部门颁发的销售许可证。并注意厂家、品牌和有效期，以免被假冒伪劣产品所蒙骗。使用避孕套前，要仔细检查它有无漏孔，检查的方法是用嘴往避孕套里吹气，用手捏住套口，如果鼓起来，说明不漏气，如果漏气精液会流入阴道里，造成避孕失败。使用前先将避孕套前端小囊里的空气挤出，放在阴茎头上，再把卷折的部分向阴茎部分放开套好，套好后，小囊悬在阴茎头前面，让精液排在小囊内。射精后，须在阴茎未完全软缩前，捏住避孕套口，将阴茎和避孕套一起退出，防止精液流到阴道内。

如果发生避孕套破裂、避孕套滑入阴道等情况，不要紧张、慌乱，应赶快采取补救措施，女方立即蹲下来，用手把滑入阴道里的避孕套取出，使精液从阴道里流出来。再向阴道里注入避孕药膏。如果家里没有避孕药膏，可以在手指上包一块干净的纱布，蘸上温肥皂水，伸入阴道，洗出精液。如果有避孕药膜或避孕栓，可在洗出精液后，放入阴道里，会减少失败机会，增强避孕效果。除此以外，还可以立即服用事后避孕药或者其他速效口服避孕药，例如口服 53 号探亲片，每日 1 片，需连服 5～7 天，可保证避孕效果。如果在射精前避孕套滑掉入阴道内，应立即停止性交，洗净手指伸入阴道，把避孕套取出，更换避孕套后再进行性交。有些男子在使用避孕套时阴茎不能勃起，以及极少数男女对橡胶或套内杀精剂过敏者，此时可以用其他避孕方法。

什么是宫内节育器

宫内节育器又称为"避孕环"，包括金属节育环、塑料节育环等，宫内节育器，是放置在子宫腔内起避孕作用的装置，目前国内有 10 多种。第一代为无活性宫内节育器，大多用不锈钢或塑料制成，如金属单环、金属双环、金属麻花环、金属塑料混合环、塑料节育花、塑料盘香环等。第二代为有活性宫内节育器，大多是用塑料或硅橡胶做支架，在上面缠绕铜丝或放入孕激素类药物，通过缓慢释放铜离子或孕激素来影响宫内环境，以达到避孕目的。宫内节育器能干扰受精卵生活和发育条件，影响受精卵在子宫内膜着床，使之不能发育成胚胎，特别是带铜或带锌的宫内节育器，可提高避孕效果。缓释孕激素宫内节育器释放的孕激素，可使内膜过早地起分泌型变化和子宫内膜腺体萎缩，使子宫内膜变薄而缺乏营养，不利于受精卵着床，同时对精子氧的摄入和葡萄糖的利用有一定影响。如果宫内节育器的号码配置合适，就能在子宫的周期变化中，定期破坏受精卵的着床，可以说是最佳的工具避孕方法，它解决了避孕工具对性感有影响的缺陷，又减少了性生活中的各种心理压力，可使性生活的全过程轻松愉悦，无忧无虑。

宫内节育器有哪些类型

宫内节育器有十几种类型，包括不锈钢圆形宫内节育器，不锈钢麻花环宫内节育器，不锈钢宫形宫内节育器，不锈钢镀铜宫形宫内节育器，钢塑混合环宫内节育器，塑料节育花宫内节育器，硅橡胶带铜 V 形宫内节育器，带铜 T 形宫内节育器，带铜 7 形宫内节育器，蛇形宫内节育器，硅橡胶盾形宫内节育器，含孕激素 T 型宫内节育器，药铜宫内节育等。宫内节育器是目前使用最广泛的有效避孕方法，如果能按照规定进行操作，避孕率可达 97% ~ 99%。

如何放置宫内节育器

放置宫内节育器应由医师在无菌操作下进行手术，放置宫内节育器后，应遵医嘱定期复查。时间为第 1 次月经来潮后，3 个月后，6 个月后，12 个月后，以后每年随访 1 次。对放置带尾丝节育器的妇女，在妇科检查时，注意勿牵动尾丝，以防引起节育器下降或脱落。放宫内节育器后休息 2 天，1 周内不做重体力劳动，外阴部保持清洁，不洗盆浴；2 周内禁止性交。如果下腹剧烈疼痛并伴有发热者，应立即到医院检查。如果出血较多，超过正常月经量，或流血时间较长，月经期变化明显等，应到医院检查。如果来月经时，突然感到下腹部剧痛，而且月经量多，应注意宫内节育器有无脱落现象。

宫内节育器放置前需经妇科医师检查，放置宫内节育器有一定的时间要求。一般是在月经干净后 3 ~ 7 天内为放环时间，因为此时旧的子宫内膜已脱落干净，新的子宫内膜刚刚开始生长，这时放环不至于损伤内膜而引起多量出血。已经怀孕的妇女可在做人工流产的同时放置宫内节育器，既可以避免两次手术操作，而且人工流产时子宫口松弛，放环也容易。但是，子宫腔深度超过 10 厘米时放环后容易脱落，最好等来一次月经干净后 3 ~ 7 天再放入宫内节育器。产妇应在产后 3 个月，等子宫恢复到正常大小，又未怀孕时放环为宜，否则会因宫腔过大而使宫内节育器脱落。哺乳期妇女虽然不来月经，但仍有可能怀孕，所以应当先检查有没有怀孕，然后再放环，以免放环引起流产出血。对于自然流产后的妇女，只要在流产后来过一次月经就可以放置宫内节育器。

放置宫内节育器后为什么有些人白带会增多

有些妇女使用宫内节育器后，会出现白带增多。常见的情况有两种，一是白带呈淡黄色或淡红色，有的还带有一些血丝，其量中等，且伴有经期延长的现象，此种情况多见于放环时间较长者。另一种情况是脓性白带增多，月经中期也带点血丝，伴有小腹隐痛，腰酸，甚至有低热，常在放环后短期内发生，也有的在放环数年内出现。经抗生素治疗后可使症状缓解，但不能断根，往往会复发。因此，要注意寻找白带增多的原因，以便对症下药。不锈钢圆形宫内节育器放置过久，会使部分病人受压部位出现子宫内膜溃疡，形成息肉，分泌物增多。"V"形环使用超过 4 年不换，也容易引起子宫内膜炎，从而导致白带增多。患有慢性附件炎、严重的宫颈炎和阴道炎的妇女，在没有治愈就安放宫内节育器，也容易引起术后子宫内膜炎，导致术后白带增多。安放宫内节育器时，如果消毒不彻底，将体外或阴道、子宫颈管内的致病菌，通过手术器械带入子宫腔，细菌在宫腔创面内繁殖，引起子宫内膜炎，分泌炎性黏液，甚至脓血。安放宫内节育器的妇女在月经期性交也会白带增多，月经期阴道的 pH 值由平时的酸性变为中性，子宫内膜出血，此时性交会造成经血过多、经期延长，并使病菌易从阴道侵入子宫等内生殖器官，发生感染，这些病人多在性交后 24 小时开始白带增多、小腹隐痛，如未及时处理，则会转为长期白带增多。

哪些是长效缓释宫内节育器

硅橡胶阴道宫内节育器是近期发展的一种长效缓释避孕系统，由于阴道上皮对很多药物具有良好的渗透性和吸收能力，这就为持续释放避孕药阴道环的研究开辟了新途径。它是将各种孕激素放入硅橡胶空心圆环内，或者硅橡胶与激素混合后制成环状，放入阴道内，套在子宫颈上，微量孕激素就可透过硅橡胶释入阴道，经阴道黏膜吸收后起避孕作用，此环在阴道深处并不影响性生活，它也可以由用药对象自行置入或取出，故具有独特的优点。目前我国有两种，均为直径4厘米空心硅橡胶环，内心分别装入甲地孕酮250毫克和18－炔诺孕酮20毫克，每日释放量分别为130微克和20微克，每只阴道环可使用1年。用法是在月经干净后放入阴道，像用子宫帽一样将环套在子宫颈上。每个月经周期放置21天，最后7天取出不放，以造成撤退性出血来月经。另一种方法是不取出，如无异常可连续放置1年，避孕1年。阴道宫内节育器放入阴道后，不可时取时放，以防药物释放吸收的量过少或不恒定而失败。如环露出阴道口，可用手将其推入；如果掉出，用酒精棉球消毒后，再放入阴道深处套在子宫颈上。

孕激素缓释宫内节育器能释放黄体酮，除起一般宫内节育器的效用外，尚以药物加强其避孕效果。其特点是安全、有效、简便、经济及减少月经量多等。其缺点是易脱落，易带器受孕，以及出血、疼痛，并有不良反应。此种避孕方法虽然历史不长久，但有希望成为较理想的避孕药具。

哪些人不宜放置宫内节育器

宫内节育器是一种异物，放入子宫后有个适应过程，大部分人都有不同程度的反应,过一段时间即会自然好转。但下列情况不适宜放置宫内节育器：

（1）女性生殖器官有炎症时，如急、慢性盆腔炎，急性阴道炎，或有严重子宫颈炎患者，阴道和子宫颈上常有病原体，在放置节育器的过程中，容易把病原体带进子宫腔内，引起子宫炎或盆腔炎。因此，患这些疾病的妇女需要等治愈后才可放宫内节育器。

（2）月经失调者，有月经量过多、月经频发等情况，不知道哪些是疾病的症状，哪些是放置宫内节育器产生的不良反应，往往容易忽略病情。另外，放置节育器也可能会加重病情。

（3）生殖器官畸形或有肿瘤时，不宜放置宫内节育器。有的人生殖器官畸形，例如双子宫，两个子宫的大小往往不一样，放一个节育器不起作用，放两个又有困难，这种情况不宜采用宫内节育器避孕的方法。子宫有肌瘤的人月经量往往较多，如果放置节育器会加重病情。

（4）子宫颈口过松、裂伤或有严重子宫脱垂者，放置宫内节育器后很容易脱落，达不到理想的效果。

（5）有严重全身性疾患者，如心力衰竭、重度贫血或各种疾病的急性期等。

（6）剖宫产的妇女，因子宫有切口，产后最好先用其他方法避孕，待切口完全长牢固后再放环。

（7）此外，未生育过的妇女不一定适合放置宫内节育器，因为放环时宫颈过紧，宫腔从未膨胀过，放入后会感到下腹部胀痛不适。同时，宫内节育器易受压变形，影响避孕效果。

（8）患有严重全身性疾病或有出血倾向的人，不宜放置宫内节育器，否则，放置宫内节育器后出血量会增多。

（9）患全身性疾病，如心脏病、严重贫血、糖尿病等病人，一般体质较弱，放置宫内节育器会出现月经量多、白带多、下腹痛、腰酸痛等，会加重病人的痛苦，对病症的缓解不利。因此，有上述情况者不宜放置宫内节育器，可采取其他的避孕措施。

放置宫内节育器后要注意什么

放节育器后，子宫颈口较松，容易脱落，所以要休息2天，1周内不做重活。2周内禁止盆浴和性生活。平时子宫颈口内膜分泌的黏液像一个塞子，能阻止细菌进入子宫腔。放节育器时，要扩张子宫颈口，"塞子"被去掉了，一时不能再形成，缺少了防止细菌入侵的一道天然屏障。另外，放节育器时，子宫内膜会出现创面。如果盆浴或过性生活，容易带入细菌，引起感染。放节育环可能擦伤子宫内膜，有少量出血，这是正常的。如果出血量比月经量多，或持续时间超过1周，应该及时去医院检查。如果白带增多，带血丝，下腹和腰部酸胀，持续超过3～6个月，也应该及时检查，防止节育器脱落。有的妇女月经量多，容易把节育器冲出来，应该注意观察。放入节育器后，第1个月、第3个月、第6个月应该去医院检查，以后每年透视一次下腹部，看节育器是否在子宫腔内。极个别人放入节育器也可能怀孕。这可能是受精卵着床在不被节育器覆盖的空隙里，或节育器移位。因此，放入节育器出现闭经现象时，要及时去医院检查。

如何用阴道隔膜避孕

阴道隔膜是一种橡胶皮制成的帽状薄膜，又称为子宫帽，外形扁圆，周边橡皮膜内镶有钢丝弹簧环，所以阴道隔膜又软又有弹性。它有多种型号，其规格为直径50毫米、55毫米、60毫米、65毫米、70毫米、75毫米、80毫米，一般常用的是65、70、75毫米三种。性交前将隔膜放入阴道内，其后缘应抵至阴道后弯窿部，前缘应抵至耻骨弓后面，其他边缘借弹簧的力量与阴道侧壁贴紧，将阴道严密地隔成两部分，子宫颈全部被遮盖。选配阴道隔膜时，要去医院检查，根据阴道的长短、松紧，配用合适的型号。性生活前把阴道隔膜放入阴道里，盖住子宫颈口，使精子不能进入子宫腔，没有和卵子相遇的机会，以此达到避孕目的。如果与避孕膏合用，效果更好，避孕效果可达95%以上。使用阴道隔膜避孕，方法简便、安全、不良反应小，但必须坚持每次使用。凡愿使用本品的妇女应在医师的指导下，根据阴道壁松紧度的大小选择合适的阴道隔膜。

使用前排空小便，洗净双手，将食指、中指伸入阴道，直至中指尖触到宫颈（似鼻尖硬度的东西）后方的阴道后壁。握住隔膜，使其圆顶向下，如同握住一个杯子一样，将杀精剂（避孕胶冻或乳液）从管中挤入圆顶约一汤匙，用手指将一个部分药物涂到边缘上。使用者可站立在地，抬起一只腿支撑在浴盆、水池边或小凳上；也可采用蹲、坐、仰卧体位姿势，两腿分开，用手分开阴唇，右手拿住隔膜，使有药的一面向掌心，并将弹簧对折捏扁，用食指顶住隔膜边缘送入阴道，并沿阴道后壁尽量往里推进，这样使隔膜的后缘抵达阴道的后穹窿处。然后，用食指或中指将隔膜的前缘沿阴道向耻骨联合后方顶推。隔膜放稳之后，除非用手指触摸，否则并不能感觉到隔膜的存在。如果使用者对隔膜有不适感，可能是放置得不正确，应将隔膜取出，重新放入。隔膜正确位置应该是其后边缘在宫颈的后方，前边缘抵在耻骨的后方，一般很难摸到后边缘。放置后，应用手指触摸宫颈是否被柔软的橡皮盖住，前边缘是否稳妥地处于耻骨后，杀精剂是否贴着宫颈等。

使用隔膜时，不要使用凡士林或其他油剂做润滑剂，因为这些物质对隔膜有损坏作用。性交后隔膜应留在体内 8 ~ 12 小时，过早取出，部分精液仍能活动，进入宫腔仍有受孕可能；但也不宜过晚取出，以免刺激阴道壁，一般以不超过 24 小时为宜。凡膀胱膨出、直肠膨出、子宫脱垂、阴道过紧、阴道突出、重度子宫颈糜烂者不宜使用阴道隔膜。

如何用皮下埋植剂避孕

为克服天天服药的麻烦，专家们研制了皮下埋植剂。将高效避孕药孕激素——左旋 18 - 炔诺孕酮置于硅胶囊内，埋植于皮下，药物恒定地释放入血液，使血液内避孕药物浓度保持恒定的水平，达到长效避孕的作用。其优点是可以简化用法，降低剂量，不干扰正常内分泌功能，不影响糖与脂质代谢，是目前国内外避孕药研究领域中一个新的发展方向。

常用的皮下埋植剂的剂型有Ⅰ型和Ⅱ型之分。Ⅰ型是 6 支胶囊为一组，每支胶囊中装左旋 18 - 炔诺孕酮 36 毫克，6 支总量为 216 毫克，可避孕 5 年。Ⅱ型是两根胶囊为一组，每支含左旋 18 - 炔诺孕酮 70 毫克，两根总量为 140 毫克，可避孕 3 年。此类硅胶囊或硅胶棒均由特制的 10 号套管针通过米粒大的皮肤切口送到上臂内侧皮下，呈扇形排列，埋入后 24 小时就可以达到避孕效果。埋植时间于月经周期的第 7 天以内（包括月经期在内）。有效率为 99.5%，与正规绝育术的避孕效果差不多。适宜于放置宫内节育器失败者，有剖宫产史或子宫畸形者，或由于工作生活不规律而容易漏服避孕药者，或不宜用含雌激素避孕药者。

皮下埋植剂可引起月经紊乱，表现为月经延长，月经频发，经期滴血或月经稀少及闭经。还会出现和甾体避孕药有关的不良反应，例如头痛、头晕、恶心、嗜睡、情绪改变、色素沉着等。但是发生上述情况较少见。不良反应会随埋植时间的延长而好转，一般在半年后逐渐恢复至正常。如果在使用期限终了或因某种原因终止者，可以随时取出，受孕率和正常受孕率相似。如果愿意继续使用，可在取出的同时在相反方向再埋植一组。皮下埋植剂的接受对象必须在 40 岁以下，而且必须对甾体激素无禁忌证者，且能按时按规定随访。在埋植前，每个接受者都要接受详细咨询，使其对此避孕法有充分了解，并做全面体检，包括乳腺及妇科检查等。

什么是自然避孕法

自然避孕法是根据妇女生殖系统周期性正常生理变化来确定易受孕期，使性交避开此期，从而达到避孕目的。这种方法之所以号称为"自然"，是因为它是以对女性生理自然变化的认识为依据的。也就是说，它是在不易受孕的"安全期"性交，而在易受孕的排卵期禁欲。因此，又把这种避孕方法称为安全期避孕法或周期性禁欲法。由于自然避孕法不需采用任何药具，也没有任何不良反应，如能按照规定行事，其避孕效果可达 99.74%，再加上非安全期采用其他辅助避孕措施和一些预测排卵期的电子仪器问世，使此类方法趋于完善，成为一种安全、有效、简便的避孕措施，此种避孕方法，是国际上流行的一种实行计划生育的方法。

(1) **日历法**：使用日历法测定易受孕和不易受孕时间，这是一种比较古老的方法，但是以生理学的三个前提为基础的。①精子在女性的阴道内可存活 1～3 日。②排卵后卵子存活仅 1 日 (24 小时)，女子排卵 1 月 1 次。③生理性排卵，一般在月经来潮前 14 天左右，在这期间的前后为"排卵期"，应该避免性交，避开精子与卵子相遇机会。

日历法，算起来比较麻烦。为了简便和容易记忆，只要记住月经周期通常为 28 天，以及取中间数（14 天左右）为"危险期"就行了。其余时间均为安全期。但是，采用这种方法必须女方的月经周期非常有规律，否则容易失败。

（2）基础体温法：人体的基础体温是身体处于休息状态，不受食物、饮料或活动影响时的温度。基础体温有昼夜节律变化，故应在每天醒来的同一时刻测量 5 ~ 7 分钟。基础体温体征的主要表现是：排卵后体温升高，体温维持在较高的水平是排卵已经发生的可靠体征。体温连续 3 天以上高于前 6 天的体温，上升水平达 0.5℃以上。在这期间应该避免性生活，待体温恢复到前 6 天的体温时，方可恢复性生活。

（3）黏液观察法：周期性观察阴道分泌物，以观察排卵日期，在可能怀孕的阶段避免性交，以达到避孕目的。妇女月经后到卵泡晚期，宫颈、阴道分泌物逐渐增加，在排卵前达到高峰，此时阴道分泌物是透明的、可拉成长丝的黏液，到黄体期透明的黏液消失。因此，从妇女逐渐感到白带增多起，到透明黏液消失后 4 天，为禁止性交期，可达到避孕目的。

值得提醒的是，虽然自然避孕法效果很好，又没有不良反应，但有的妇女因健康、环境或情绪变化，排卵期有所改变，也可以因性刺激额外排卵而月经周期不准确。产褥期或流产后不久、生活环境改变和探亲夫妻等，均不宜采用。

为什么安全期避孕需要夫妻相互配合

女性的子宫两侧各有一个卵巢，轮流排卵。通常每个月经周期只有一侧卵巢排出一个卵子。卵子离开卵巢，大约能生活 24 小时左右，它能和精子结合的时间是 12 ~ 20 小时。精子在女方的生殖器官里能活 48 ~ 60 小时，它能和卵子结合的时间是 48 小时左右。因此，男女性交以后，能否怀孕，主要决定于女子在性交前后 48 小时内是否能排卵，也就是说要算出排卵期。一般情况下，月经周期规律的女子，每隔 28 天来一次月经，排卵期一般在两次月经的中间。在来月经前的 14 天左右就是排卵期，在排卵期的前 5 天和后 4 天，如果男女性交，最容易怀孕，这段时间叫易孕期。其余的时间叫安全期，也就是在整个月经周期，除了易孕期 10 天和月经期以外的时间，都是安全期。如 1 个月经周期为 28 天的女子，她的前一次月经的第一天是 1 月 2 日，下次月经的第一天是 1 月 30 日，那么大约在 1 月 16 日是排卵期，而 1 月 11 日～ 20 日这 10 天是易孕期，其他日期就是安全期了。

采用安全期避孕必须学会测量基础体温，最好由丈夫帮助进行，因为这一特定时间的体温是掌握妻子的排卵时间的简便手段。所谓基础体温，必须在安静休息 6 ～ 8 小时后测到的体温，才能算是人的基础体温。一般正常育龄妇女的生理规律是：月经期后的体温比通常的体温约低 0.5℃，而排卵这一天的体温是最低的一次。然后，由于卵巢分泌黄体激素，所以排卵后的第二天使体温升高。如果卵子没有受精，便开始萎缩，形成月经排出体外，所以月经来潮前，黄体素的分泌就开始下降，因此体温也随之下降，要等到下一次排卵，体温才会有重新上升的变化，完整地记录下这一过程，可以得到一个双相曲线。

基础体温的测定是用口腔体温表或电子体温计，于早晨起床前测量，不要说话，尽量不做翻身等动作，以保持非常安静的状态，每天应在同一时间内测定体温，并将体温记录在预先设计好的曲线图表上，再画出曲线，这样便可寻找出比较正确的排卵期了。确定排卵期后如果再结合月经周期效果更为理想。一般月经正常的妇女在下一次月经前 14 天就可定为排卵期。卵子排出卵巢后，在生殖道内约能生存 1 ～ 2 天，也就是说在这个时间内的卵子才有受精能力。而丈夫射在阴道里的精子又只能在妻子的生殖器内存活 2 ～ 3 天，就此两种推算就可确定，排卵期前的 3 ～ 4 天和排卵期后的 3 ～ 4 天当为易受孕期，其余的时间就是安全期。

利用安全期的方法避孕，虽然简便，但是十分不可靠，失败的例子屡见不鲜。这是因为有的女性月经周期不规则，排卵时间不定，因此很难说出哪些天是安全期。安全期避孕是近乎自然的避孕方法，但对于月经周期紊乱或有其他慢性疾病的妇女来说，因基础体温不宜测定，故不能采用安全期避孕的方法。就是月经周期十分规则的女性，排卵期也会随着生活环境的改变、情绪的好坏、身体健康状况和性的刺激而改变，不是提前就是错后，常常造成安全期避孕失败。

体外排精法避孕好不好

体外排精避孕法，是在性交射精前将阴茎抽出阴道，将精液排在体外，以达到避孕目的。这种方法有优点，也有缺点。

这种避孕方法的最大优点是不需要任何避孕工具，简便易行，不影响双方的性快感，因此有人愿意采用。据统计。用体外排精法避孕的成功率可达的 80%～85%。体外排精避孕法的缺点是避孕失败率比较高。用这种避孕方法，要求男子有一定的自控能力，在射精前一定要及时抽出阴茎，以防避孕失败。即使男子有一定的自控能力，也可能在射精前从尿道里流出少量精液，造成避孕失败。另外，如果一时疏忽，抽出阴茎动作稍迟，少部分精液已射入阴道，也会影响避孕效果。

从生理上来讲，在性高潮前抽出阴茎，中断性交，男女双方容易精神紧张，对有些人则会影响性高潮和性欲满足感。

不难看出，用体外排精法避孕不易掌握，失败的可能性很大，这种方法还是不用为好。

哪种避孕方法好

避孕方法还处于不断地发展中，但是，避孕并不是说绝对保证避而不孕，这要看夫妻双方在避孕操作的技巧和能力了。应用短效口服避孕药、长效口服避孕药、探亲避孕药、避孕针、宫内节育器、避孕套等。选择哪种方法合适，必须根据每个人的具体情况，不能一刀切。如有的人肝、肾有病，不能应用避孕药；有的人哺乳，也不宜应用避孕药；有的人子宫颈口松或紧，不适宜放宫内节育器等。总而言之，由于每个人的具体情况不一样，因此选择避孕方法也要因人而异。到目前为止，几乎每一种新或老的避孕方法都不能说是十全十美，各种节育方法都有其优缺点。育龄夫妻采用哪一种节育措施，应根据具体情况因人而异地选用最适合自己的避孕节育方法。

月经不调时如何避孕

月经多的妇女最好不用避孕套或子宫帽。如果放置宫内节育器，最好选择含有黄体酮等药物的宫内节育器，以减少出血。也可以选用服短效避孕药，既达到避孕效果，又可减少月经量。如果已生过孩子，可行男性输精管结扎或女性输卵管结扎手术。月经量过少或经常闭经的妇女，不宜选用避孕药，以免长期闭经，但可以放置宫内节育器。月经周期不调的妇女，可以用短效口服避孕药，以促使月经周期规律。

过敏体质女性如何避孕

过敏体质的妇女，选用避孕方法受到了一定的限制。有些妇女使用外用避孕药膏、药膜易引起阴道黏膜的过敏；采用阴道隔膜或放宫内节育器避孕，也可使分泌物增加，甚至引起炎症；个别的人用避孕套，也会引起女方过敏。在这种情况下，应采取安全期避孕法。

为什么避孕应坚持到妇女绝经

已婚妇女育龄一般为 18 ～ 45 周岁。卵巢功能正常的妇女每月应排 1 次卵，需要避孕自不待言。绝经后卵巢功能完全停止，不再产生卵子，避孕也就失去了意义。问题的关键是，更年期妇女在 40 ～ 50 多岁这段时间内该如何避孕。更年期是指卵巢功能开始衰退到完全停止的一段时间，时间开始的迟早、持续的长短，个体差异很大。由于卵巢不按月排卵，所以表现为月经紊乱和生育能力减退，但又可偶尔排卵，仍有怀孕的可能。一些 50 岁左右的妇女由于忽视了避孕措施，造成怀孕上医院做人流手术者并不少见；在农村 50 岁左右的妇女怀孕者更多见。50 岁左右的妇女怀孕，容易出现异常妊娠，例如胎儿畸形、葡萄胎等，这是因为卵子的先天不足造成的。因此，更年期妇女避孕的问题不容忽视，一定要坚持到绝经为止。

怀过葡萄胎后如何避孕

怀过葡萄胎的孕妇，一般应用避孕套或阴道隔膜为宜，因为这种避孕方法不刺激患者的子宫内膜，也不影响内分泌功能。避孕药里含有激素，有人认为应用激素类避孕药，可以延缓葡萄胎后残余滋养细胞的退化，因而有间接促使恶性变发生的可能。因此，患葡萄胎后的女性不宜服用避孕药。

剖宫产手术后如何避孕

产妇在剖宫产手术后，子宫上有瘢痕，如果不避孕，造成计划外孕，做人工流产有困难，因此要严格坚持避孕。一年之内以男方用避孕套为好。如果孩子不吃奶，可口服避孕药。也可在剖宫产半年以后，放置宫内节育器。

生育后如何避孕

哺乳期的妇女，不宜应用口服避孕药。因为避孕药可通过母乳到婴儿体内，影响婴儿的身体健康。最好是男方应用避孕套，或在产后 3 个月放置宫内节育器。

生过一个孩子后可放置宫内节育器，能起到促进子宫收缩的作用。孩子到学龄以后，可考虑男方或女方进行绝育手术，这样既安全，又避免许多麻烦。

产后采用何种避孕方法

正常哺乳期，通过婴儿吸吮乳头，刺激脑下垂体分泌大量生乳素，它可以抑制卵巢排卵，而推迟了月经周期的恢复。月经是女子周期性子宫出血的生理现象，是卵巢内分泌周期性活动对子宫黏膜作用的一种表现。由于产后内分泌的改变，大多数妇女的卵巢不能立即恢复功能，因而产后出现生理性闭经，一般 6 个月左右恢复月经。但有一些产妇在哺乳期的一年甚至更长时间内，卵巢没有排卵功能而不来月经，因而有人认为不来月经就不会怀孕，其实有的人卵巢功能恢复很快，过了产褥期就开始排卵，此时没有避孕就容易受孕。在完全哺乳的妇女中，约有 1/3 的人在产后 3 个月内恢复月经，也有部分妇女必须到婴儿断奶后才恢复月经。一般哺乳期为 1 年左右，若人为地延长哺乳时间，就会造成妇女性器官的萎缩，严重影响妇女的身体健康。

有的产妇是全哺乳，催乳素分泌旺盛，这使促卵泡成熟的性激素受到抑制。但有些人的催乳素分泌不多，产后 3～4 个月就会有成熟的卵泡排出；特别是现在，大约有 1/3 的产妇产后完全无奶，1～2 个月就可能会有成熟的卵泡排出。因哺乳期内很难推测卵巢何时恢复排卵，月经来潮时排卵早已发生过了。所以，哺乳期内必须避孕。

哺乳期不能服用避孕药物，因为药物成分会通过母乳传给婴儿，对婴儿不利。因为避孕药中雌激素能抑制生乳素的分泌，会使乳汁量减少，并且药物还能通过乳腺分泌到乳汁中去，通过乳汁进入婴儿体内后可能会产生一些不良的反应，影响婴儿的健康成长。所以哺乳期的妇女，最好不要采用孕激素和雌激素类药物来进行避孕。

那么采取怎样的避孕方法就不会影响到婴儿的健康呢？我们可以采取物理性的外用的避孕药具。产后 3 个月内可用避孕工具避孕，最好的办法则是使用男用避孕套或女用阴道隔膜了，这两种避孕方法需要注意的只是一个清洁问题。正常产后 3 个月，剖宫产 6 个月以后可以上避孕环。另外，产妇的子宫还没完全恢复健康前，暂时也不宜放置宫内节育器。

避孕失败后如何补救

因避孕失败或有其他原因而不宜怀孕的人可进行人工流产，终止妊娠。怀孕月份越少，方法越简便，越安全，出血越少。一旦月经期过，应及早作怀孕诊断，采取相应措施。人工流产技术性较强，必须在计划生育服务站或妇产科门诊进行。目前，在我国最常见的方法有四种：一是负压吸引人工流产术，此术适用于怀孕 10 周以内。二是钳刮人工流产术，适用于 11～14 周的怀孕者。三是腹部子宫切开取胎术，适用于 13～24 周的孕妇。四是阴道子宫峡部切开取胎术，适用于怀孕 16～18 周的经产妇。

药物终止妊娠的方法有：一是将精制的利凡诺尔溶液经腹壁注入孕妇羊膜腔内外进行中期引产。临床实践证明，这种方法是一种安全、有效、廉价、操作简便的使用最多的中期引产方法，适用于终止 14～27 周的怀孕。孕期越大，引产效果越明显，临床引产效果可达 98% 左右。二是用芫花中期引产，经腹向孕妇羊膜腔内外注射芫花萜 0.5～1.0 克，适用于 14～27 周的孕妇，其优点是用药剂量小，效果好，引产时间短，操作简便，安全，对月经、劳动力及健康均无影响。三是天花粉中期引产，从天花粉中提取的一种植物蛋白能直接作用于胎盘，使其细胞坏死、变性及绒毛间隙闭塞，以至阻断胎儿血液循环，使胎儿死亡，同时增加前列腺素的释放，使子宫收缩，促进胎儿排出。

人工流产后要好好休息，第一周应卧床休息，第二周可做轻微的活动，1 个月内不要参加大运动量的锻炼或重体力劳动。人工流产后，体质变弱，抵抗力下降，必须注意保暖，1 个月内不洗冷水澡，不用冷水洗脸、洗脚、洗手。还要加强营养，吃容易消化的营养丰富的食物。并且要注意个人卫生，避免生殖器官感染。每天可用温开水清洗阴部，勤换卫生巾，每天更换内裤，3 周内不洗盆浴，1 个月内禁止性生活。人工流产 2 周以后要去医院复查，如有异常情况要及时治疗。

什么是女性绝育术

女性绝育术是指利用手术切断、结扎、电凝、环夹或采用药物等堵塞输卵管而达到断绝女子生育能力的一种技术。其中输卵管结扎是沿用最为广泛的方法。对于输卵管堵塞方法也做了很多研究，女性绝育术实际上已形成输卵管结扎和输卵管堵塞两大类。

输卵管结扎术的手术途径有经腹部和阴道二种，具体结扎方法种类很多，各有特色。早年，输卵管结扎常安排在产后施行，近代已发展到可在妇女月经周期的任何时间进行，并不影响女性的身体健康。国内早已开展了输卵管注药粘堵绝育术，可经阴道途径进行，免除了开刀手术的弊端，具有痛苦较少的优点，如操作正确，有效率可达 99% 左右。缺点是寻找子宫角输卵管开口较困难，以及输卵管黏膜破坏范围较广，不能复孕。

女性结扎输卵管能达到绝育的目的，做输卵管结扎术要符合下列特征：已婚妇女，为实行计划生育，经夫妻双方同意，要求做结扎术而无禁忌证者；因某些疾病如心脏病、肾脏病、慢性高血压、肝脏病、严重贫血或精神病、遗传病而不宜生育者；施行绝育术，以及第 2 次剖宫产的同时。

下列人群不宜施行女性绝育术：各种疾病急性期，感染状态（如腹部皮肤感染、产时及产后感染、盆腔炎等），产后大出血，休克，严重贫血，心力衰竭；经耐心解释后仍对手术有恐惧，术后易造成精神神经方面后遗症者。尽管开展女性绝育术已有悠久历史，使用也很广泛，但是仍需继续朝着使手术简便安全、效果可靠和减少并发症等方面努力。

绝育术所需医疗设备简单，技术操作较易掌握，如果能正确掌握操作技术，对组织损伤极小，对健康没有任何影响，容易保持无菌操作，不受怀孕月份及产褥期限制，也就是说，在月经后、人工流产后、剖宫产后及引产后，均能施行手术，并可与妇产科手术一同施行。目前，输卵管结扎术一般采用改进后的方法（近端包埋法），对输卵管及其系膜损伤小，如果需要恢复生育能力，也容易行吻合术，而且成功率比较高。

输卵管结扎术前应详细询问病史，进行全身体检，术前清洁腹部及外阴，严格掌握适应证和禁忌证，接受手术者精神上要保持轻松愉快。手术前的晚上保证充分休息，精神紧张者可酌情给予镇静安眠药物。做普鲁卡因过敏试验，以防局部麻醉时发生过敏反应；术前 4 小时禁食或少量饮食；术前排空膀胱内小便。做血液、尿液常规检查和出凝血时间测定，必要时做放射线胸透检查。

九、女性心理调适方法

什么是女性心理卫生

根据心理活动的规律，有意识地采取各种措施，维护和增进心理健康，提高对社会生活的适应能力，以预防身心疾病发生的综合学问和实践技术，就叫心理卫生。心理卫生的目的是要教会人们处理好日常生活和人际交往中的各种冲突，克服各种病态的敏感和懦弱。心理卫生的使命，就是要增强人的生理健康，保护劳动能力，提高生活质量。

（1）妇女心理健康的主要标志：①智力正常。②心理表现符合年龄特征。③性格开朗、乐观，善于控制情绪。④充分认识自己的价值，有自信心。⑤愿意与人友好相处，人际关系适度。⑥自尊自爱。⑦善于从异性的诱惑中解脱出来，保持心理平衡。

（2）要善于调节情绪：①凡做每一件事时，总要向最好的结果努力。但不要期望过高，要留下一席心理空间，做一点糟糕的设想。②培养乐观开朗的性格，对生活的艰难和不公正不斤斤计较，不耿耿于怀。③在不顺心的境遇中学会安慰自己。④学会疏泄自己的消极情绪。在遇到不愉快的事情时，最好不要闷在心里，要主动向丈夫、知心朋友、同事或者单位领导倾诉内心的忧郁和痛苦。⑤要学会在失意时转移注意力，有意识地做些自己平时感兴趣的事情，逐渐淡化消极情绪。

（3）社交中增强自信：女性需要社交，需要与人接触，在与人们的交往中得到自我意识，获得信心。尤其是现代社会，社交已是社会生活中不可缺少的内容之一，对于女性来说，社交的成功与否，社交圈的大小，交往对象层次的高低，都会直接影响到她们的自信心、情绪、情感和对人的认识。

（4）正确处理人际关系：妇女在围绕家庭的人际关系中，常常扮演重要角色，如婆媳关系、姑嫂关系、夫妻关系，都是复杂和微妙的。另外，邻里之间、上下级之间、同事之间、朋友之间、与其他异性之间的关系等，也不是十分简单的。要想处理好人际关系一定要注意：①切忌斤斤计较，苛求于人。妇女善于体察细节，但处理问题时一定要避免一味地追求细枝末节，要心胸开阔，责己严，待人宽。②不要势利眼、趋炎附势。女性要有同情心，待人一视同仁，特别是对待弱者。③不要飞短流长，东家长、西家短的搬弄是非，制造矛盾，挑拨离间。④礼尚往来，主动帮助别人。别人如果帮助自己了，要投桃报李，有所表示。⑤要处理好与异性朋友的关系。友谊不等于爱情，未婚姑娘不要同时与几个男朋友建立很深的友谊，这样容易造成误解，引起不必要的麻烦。已婚妇女对异性的友谊，更要把握好，不要不加防范地随便加深友谊。

（5）情感能左右生活道路：情感需要可以说是女性极重要的心理需要。情感生活的成功与否，有时能够直接左右女性的生活道路和生活方向。人的情感需要很复杂，不仅指夫妇间的爱情，还包括亲情、友情以及事业上的热情等。假如你因追求爱情而舍弃了其他方面的情感满足，那么有一天你会感叹说，要知道会有今天的孤独与痛苦，当初就不应该失去友情，失去对事业的热情，失去与人交往的温暖。

实际上，其他方面的情感满足会反过来加深和净化你的爱情，使你的爱情生活和家庭满意程度大大增加。

（6）良好性格带来美好生活：女性有一个好的性格，会使你赢得朋友，事业顺利，婚姻美满，家庭和谐。一个古怪的性格，会给你带来孤独，失去爱的机会，丧失自信心，事业受挫折。所以，女性适当注意培养良好的性格，事事听取不同意见，增加自己宽容别人的心态，改变自己不良性格，以适应自己的生活要求和环境。

（7）女性性格自我塑造应注意的几个方面：①正确对待遗传因素。身体及容貌固然重要，但一个人是否出众，身体健康、心理健康是更为重要的决定因素。②培养健康的生活情绪，保持积极、乐观的人生态度。一个人偶尔的心情不好，不致影响性格；若长期的心情不好，对性格就会产生影响。或形成暴躁易怒的特点，或形成神经过敏、冲动沮丧的特点。因此，要乐观地生活，培养点幽默感，增加愉快的生活情趣，保持美好的记忆。③兴趣广泛，乐于交际，与人和谐相处，兴趣广泛，爱交际的人，能学到许多知识。

女性心理特征有哪些

女性的心理特征可随着年龄的增长，身体的变化而有所改变。

(1) 青春期：随着女性第二性征的发育，有的女孩对乳房增大感到害羞，对月经来潮感到害怕，对经前、经期的乳胀、下腹不适、痛经等不理解，以为重病而焦虑。随性功能的发育，出现对异性的好感，吸引对方注意，甚至发生不良性行为。这一时期独立意识增强，一方面有儿童的幼稚，另一方面有成人的心理特征比较容易走向极端，易受周围环境的影响，对社会潮流很敏感，渴望认识与实现自我，与社会与家庭容易冲突，甚至离家出走。同时，升入高中后，面对新环境、教师教学方法的改变、同学之间的激烈竞争，有可能感到学习压力太重，需要找人倾诉。青春期保健包括与父母平等对话，可以询问性方面的问题，了解女性，并学会与人交往，对自己的行为负责，避免早恋。

(2) 妊娠与产褥期心理：妊娠是正常的生理现象，大多数人高兴、愉快。孕妇情绪比较脆弱，易激惹、焦虑不安，对异性兴趣明显下降，对自己及胎儿关注特多，担心胎儿发育不正常，生育后对家庭及工作的影响，生女孩遭到冷遇等。分娩期孕妇出现紧张、恐惧和焦虑等不安心理，害怕胎儿异常、生女孩、难产时又改剖宫产等；有人到预产期无产兆，容易失去信心与耐心。因为产后生理变化，人体的激素发生很大变化，产后两周内特别敏感，易受暗示及依赖性较强，故要保持产后心情愉快，避免发生产后抑郁等心理障碍。

(3) 更年期：因为内分泌的变化，女性会出现一些潮热、出汗、心悸等症状，这些影响女性的心理，表现为焦虑、多疑、恐惧，担心变老、缺乏信心等悲观情绪。此期要保持乐观与积极态度，应得到家人及社会的关心，并防治更年期疾病。

(4) 老年期：老年期有两种不同心理，一种是不服老，不注意保养；另一种过分担心自己的健康，总怀疑自己得了不治之症。老年期可能经历退休、家庭矛盾、丧偶等一系列问题，要正确对待这些问题。老年期也有性冲动及性要求，和谐的性生活不仅满足彼此生理需要，也可加深双方感情，促进健康，延缓衰老。老年期要利用自己的长处，活到老，学到老，老有所为，使自己更加充实。

为什么说女性处理压力优于男性

女人见到蟑螂、老鼠可能会尖叫及抱头鼠窜，但其实她们面对压力时，往往能比男人处理得更好。据美国洛杉矶加州大学的研究员进行的一项研究的结果显示，男女对精神压力的反应不同。男人的反应通常是逃避或暴力解决，而女人的反应则是关怀与被关怀。

研究人员说，女性的这种处理压力方法令她们在面对压力时能保持镇定。这与传统认为女性处事较情绪化的概念相反。

研究发现，女性在面对压力时会把注意力暂时转移去照顾孩子，另方面则会找寻倾诉的对象和征求朋友亲人的意见。这便解释了为何男人较女人易因精神压力而沉迷毒品和酒精，易患上与精神压力有关的疾病如高血压等。

研究人员认为，女性的这种反应可能跟一种名为催产素的激素有关。当人面对压力时，身体就会分泌这种激素。实验证明，这种激素能令人类及老鼠变得镇静，减少恐惧和更易建立友谊。

男性也会分泌这种激素，但男性体内的雄激素似乎会抑制催产素发挥作用。相反，女性体内的雌激素却能促进这种激素发挥作用。

什么是自卑引发"美丽怀疑症"

盛夏，人们卸去臃肿的衣服，展现着自己优美的身材，但有些女性不管是怎么丰胸、缩腹、美臀，还是不能使自己变美，久而久之对自己的美丽产生了怀疑。

一般认为，这些人的行为其实是自卑心理的表现，具体说是一种自身躯体外表并不存在缺陷，但主观想象却认为自己奇丑无比，从而产生的极为痛苦的心理疾病，社会上曾有人将它称为"美丽怀疑症"。

当前人们对自身外表关注程度越来越高，在日常的咨询和交流中发现，这些人中以青少年居多，并且文化层次还相对较高，这些人认为外貌是自己的头等大事，并且经常想着自己的"缺陷部位"，总是感到自己外貌变丑了，为此而坐立不安，易激动，易伤感，多疑孤独，精力下降，甚至还会产生自杀行为。这些人往往不去找心理医生，而去找矫形外科或美容中心，要求纠正其容貌缺陷，但对整形或美容后的结果更不满意，反而加重病情。

对于这些人心理医生多采用移情的方法，帮助她们改变审美观念，建立信心。美丽漂亮并非长存，品德加才干方能使美丽永不衰退，如果过于注重美貌而放弃美德、知识的追求，那就是本末倒置了。

为什么说长得漂亮易生优越感是心理误区

现代心理学家的研究认为，女性在事业上比较容易失败，其心理因素占了很大的主导地位，这是由于不少女性内心都潜伏着心理误区，比较常见的有以下五种。

（1）**漂亮容易产生优越感**：因受传统习惯的影响，女子无才便是德，只要漂亮贤惠就能被社会所接纳的观念至今仍有市场。因此，有些漂亮的女性常不思进取，认为自己天生丽质就有被社会接纳的机会，无须费力去竞争，只吃眼前青春饭。

（2）**缺乏竞争欲望**：在事业成功的众多因素中，竞争意识的重要性并不亚于聪明才智。但让人不解的是，有些女性心理似乎总是使她们自认为不如男子，主动放弃与他人的竞争。

（3）**成功会失去爱情**：很多女性都深信不疑，事业上的成功，不仅会受到社会的排斥，而且常会使自己失去爱情。

（4）**同性的嫉妒心理**：女性在对待同性时，都"竞争意识"十足。但也正是这种竞争，使她们失去了自己已有的优势。

（5）**延续性心理过程**：女性总是将注意力放在对原有的思维结构的理解

和模仿上，思维的目的也只是为了延续已有的东西，这也是为什么女性在那些模仿和继承性强的领域易出成绩的主要因素。同样，这也成为不擅长于创造性工作的最大心理误区。

女性化解心理压力有哪些妙法

(1) **运用言语和想象放松**：通过想象，训练思维"游逛"，如"蓝天白云下，我坐在平坦绿茵的草地上""我舒适地泡在浴缸里，听着优美的轻音乐"，在短时间内放松、休息，恢复精力，让自己得到精神小憩，你会觉得安详、宁静与平和。

(2) **支解法**：请把生活中的压力罗列出来，一旦写出来以后，就会惊人地发现，只要你能"各个击破"，这些所谓的压力，便可以逐渐化解。

(3) **想哭就哭**：医学心理学家认为，哭能缓解压力。心理学家曾给一些成年人测验血压，然后按正常血压和高血压编成两组，分别询问他们是否哭泣过，结果87%的血压正常的人都说他们偶尔有过哭泣，而那些高血压患者却大多数回答说从不流泪。由此看来，让人类情感抒发出来要比深深埋在心里有益得多。

(4) **一读解千愁**：在书的世界遨游时，一切忧愁悲伤便付诸脑后，烟消云散。读书可以使一个人在潜移默化中逐渐变得心胸开阔，气量豁达，不惧压力。

(5) **拥抱大树**：在澳大利亚的一些公园里，每天早晨都会看到不少人拥抱大树。这是他们用来减轻心理压力的一种方法。据称，拥抱大树可以释放体内的快乐激素，令人精神爽朗。而与之对立的肾上腺素，即压抑激素则消失。

(6) **运动消气**：法国出现了一种新兴的行业，运动消气中心。中心均有专业教练指导，教人们如何大喊大叫，拧毛巾，打枕头，捶沙发等，做一种运动量颇大的"减压消气操"。在这些运动中心，上下左右皆铺满了海绵，任人摸爬滚打，纵横驰骋。

(7) **看恐怖片**：英国有专家建议，人们感到工作有压力，是源于他们对工作的责任感。此时他们需要的是鼓励，是打起精神。所以与其通过放松技巧来克服压力，倒不如激励自己去面对充满压力的情况，例如去看一场恐怖电影。

(8) 嗅嗅香精油：在欧洲和日本，风行一种芳香疗法。特别是一些女孩子，都为这些由芳草或其他植物提炼出的香精油所醉倒。原来香精油能通过嗅觉神经，刺激人类大脑边缘系统的神经细胞，对舒缓神经紧张心理压力很有效果。

(9) 吃零食：吃零食的目的并不在于仅仅满足于饥饿需要，而在于对紧张的缓解和内心冲突的消除。

(10) 穿上称心的旧衣服：穿上一条平时心爱的旧裤子，再套一件宽松衫，你的心理压力不知不觉就会减轻。因为穿了很久的衣服会使人回忆起某一特定时空的感受，沉浸在过去如梦般的生活中，人的情绪也会高涨起来。

(11) 养宠物益身心：一项心理学试验显示，当精神紧张的人在观赏自养的金鱼或热带鱼在鱼缸中姿势优雅地翩翩起舞时，往往会无意识地进入"宠辱皆忘"的境界，心中的压力也大为减轻。

怀孕前如何进行心理调适

(1) 掌握孕育知识：要学习和掌握一些关于妊娠、分娩和胎儿在宫内生长发育的孕育知识，了解怀孕及妊娠过程出现的某些生理现象，如早期的怀孕反应，中期的胎动、晚期的妊娠水肿、腰腿痛等。若一旦有这些生理现象的出现，就能够正确对待，泰然处之。

(2) 树立生男生女都一样的新观念：对于这一点，不仅是准妈妈本人要有正确的认识，而且应成为家庭成员的共识，特别是老一辈人要从"重男轻女"的思想桎梏中解脱出来，给予子女更多的鼓励和关心，解除孕妇的后顾之忧。

(3) 保持乐观稳定的情绪状态：在怀孕的过程中，孕妇要尽量放松自己的心态，及时调整和转移产生的不良情绪，如夫妻经常谈心、给胎儿唱歌、欣赏音乐、必要时还可找心理医生咨询，进行心理治疗。

(4) 了解体育活动对调节心理状态的积极意义：适当参加体育锻炼和户外活动，放松身心。无论是孕前、孕后，女性都要有适当的体育活动。到了妊娠中晚期，孕妇的体形变得臃肿、沉重，这时候许多孕妇懒于活动，整天待在室内，这是不科学的。可根据自身实际情况，选择适宜的运动，尽可能多做些户外活动，这样有利于血液循环和精神内分泌的调节，还可放松紧张与焦虑的心态。积极的体育活动能振奋精神，最终有利于胎儿的正常生长发育。

(5) **要做好怀孕以后出现妊娠反应的心理准备**：虽然大多数的女性为要一个宝宝，而做好了心理准备。但是她们没有想到的是孕后的种种不适会如此令人难受，如头晕、乏力、嗜睡、恶心、呕吐，有的甚至不能工作，不能进食。要减轻这些症状，方法是：早晨起床，可以先吃一些饼干或点心，吃完后休息半小时再起床，无论呕吐轻重，都要吃东西。要选择清淡可口的蔬菜、水果，少吃油腻、太甜的食物，以少吃多餐为好。呕吐发作的时候，可以做深呼吸来缓解症状，但嘴里有吐的东西时，不要吸气；如果呕吐严重，就要找医生诊治。

(6) **心理上要重视产前检查，接受医生指导**：有些准妈妈担心宝宝在肚子里能否健康生长，发育会不会畸形，尤其是怀孕期间遇到伤病会不会影响到宝宝，将来出生的宝宝是否漂亮、聪明，是否健康等。那么定期的产前检查就是保证母子平安的重要措施，它已形成了一整套程序。产前检查有利于对妊娠情况的循序掌握，发现新的问题可及时得到解决，成为优生的关键。

事实证明，有心理准备的孕妇与没有心理准备孕妇相比，前者的孕期生活要顺利从容得多，妊娠反应也轻得多。有了这样的心理准备，孕前孕后生活是轻松愉快的，家庭也充满幸福、安宁和温馨，胎儿会在优良的环境中健康成长。

高危孕妇的心理特征是什么

(1) **疑虑心理**：主要担心本次妊娠是否顺利，胎儿发育是否正常，有无异常情况，是否会发生难产或其他意外等。

(2) **紧张心理**：如有前置胎盘等，担心会不会大出血，产前出血会不会危及胎儿等，会不会引起胎儿死亡。

（3）**依赖心理**：如产道畸形，胎位不正或内外科疾病，则认为反正早晚要剖宫产，产前检查只要胎儿好就行了。

（4）**恐惧心理**：如胎儿胎心、胎动异常、妊高征等。担心胎儿会发生意外，担心用药治疗会影响胎儿发育，害怕胎儿畸形，担心和恐惧分娩所带来的疼痛等。

加强高危孕妇的宣教工作很重要，解除恐惧、紧张心理，避免语言不慎造成孕妇误解和情绪紧张。指导她们孕期应该注意什么，避免什么，使他们对自己的高危因素有一定了解，有信心配合医生做好治疗和预防。对高危孕妇的护理，应是早发现、早预防、早治疗，在围产期中采用高危评分法，分析可能引起的孕妇、胎儿和新生儿发病、死亡的各种因素，及时识别这些因素，确定高危的程度。对高危妊娠做出正确的诊断和处理，要使高危孕妇了解有病不治亦可影响胎儿，要恰当掌握用药剂量、时间、给药途径。如贫血、妊高征的早期经过治疗，可以转危为安。左侧卧位简便易行，对治疗、控制妊高征可以收到良好的临床疗效。对臀位及其他胎位不正的孕妇，要适当地纠正胎位。高危孕妇多虑敏感，除进行必要的检查外，还要指导孕妇进行自我监护，提高自我监护能力。同时也应重视家庭成员及丈夫的作用，取得他们的配合，对治疗、纠正高危因素有其积极作用。如教会丈夫听胎心，孕妇数胎动，变被动保健为主动保健。孕妇情绪变化会影响激素分泌和血液化学成分变化，从而对胎儿产生影响。丈夫要协助妻子控制好情绪，保持心情乐观和愉快。良好的心理护理，合理监护、治疗，开展一系列必要的转化工作，即可将高危妊娠转化为低危或无危，使高危孕妇顺利、安全地度过孕期。

孕早期的心理问题有哪些

孕早期发生的心理方面的问题，大致有以下三种。

（1）**过分担心**：有些孕妇对怀孕没有科学的认识，易产生既高兴又担心的矛盾心理。她们对自己的身体能否胜任孕育胎儿的任务、胎儿是否正常总是持怀疑态度，对任何药物都会拒之千里。

（2）**早孕反应**：严格说来，早孕反应（孕吐）是一种躯体和心理因素共同作用而产生的症状。但医学家发现，孕吐与心理因素有密切的关系。如孕妇厌恶怀孕，则绝大多数会孕吐并伴体重减轻；如果孕妇本身性格外向，心理和情绪变化大，还会发生剧烈孕吐和其他反应。

（3）**心理紧张**：有些孕妇及亲属盼子心切，又对将来的生活茫然无知，因为住房、收入、照料婴儿等问题的担心，导致心理上的高度紧张。

上述这些不良心态，会使孕妇情绪不稳定，依赖性强，甚至会表现出神经质。这对孕妇和胎儿是十分不利的。改善的原则是，孕妇本人要尽可能做到凡事豁达，不必斤斤计较；遇有不顺心的事，也不要去钻牛角尖。丈夫和其他亲属应关心和照顾孕妇，不要让孕妇受到过多的不良刺激，不要做可能引起孕妇猜疑的言行，使孕妇的心理状态保持在最佳状态。

心理压力会连累皮肤"受伤"吗

人无时无刻不存在于心理压力之中，事业、家庭、人际关系以及情感、生活，心理压力在人的生活中扮演着一个"无声杀手"的角色，可能你并不知道你所承受的心理压力达到的程度，但你的皮肤却可以清楚地告诉你，因为人体的皮肤组织和中枢神经系统具有相同的胚胎组织。所以，注意一下你的皮肤，你就会了解自己。

（1）**疱疹**：心理压力使身体的抵抗力降低，这样一来，免疫系统的防线就不那么牢固了。如果你带有疱疹细菌，你将很可能会感染上疱疹和生殖器疱疹。

（2）**皱纹**：焦虑消耗了许多生命活动所需的营养，使细胞活动和新陈代谢速度减慢，皮肤就会表现出灰暗和缺乏弹性，皱纹也就更容易显露出来。有时，在心理压力状态下的皱眉和肌肉紧张也会加速皱纹的产生。

（3）**粉刺**：心理压力促进了皮脂腺的活动，使皮肤出油，促进了粉刺的产生。

（4）**体重减轻或增加**：心理压力会改变你的食欲，在心理压力状态下，有的人体重会增加，而有的人却会减轻。

（5）**湿疹**：心理压力本身并不会使皮肤干燥、脱落，但它可以加重已经有的症状。比如心理压力之下地出汗，不但会使湿疹更加严重，甚至还会导致脱屑、感染、红肿瘙痒。

(6)脱发：受到精神创伤的人由于激素增加和血液循环中出现的问题，会使黑发脱落。只有心理压力水平恢复正常时，头发才会重新生长。

(7)减轻心理压力方法①自我宣泄。通过不危害他人的方式将内心怨情发泄出来，如可以痛哭一场，也可以大骂一通，还可以用笔来倾诉自己的痛苦。②请人疏导。这个办法更灵活一些。当一个人有了心理上的痛苦后，要找亲朋好友或同事交谈一下，然后请他们开导开导，这样不但可以找到解决问题的办法，还可以减轻心理压力。③情绪转移。这也是一种好办法，人们在苦闷时，应当通过看书、看电影、参加体育活动、参加社交等方法转移注意力，以减轻心理压力。④爱好冲销。就是经常根据自己的爱好去找事干，造成一定的紧张感，如写作、研究问题、画画、搞发明等，这样可以使人变得积极开朗。⑤讲究心理卫生。我们应该寻找修养身心的科学途径，如应注意阅读健身养性的书刊，根据自己的实际情况摸索一套减轻心理压力的良方，并付诸实施。

如何顺利度过产后不适期

新生命的诞生是件喜事，但照顾好新生儿则不是一件简单的事情。这会给部分未有充分心理准备的父母带来极大的心理压力，尤其是新妈妈，分娩后由于体内激素的变化，加上缺乏照顾宝宝经验，都可能导致产后情绪的转变。

以下几种女性产生情绪不稳定的机会比较多，年纪太轻或首次怀孕的新妈妈、未婚妈妈；有家族性抑郁倾向者；产后疲倦、失眠、失血过多者；生活上或婚姻上发生转变、家庭经济状况出现问题者；怀孕期间出现问题，比如难产、死胎等，这些新妈妈更易产生情绪低落，陷入抑郁之中。

产后情绪转变根据程度高低，大致可分为以下三种：轻度产后情绪低落、产后抑郁症以及产后癫狂症。大约过半数的新妈妈在分娩后数日会有情绪不安、闷闷不乐、容易哭泣等现象。若情绪低落，但只要得到家人适当照顾和关怀，病症可在短期内消失，反之就有可能导致抑郁症。

美国一家大医院的病房，分析研究了621名体弱体瘦的患儿结果发现，这些孩子体弱是因为母亲在哺乳期同丈夫争吵，闹离婚，天天生气，情绪不佳所致。科学家对母乳进行了研究发现，乳母在生气发怒后，奶中竟含有毒素，具有毒性。研究者发现，乳母如在生气时给孩子喂奶，就会使孩子中毒，导致孩子抗病能力下降，轻者长疮疖、疹毒，重者可发生一些感染性疾病。

患抑郁症的新妈妈易疲倦、失眠、食欲缺乏、便秘、月经失调、缺乏自信，不能照顾宝宝。病情严重时，更会产生自杀或伤害宝宝的念头。这类新妈妈必须接受心理咨询或药物治疗，否则，有可能引致产后癫狂症。患了产后癫狂症的新妈妈，会有恐惧、严重抑郁、幻觉或幻听等现象，甚至感到自己被人迫害、生活在疑惑之中，若能得到及时辅导和治疗，便能痊愈，不至于引起严重后果。

产后抑郁症不但令新妈妈失去自信，更因为新妈妈在患病期间因失去照顾宝宝的能力，而影响母子感情，影响婴孩成长，妨碍家庭生活，同时也令新妈妈产生怀孕恐惧，导致夫妻生活不协调，蒙上婚变阴影。

为了避免产后抑郁症的产生，夫妇在决定怀孕前必须有充足的心理准备和经济基础，在怀孕后要多了解有关怀孕、生产、产后护理及照顾宝宝的常识。在怀孕及生产期间，尽力保持原有的生活方式，不要有太大的转变，如换工作搬家等。在产后，新妈妈除了照顾宝宝之外，也要设法抽出一些时间，调剂生活，舒缓情绪。丈夫多关心支持太太，若太太情绪不好，应容忍并多承担家务，以便使太太顺利度过产后不适期。

新妈妈会怕什么

分娩是一种自然生理现象。虽然分娩会给身体带来一些痛苦，但将为人母亲的喜悦，从精神上给了新妈妈足够的安慰和补偿，所以大多数新妈妈都能保持良好的心态待产。但也有许多妇女带着不健康的心理进入待产室，影响分娩的顺利进行。

(1) **怕生女孩**：这种思想压力不都来源于家庭，带着沉重的思想负担进入产房会使新妈妈大脑皮质形成优势兴奋灶，抑制垂体催产素的分泌，导致宫缩乏力，使分娩不能正常进行。

(2) **怕难产**：是顺产还是难产，一般取决于产力、产道和胎儿三个因素。产道包括骨盆和软产道两部分，其径线大小，形态是否正常，有无畸形，在产前检查的时候都已测过，胎儿大小在临产前可以估计和计算。如果这两项有明显异常，一般多在临产前医师便做了剖宫产的选择。进入产室待产的妇女一般这两项均没有明显异常情况。只要产力正常，自然分娩的希望很大。产力包括子宫收缩力、肛提肌收缩力和腹肌收缩力，其中子宫收缩力是主力。宫缩力的强弱在临产前不能预测，只有临产后才表现出来，影响子宫收缩的因素有子宫本身发育不良，参与分娩活动的内分泌不调和新妈妈的精神状态等。所以新妈妈的正确态度是调动自身的有利因素，积极参与分娩。

(3) **怕痛**：子宫收缩是人体内唯一有痛肌肉收缩，但并非不能耐受。解决的办法是行药物镇痛或精神预防性无痛分娩。因药物有时会抑制宫缩，所以选择后者为好，具体做法是应用各种方法，控制来自子宫的刺激，使宫缩刺激达不到痛阈。宫缩间歇时新妈妈全身放松，安静休息。常用的方法有深呼吸法、按摩法和压迫法三种，深呼吸法用于第一产程的早期，即从临产到宫口开大 3 ~ 4 厘米之前，也可与其他手法并用于整个第一产程。在每次宫缩开始时，均匀地做腹式呼吸动作，张大嘴巴，大口大口地吸气和呼气，并随着宫缩的加强，逐渐加深呼吸，宫缩间隔时停止。这样做深呼吸能兴奋新妈妈的大脑皮质，增加体内氧气的循环，加强全身的力量和子宫收缩，增强分娩活动，减少胎儿缺氧。按摩法用于每一产程的活跃期，即从宫口开大 4 厘米到开全时，由于宫缩逐渐加强，虽行深呼吸法新妈妈仍可有紧张的感觉，这时可用手在下腹部轻轻按摩，宫缩间歇时停止。也可以让新妈妈侧卧，按摩腰部。按摩法可与深呼吸动作相互配合，由新妈妈自行操作或由助产人员操作。压迫法用于第一产程的活跃期，此法必须与深呼吸法并用，与按摩法交替使用。在宫缩时，用两手拇指掌面分别按压髂骨及耻骨联合或其他不适的部位，或在吸气时新妈妈用两拳压迫两侧腰部，此法最好由新妈妈自己来做。以上手法的实行多可极大地减轻产时疼痛，但对确实无效的，亦可及时改用哌替啶（杜冷丁）、地西泮（安定）、东莨菪碱药物镇痛。

（4）**对剖宫产的误解**：如今有不少人误认为剖宫产会使母子安全，孩子聪明，于是不问自己条件如何，进医院就要求剖宫产。如果医师认为没有手术指征，新妈妈就在待产过程中不肯进食，一有宫缩就叫喊。这种精神紧张可导致自主神经系统的不平衡和子宫肌肉收缩功能的紊乱，新妈妈精神体力耗损，疲惫不堪，终致难产。剖宫产与阴道产式相比，对母体的损伤大，出血多，还有发生感染和腹腔粘连的可能性。剖宫产生出来的孩子，由于未经过产道的挤压，有时反而比阴道产的孩子容易发生呼吸道并发症。可见，剖宫产是解决难产的有效手段，只适用于不可能阴道产的妇女。如果没有指征而做剖宫产，对母子并没有好处。

产后如何保持精神卫生

新妈妈的感情生活时常表现为不安定、敏感、容易受刺激、情绪不稳定等。随着产后期的延续，2 周以后，生活在平和、温暖家庭中的新妈妈渐渐恢复常态。

从目前情况看，大家都已重视产前检查和产褥期的访视等保健工作，但忽视了心理的保健。据调查表明，新妈妈出现失眠、抑郁、焦虑等一般心理问题的占 58.3% ~ 86.4%，出现产后抑郁症的占 3.5% ~ 33%，出现胡言乱语、狂躁不宁等精神障碍的占 1‰ 左右，且多在产后 1 ~ 6 周内发生。其临床特点多种多样，多数急性起病，轻者出现失眠、抑郁、紧张、焦虑、多疑、情绪不稳、记忆力减退、精神不振、爱哭泣等，重者可出现抑郁及自伤、自杀行为，有的出现兴奋躁动或胡言乱语，并常伴有幻觉、妄想，部分病人还会出现意识障碍，甚至可出现分裂样障碍、躁狂样障碍或其他功能性精神障碍的症状。其原因是产前的某些不良心理刺激和新妈妈分娩时失血、体力消耗及内分泌紊乱，特别是雌激素和黄体酮的降低，造成躯体免疫功能和神经系统功能削弱，在这种情况下，如果感染了细菌或病毒，较易引起心理疾病。当然，新妈妈的病前性格、身体情况及心理素质等在此病的发生中也有一定的作用。

家庭内部关系。产后的家庭活动中心转移到小宝宝身上，至今为止一直是家庭主角的新妈妈，不知不觉中被亲人忽视了。而且，新妈妈也为照顾小宝宝而忘记了自身的健康管理，过着不合理的日常生活，结果引起失眠和神经衰弱等，有的还出现头昏、头痛、腰痛症。新妈妈在分娩前后不但应该注意身体的保健，更应该高度重视心理卫生。无论是产前还是产后，新妈妈都不应该有过多的担忧、紧张和焦虑，要平静地对待分娩，在补充足够营养和注意个人卫生的同时，还要保证充足的睡眠，维持心理平衡和情绪的相对稳定。此外，丈夫要做妻子精神上的支持者，戒急戒躁，以免影响妻子的生产和哺乳。

医务人员及家庭成员也要给新妈妈更多的心理关爱，如果新妈妈出现心理问题，不必过分担心，只要及时去医院咨询治疗，一般预后良好。

新妈妈如何进行心理调节

首先必须破除旧的传统观念，改变分娩后精神面貌不佳和自觉青春已过的心理，继续保持良好的感觉和最佳心理状态。树立起修饰打扮、美化生活、热爱生活，保持青春永不凋谢的良好心理。产后由于内分泌的急剧变化，情绪不稳。偶可见某些精神病状态，尤其是在难产手术、产后感染、不良妊娠等情况下会发生产后抑郁症，可表现为焦虑、激动、抑郁、失眠、食欲缺乏、言语行动缓慢等；若发现上述心理障碍时，应及时做心理咨询，采取治疗措施。

一些新妈妈在产时或产后因情绪紧张而产生焦虑状态。可选用自我松弛术治疗产后焦虑症。进行全身放松训练时，首先找一个安静的地方，采取最舒适的坐姿。然后微微闭上眼睛，集中注意自己的呼吸，缓慢而深沉地呼吸。这时应感到十分平静，意识自己从脚、脚踝、膝盖、臀部沉而松弛。又从上腹部开始到整个胃部、手臂、肩、颈、下巴、前额沉而且有松弛感，逐步到全身有松弛的感觉。进行想象诱导训练时，感觉到自己的呼吸愈来愈深，愈来愈慢，然后想到太阳照着我，从头顶一直照射到身体的每一个部位，身体各部位感到很温暖而沉重，身上的温暖感觉缓慢地流动。此时自己的呼吸愈来愈深，全身感到十分松弛和平静，此时心情也愈来愈宁静、安逸。

自我松弛是将肌肉的松弛与暗示诱导相结合所产生的作用，用以调节整

个神经系统。但自我松弛练习绝对没有任何不良反应，可以没有老师的指导
而自己练习。对松弛与紧张的程度不要太认真，只要感觉自己的意识越来越
安宁，身体轻松愉快就达到目的了。在整个练习过程中如果睡着了，也应顺
其自然，这也是身体松弛后的最佳表现状态。通过上面这些简单的方法可以
使焦虑症状得到缓解，顺利地度过产褥期单调、烦恼的生活。

什么是产后抑郁症

妇女产后抑郁症在美国是一种发病率较高的病症。主要有两种：第一种
是类似抑郁症，如情绪不稳、焦虑、不安和无助感等，不需治疗会在产后 2
周内自然消失。70% 的新妈妈可能出现这种症状。第二种是真正的产后抑郁
症，症状在 2 周后仍然存在，甚至加重。患产后抑郁症的原因有几个方面：
一是产后性激素水平骤然降低，从而导致大脑神经介质的不平衡；二是产后
为了照顾新生儿而睡眠不足，产后疼痛导致生理上的不舒服，引起心理上的
不适；三是对新生活、新环境适应不了。上述因素互相影响，共同发生作用。
产后抑郁症的症状与普通抑郁症类同，如情绪不稳、焦虑、哭泣、无助感、
睡眠失调、极度恐慌、淡漠等。严重者会丧失母爱，对自己的新生儿失去兴趣，
甚至自杀或杀死自己的亲生骨肉。

2001 年夏季，在美国休斯敦市清水湖居民区，发生过一起震惊世界的
家庭悲剧，一位 36 岁的白人妇女在家溺杀了自己的全部 5 名子女，最大的
孩子 7 岁，最小的年仅半岁。虎毒尚且不食子，这位母亲为何这般心狠？原来，
这位疯狂的母亲是一位严重的产后抑郁症患者。她在 8 年间连续生育了 5 名
活泼可爱的子女，却不幸于两年前在生下第四个孩子时患了严重的产后抑郁
症，尽管已于事发前半年开始服用抗抑郁的药物，但其病况未得到明显的缓
解。调查表明，这位妇女曾经企图自杀。

产后抑郁症是较为多见而心理咨询门诊并不多见的抑郁症类，属于内源
性抑郁症。产后抑郁症是指产后 1～2 周内（少数可在 1～3 个月内）突然
发生抑郁症症状，情绪极端低下，对生活无信心，对自己生育的儿女感到累
赘和罪疚感，有消极自杀言行。本症病因不明，但是预后较好，不少病人，

尤其轻度抑郁症病人短期自行缓解，可不求助于专业医师。少数病重者则需要正规的抗抑郁药治疗。

分娩对一位女性来说，可能是一个情绪上充满压力的重大心理变化时期。大多数妇女在分娩后 10 天内，都会有一段时间情绪异常，心理不稳定，情绪低落，有哭泣悲观的现象，通常在 1 ~ 2 天后消失，此称为产后抑郁状态。该时期任何身心压力都可能诱发抑郁，尤其气质上呈现抑郁者更容易发生。分娩对新妈妈来说是一种充满兴奋、惊奇、亲密的心理过程，反过来亦可以是充满恐惧、紧张、痛苦的过程（尤其经历难产的新妈妈）。围绕分娩和宝宝出生，有着各种复杂的心理感受，如分娩的疼痛、产程是否顺利、宝宝的性别健康和家人对此的看法。

妇女怀孕、分娩、产后会发生性激素和多种激素的生理变化。作为人体的化学信使和身心功能的调节者，激素的微量改变就会使人的身心发生重大变化。例如黄体酮是迄今发现的 7 种相互密切关联的雌激素中最重要的一种，其水平在孕妇中比非孕妇要高 15 ~ 30 倍。这种黄体酮激素的变化对人的心理功能有重大的影响。新妈妈的个性气质、心理防卫能力、认知水平加剧这些心理影响和变化过程。据报道，每 1 000 名新妈妈中可能有 2 人在分娩后并发产后精神障碍，其中 3/4 为产后抑郁症，是产后精神障碍最主要的类型。通常产后抑郁症在产后 2 ~ 3 天产生，产后 4 ~ 6 周为情绪脆弱期，对一切很敏感亦是此病高发期。少数患者可持续 3 个月，突然出现哭泣、烦恼、失眠、全身不适，有虚弱感，常胡思乱想，对母亲角色、母子关系产生种种心理障碍。最突出的是新妈妈对亲子的喜悦、兴奋、沉醉的心理消失，代之以对宝宝的厌恶、憎恨、反感、自责，严重时有抛弃或杀死宝宝的病态心理。

针对分娩和母亲角色的心理障碍，加强心理治疗，指导新妈妈心理调节至关重要。对缺乏生活经验、能力不强、照顾宝宝引起失眠和生活规律被打乱后难以适应的患者，暂时由他人代养宝宝是必要的。

如何预防产后抑郁症的发生

女性的神经系统不如男性稳定，而新妈妈由于生理原因会比平时更加敏感，大约 80% 的母亲在产后会有情绪低落症状。怀孕以后，体内的激素水平在整个妊娠期都保持高水平，孕妇会感到整个妊娠期非常愉快、非常顺利。在孩子出生后的 72 小时内，这些激素水平急剧下降，导致了产后情绪低落甚至产后抑郁症的发生。

但是事实上并不是每位新妈妈在产后都会出现情绪低落的现象，其性质、严重程度和持续时间也因人而异，即使是同一个人在不同的产次也有很大差异。这说明新妈妈在产后的情绪不稳定状态，不仅仅是由于妊娠激素水平的突然下降，也可能是小生命的到来，使新妈妈及其家人的生活发生了重大的改变，因措手不及而引发身体和感情上的潜在问题。有的新妈妈白天情绪稳定，心情很好，而到了晚上孩子啼哭不止时，就觉得无所适从，心情烦躁，继而出现情绪低落，甚至转变为产后抑郁症。另外，也有人发现产后体内缺钾会使新妈妈感到极度疲倦。

所以当新妈妈在产后发生一定程度的情绪低落时，不要感到害怕和惊讶，要知道大多数妇女都有这样的过程。首先不要过度担忧。很多妇女担心在产后不能照顾好孩子，害怕伤口疼痛、子宫收缩痛，担心缺奶、产后体形改变等，其实这些都是很平常的事，不要过分在意，要努力松弛神经，很多的不适感就会随之消失。同时不要刻意地抑制自己的想法，要说出感受和不适。

其次要保证充分的睡眠和休息，很多不好的情绪来自于极度的疲倦。如果晚上睡不好，在白天可以把孩子抱到别的房间，自己争取打个盹。当然也不能成天躺在床上，要在室内做些轻便的活动，多呼吸新鲜空气，适当地散散步也有助于提高自己的情绪。

另外要注意调节饮食，不要吃太多的甜食，要多吃水果和蔬菜，多吃含钾丰富的香蕉、番茄等。

在这里要特别强调家人和朋友的关心支持是非常重要的，丈夫的陪伴、体贴和爱抚是任何东西都无法替代的。

产后抑郁症如何治疗

世界著名的精神病专家汉米尔顿经过调查后得出结论，产后 1 个月内被送进精神病院的妇女，是妊娠期精神病人数的 18 倍。

这是多么可怕的结论，但却是事实。产褥期是妇女情感生活中最为脆弱的阶段，妇女在分娩后数天内出现哭哭啼啼，心情不愉快，被大多数人认为是正常的现象。殊不知，在哭啼、烦闷的背后，却隐藏着一种不正常的而且危害妇女身心健康的精神疾病——产后抑郁。

所谓产后抑郁，是指发生在产后数天内，持续时间短，且基本上都能自愈的轻微精神障碍，其主要症状是烦闷、沮丧、哭啼、焦虑、失眠、食欲缺乏、易激动。此病在新妈妈中的发生率 50%～80%，我国发病率一般亦在 50% 左右。目前认为，由于分娩引起新妈妈内分泌环境的急剧变化而致内分泌的不平衡，是其主要的内因；而分娩方式、妊娠期及产褥期的并发症、新生儿疾病，以及家人对新生儿态度、丈夫的协作程度、社会的帮助等，都是不可忽视的诱因。

由此可见，产后的精神障碍不单是一个医学问题，也是社会因素和人格倾向的综合问题。产后抑郁一般不用药物治疗，关键在于预防发生和减轻症状，并防止发生严重的精神病。预防发生产后抑郁的主要方法有：

第一，提高认识。即认识到妊娠、分娩、产褥是妇女正常的生理过程，一旦妊娠，就要了解有关妊娠方面的知识，进行相应的产前检查和咨询。

第二，在妊娠期要心情愉快。因为妊娠期表现焦虑的新妈妈，倾向于发生产后抑郁。做丈夫的有责任给予关心和生活上的帮助，减少精神刺激，这样有助于减少或减轻产后抑郁的发生。

第三，让新妈妈在分娩后有一个和谐、温暖的家庭环境，并保证足够的营养和睡眠。对妻子分娩所承担的痛苦给予必要的关怀和补偿。

若新妈妈抑郁症状严重且持续时间长，就要在医师指导下，使用三环类抗抑郁药物治疗，也可用黄体酮肌注治疗。

十、女性更年期保健

什么是更年期

对于女性而言，更年期指妇女从卵巢功能旺盛逐渐衰退到老年的一段过渡时期，是每位妇女必经的生理过程。每位妇女都有两个卵巢，它在生殖内分泌中起到很重要的作用。卵巢有周期性交替排卵分泌雌激素的功能，有着旺盛的生育能力和性活动能力，维持女性特征。女性到 40 岁左右卵巢功能逐渐减退以致完全消失，月经稀发以致停止，性器官进行性萎缩和逐渐衰老，到 60 岁妇女步入到老年期。更年期大约 20 年左右，根据生理变化还可以划分成绝经前期、绝经期、绝经后期，又可称为围绝经期。女性更年期是卵巢功能逐渐衰退到最后消失的一个过渡时期，其中以绝经的表现最为突出。绝经年龄因人而异，一般在 45 ~ 55 岁。部分妇女在绝经前可有月经周期逐渐延长，经血量渐减少，最后完全停止。有时可先有不规则阴道出血，以后月经停止。

更年期综合征的发生与体内的性激素水平改变有关，生理变化及临床表现也有一定差异。尽管更年期综合征的表现错综复杂，但多以潮热多汗，以及心血管方面的症状表现较多，精神情绪方面的症状也不少见。

更年期女性的生理功能有什么变化

进入更年期以后，随着机体组织、细胞的老化，人的生理功能也开始逐渐减退，主要表现在以下方面：①适应环境能力减退，即应激、抵抗能力减退。②在机体新陈代谢过程中，分解能力逐渐增强，合成能力逐渐减弱。③生存能力下降，适应体内外环境异常改变的能力减弱。④机体内环境稳定性显著减弱，不稳定状态不能很好地恢复。⑤支配、协调机体各器官的能力发生异常变化。⑥机体进行各种特殊动作的能力减退，对外界不良刺激的反应，抵抗速度趋于缓慢。

随着年龄的增长，人的肠道也发生退行性变化，肠管肌肉逐渐萎缩，胃的张力减弱，胃肠蠕动功能低下，消化吸收功能障碍，肠道黏液分泌减少，排便时腹肌无力，不能用力将肠道中的粪便排出体外，这便是更年期便秘的主要原因。其他原因还有许多，如没有养成定时大便的习惯；吃饭过于讲究精细，喜欢吃精米细面，很少吃蔬菜、杂粮、水果及含纤维素多的食物。不爱运动，腹部得不到活动，引起胃肠蠕动减慢；进入更年期后，常常发生一些疾病，如脏器下垂、肛门裂、肛门瘘管、痔疮、直肠癌、腹部肿瘤等，也影响大便的排出，这些都是造成便秘的原因。由于更年期女性免疫功能降低，易并发全身感染和肿瘤，也可发生阴道炎、皮肤病、糖尿病、咽炎、口腔溃疡等。

更年期女性的心理特点有什么变化

更年期女性心理上的变化非常明显。

(1)学习方面的记忆力较差，但理解力较强，盲目性较少。尽管40岁以后，人们还可以在已有的基础上拓宽自己的知识领域，技术更加娴熟，理论更加渊博，但要从头学习、掌握一门新的学科知识已变得较为困难。

(2)对近事记忆和机械性记忆较年轻人差，但对往事记忆和理解性的记忆并未下降。

(3)思维能力的改变与青年时期的思维能力强弱有很大的关系。青年时期思维能力愈强，到老年期则衰退得越晚越轻微。

(4)在社会交往中，由于生理和外貌上的改变，加上自己习以为常的工作和接触亲友的习惯发生改变，打乱了自己工作生活和社会交往的规律，失去了过去的节奏而产生心理上的老化和不适应感，从而缩小和限制自己活动的范围。

(5) 常常会产生垂暮感，自感没有未来，缺乏希望。自觉进入更年期已到了人生和事业的顶点。

(6) 在性格方面，年龄的增长不会造成性格的改变。如出现性格的改变主要是由于生活条件、自身的经历、健康状况、社会地位、生活环境、接受的教育和智力情况等决定的。

上述变化与个人的身体素质、家庭条件和思想修养等有关。对于那些易于发生变化者，此时如果有不利的社会因素的影响，就可能诱发各种心理反应，主要表现为情绪不稳定、焦虑、抑郁、紧张、神经过敏、容易激动、记忆力减退等。

妇女更年期可持续多长时间

更年期的起点及期限没有明确的时间标志，是难以预测的。一般说平均在 45 岁左右。绝经的年龄是可以准确肯定的，我国城市妇女平均绝经年龄 49.5 岁，农村妇女为 47.5 岁，美国妇女为 51.4 岁。绝经的年龄范围可在 48 ~ 55 岁。月经初潮的年龄有提早的趋势，但绝经年龄的改变不明显。约 1% 妇女在 40 岁前即绝经，可诊断为"过早绝经"或"卵巢早衰"。如果迟至 55 岁后月经才终止，可称为"迟发绝经"。

绝经年龄的早晚与生活地区的海拔高度、气候、遗传、社会及家庭经济状况、营养等因素有关。营养充足、卫生习惯良好者更年期起始年龄往往推迟，母亲绝经年龄及生产次数可能影响绝经年龄。反之，长期营养状况不佳，有剖腹产、子宫切除史，体重低，生活在高原者绝经年龄常提前；嗜烟者绝经年龄常提前 1.5 年。服用避孕药、月经初潮年龄、种族不影响绝经的时间。

每个妇女绝经过渡期将持续多久，只能有待时间的流逝而最终说明。月经周期衰退的时间可能在 1 年以内，或 2 ~ 4 年，少数病例可能更长一些。

更年期综合征有何症状

更年期是每个妇女必然要经历的阶段，但每人所表现的症状轻重不等，时间长短不一，重者可以影响工作和生活，甚至会发展成为更年期疾病。更年期综合征虽然表现为许多症状。但它的本质却是妇女在一生中必然要经历的一个内分泌变化的过程。更年期综合征常有如下症状。

(1) **心脑血管**：潮热出汗、心慌气短、胸闷不适、心律失常、眩晕耳鸣、眼花头痛、高血脂、血压波动等。

(2) **神经精神**：情绪波动、性格改变、烦躁易怒、消沉抑郁、多疑轻生、焦虑恐惧、记忆力减退、注意力不集中、思维和言语分离、失眠等。

(3) **泌尿生殖**：月经紊乱、阴道干涩、性交疼痛、性欲减退、外阴瘙痒、阴道炎、外阴白斑、尿失禁、尿道炎、膀胱炎、应力性尿失禁（憋不住尿）、乳房萎缩等。

(4) **骨骼肌肉**：骨质疏松、肌肉酸胀痛、关节足跟疼、颈背痛、乏力、抽筋、驼背、身高变矮、关节变形、易骨折、指甲变脆等。

(5) **皮肤黏膜**：皮肤干燥、瘙痒、弹性减退、光泽消失、皱纹增多、老年斑、眼睛干涩、口腔溃疡、口干、皮肤感觉异常（麻木、针刺、蚁爬感）、水肿、脱发等。

(6) **消化及其他**：恶心、咽部异物感、嗳气（打嗝）、胃胀、腹胀、便秘、腹泻、甲亢、甲低等。

(7) **肥胖**：尤其是腹部及臀部等处脂肪堆积。

妇女更年期内分泌激素有哪些变化

妇女绝经实际上是体内内分泌激素变化的结果。激素是一种蛋白质，但不是普通的蛋白质，它具有调节细胞功能的作用。人体内激素有许多种，和女性生殖器有关的激素主要是雌激素、孕激素、雄激素、尿促卵泡素(FSH)和促黄体生成素(LH)共5种。前3种由卵巢里的卵泡和黄体分泌，后2种由卵巢的上司——大脑里一个叫垂体的器官分泌。

年轻妇女的卵巢里有无数卵母细胞，正常每月要有卵母细胞发育成卵泡，而且逐渐成熟排卵，形成黄体，至下次来月经时已开始萎缩。指挥卵泡发育的主要是FSH，在它的刺激下卵泡发育长大，至月经中期时卵泡成熟。成熟卵泡分泌大量的雌激素诱发垂体释放大量的LH，促使卵泡破裂（破口一般很小），卵子排出。之后，卵泡黄体形成，开始分泌孕激素。若未怀孕，约1周后黄体功能开始减退，雌、孕激素水平逐渐下降。子宫内膜坏死脱落，出现月经。如此周而复始，卵泡不停地发育、成熟而又退化。妇女体内的雌、孕激素水平也相应出现周期性升高和降低。FSH和LH水平则一般较低，只是在月经中期的排卵前才突然升高，旋即又下降。

妇女更年期上述5种激素发生明显变化。绝经前常首先出现FSH水平上升，此时，LH水平尚正常。雌孕激素水平亦有所下降。不少妇女月经后半期不再有孕激素水平升高，说明卵泡发育已不能排卵。以后LH水平亦逐渐上升，最后，FSH和LH水平均上升至很高并持续不下降，比年轻时排卵前的高峰值还高。以后，维持约20年才逐渐下降，虽然FSH和LH水平很高，但卵巢里不再有卵泡发育，所以体内雌孕激素水平反而明显下降。一般认为绝经后雄激素水平也下降，但和雌激素比起来降低幅度较小，雄激素和雌激素的比值则升高。部分妇女绝经后毛发加重、胡须明显可能和此有关。此外，相对较多的雄激素可以在脂肪组织中转变成一种弱雌激素即雌酮，对人体有致癌作用。妇女更年期出现的一系列症状，和体内激素的急剧变化有密切关系。

更年期综合征如何治疗与护理

（1）**心理治疗**：对更年期者给予充分理解、同情和关怀，关心体贴他们的生活，千方百计地给予安慰，消除其紧张情绪，了解发生更年期症状的原因，使其懂得出现更年期症状并不可怕。

（2）**饮食治疗**：加强饮食调理，多食豆制品、新鲜蔬菜和水果，每日热能维持在8668千焦左右，少食糖和脂肪食品，尤需限制动物脂肪与肥肉的摄入量。

（3）**运动治疗**：坚持晨练，方法有太极拳、气功、太极剑、强壮功、广播操等，晨起作扩胸运动、深呼吸运动及跑步等。

（4）**一般治疗**：症状轻者经过解释后即可消除。必要时服用适量镇静药物，如溴剂、苯巴比妥、氯氮（利眠宁）及地西泮（安定）等。谷维素能调整间脑功能，有调节自主神经功能的作用，10～20毫克，每日服3次。坚持服用维生素，如金维他，每天1～4次，每次1片；维生素B_6，每天3次，每次20毫克；维生素E，每天3次，每次50～100毫克。

（5）**激素治疗**：绝大多数更年期女性不需激素治疗，仅用于经上述治疗无效者，一般用3～6个月。

（6）**中药治疗**：有较好的效果，常用六味地黄丸、甘麦汤等。

更年期女性的保健重点是什么

（1）更年期妇女自身应该了解一些更年期生理卫生知识，明白这是一个生理过渡时期，经过1～2年就可自然缓解，有利于解除不必要的精神负担。同时家庭成员、邻居、伙伴同事们也应了解更年期的主要表现，在工作上、生活上给予她们关怀和体谅。此外，要避免过重、过累、过度紧张的工作劳动；避免精神过度紧张，尽可能避免不良精神刺激，给她们创造一个轻松愉快的环境。

（2）加强身体锻炼，但不能过分，不能太剧烈和紧张，要量力而行。多参加集体活动，包括娱乐活动。调整睡眠习惯，保证充分的休息时间。

（3）对更年期综合征症状较明显的，可以采取适当的药物治疗，但最好还是请医生诊治。

（4）对一些心血管和内分泌系统的症状及月经改变、阴道异常出血等，不要轻易用更年期综合征来解释，而应当首先到医院进行必要的检查，排除器质性疾患后，再进行心理和对症治疗，以免延误治病。

（5）更年期女性每年进行一次全面身体检查、妇科检查和防癌检查是非常必要的。

为什么更年期综合征患者的生活要有规律

现代科学研究表明，人体任何一种生命活动无不具有规律性，不过有的很明显，有的不很明显。例如，妇女月月来月经，其规律性很明显；但血压白天高、晚上低，体温早晨低、傍晚高，其规律不通过测量难以发现。人的大脑有动力定位功能，如人到时有睡意，能按时醒来。如果能按照规律有计划地安排学习、工作和生活，对身体健康是有益的。更年期生理功能日益减退，更应注意生活有节、起居有常的生理规律。一般应做到早睡早起、定时起居，每晚保证 7～8 小时睡眠。有条件者要在午餐后再睡半小时到 1 小时，晚间不宜看惊险悲惨的电视或电影；按时定量用餐，注意避免过饥过饱，特别是晚间不能饮用浓茶或咖啡；养成按时大便的习惯，因更年期容易便秘，不按时大便可加重便秘；按时上班工作或学习，不要拖拉疲沓；定时有计划地进行运动锻炼或体力劳动；根据个人的爱好，可适当地参加一些松弛精神和体力的活动，如读书、养鸟、栽花、下棋等。

更年期潮红是怎么回事

潮红俗称"升火"，是由自主神经功能紊乱造成血管舒缩功能障碍所致。潮红、出汗和头晕被称为自主神经功能障碍的典型三联征。阵发性潮红是女性进入更年期的特征性标记，绝经后妇女有 70%～80% 出现不同程度的潮红。男性更年期发生潮红比较少见。

潮红出现多与精神因素（包括烦恼、生气、紧张、兴奋、激动等）有关。潮红发生一般比较突然，患者自觉一股热气自上胸部向颈部、头面部上冲，继之头、颈、胸部皮肤突然发红，伴有全身烘热感，因此也有人称之为"阵红潮热"。症状消失时约有半数病人汗水淋漓，畏寒发抖，也有少数表现为怕冷，面色苍白。测试发作时皮肤温度，发现身体不同部位上升幅度各异，以手指、足趾温度升高显著（4℃～8℃），前额温度改变最小，可能因该处出汗多，热量由皮肤蒸发所致；测试体内温度则平均下降 0.2℃，可能与出汗时热量蒸发和辐射增加有关。每次发作一般持续几秒钟至几分钟不等,很少超过 1 小时。发作频率因人而异,有的数天发作一次,有的一天发作数次,甚至每 10～20 分钟发作一次。潮红的发作以黄昏或夜间较多,甚至可使患者从睡梦中醒来,使病人备受痛苦,严重者可影响睡眠和身心健康。

潮红 80% 发生在绝经后,多数妇女症状持续 1～2 年后自然消失,持续 5 年以上者少见。

发生潮红的机制尚未完全清楚。中医学认为,是阴虚内热、虚阳上亢所致。而现代医学认为是内分泌和自主神经功能障碍的表现。

更年期综合征患者如何防止潮热

潮热症状在多数更年期女性身上持续两年,对此采用补充雌激素的办法可以改善症状。也可以试试以下"自我保健"方法。

(1) **寻找诱因**:潮热多是间歇发作,且有因人而异的诱因。更年期女性日常应注意自己的一切活动、饮食、环境和情绪等方面变化,必要时也可记日记。有些妇女就在这个过程中发现了诱发潮热的行为模式。因此,也就找到对症克服潮热出现的方法。

(2) **穿衣服调剂**:在公开场合潮热发作往往使人感到难堪,这对潮热更如火上加油。因此,更年期女性不妨增加一两层衣服,以便在潮热发作时随时增减。天然纤维织物,如棉、毛料是比较适合的穿着物。

(3) **避免烟酒**:酒精和尼古丁的刺激,会造成血压和精神方面的异常变化,故更年期女性不宜饮酒、吸烟,咖啡、茶等也应少饮。

(4) **放松身心**:当潮热出现时应注意稳定情绪,可采用放松和沉思方式,想象自己处于一凉快的地方,也可以喝一杯凉水等,对于缓解潮热亦有作用。

更年期如何防止冷感症

冷感症多见于更年期女性。该病是由全身或局部血液循环不良引起的腰、背、小腹、手、足或全身发冷为主要表现的综合征。许多更年期女性都容易出现，只不过病情有轻有重而已。科学家指出，妇女如果常常感到寒冷，可能是体内铁质不足引起。在妇女的一生中，因月经、妊娠、分娩原因造成的失血，或子宫肌瘤、子宫功能性出血引起的失血，都会使相当多的妇女损失大量的铁质，而在更年期集中地表现出来，造成"冷感症"。另外，低血压、自主神经功能紊乱、甲状腺功能减退等疾患者常会引起血液循环不良，使人经常产生冷感。为了解除"冷感症"带来的苦恼，除了查明病因后进行适当的药物治疗外，最重要的是进行饮食调节和加强运动锻炼。在饮食上应多吃富含铁的食物，体内缺铁会使各种营养成分不能充分氧化而产生热能，这是怕冷的重要原因。所以要注意补充含铁丰富的食物，如瘦肉、鱼、动物肝脏、家禽、蛋黄、豆类、芹菜、菠菜、香菇、黑木耳等。同时要重视饮食的科学搭配，多吃些富含维生素 C 的新鲜蔬菜和水果，以促进机体对铁的吸收，提高身体的抗寒能力。怕冷是阳气不足造成的，应该有意识地多吃些具有温热御寒的食物，以利体内阳气的补充，比如牛肉、羊肉、狗肉、虾、核桃、辣椒等都有这方面的功能。此外，生命在于运动，动则阳气生。运动锻炼也很重要，不过应根据自己的身体情况，量力而行，贵在坚持。

更年期如何预防骨关节酸痛

更年期女性常有腰酸背痛，四肢关节肌肉疼痛、手麻、脚跟痛的问题，其实不只是卵巢分泌激素的功能会衰竭，骨骼肌肉系统到了这个年龄也会开始老化，和停经有直接或间接的关系，都是衰老的自然现象。

更年期女性日常生活中应注意：

（1）关节若是急性疼痛或肿胀时，应该尽量的休息，辅助消炎止痛药，同时寻求医师协助，找出病理病因，排除其他的问题和异常情况。

（2）疼痛稍微减轻后，应该增强关节周围肌肉的力量及扩大运动的范围，恢复关节功能。

（3）平常就应注意姿势，避免会造成关节负荷、损害关节软骨或造成关节疼痛的动作。适度的控制体重，有助于下肢关节炎症状缓解。

（4）若是不幸罹患骨性关节炎，不用太惊慌，虽然无法根治，但通过持续的物理治疗或进一步的外科手术，仍可使关节炎的症状减轻，使患者恢复正常的关节活动。

（5）因为肌肉逐渐软弱无力，无法负荷年轻时所做的工作或运动而产生的肌肉酸痛，也常见于更年期的妇女。这和老年女性退化性骨关节炎尚有一段差距，除了训练肌肉、强化肌力外，局部热敷和按摩，以增加局部循环，对于慢性疼痛多少有些帮忙。

（6）勤做各式的伸展运动以增加自己的柔软度，对于预防急性的肌肉扭伤有益。平时保养自己的骨骼肌肉，配合着适度的运动，预防骨质疏松，让更年期后的人生更有活力。

更年期综合征患者为什么要乐观

良好的情绪，可以提高和协调大脑皮质和神经系统的兴奋性，充分发挥身体潜能，使人精神饱满、精力充沛、食欲增强、睡眠安稳、生活充满活力。这对提高抗病能力、促进健康、适应更年期的变化大有裨益。

勤动脑，善动脑，积极开展思维活动，大量阅读，可以延缓脑细胞的萎缩和死亡过程，增加脑血流量，加速信息传递，保持健全而敏捷的思维能力。科学家证实，凡是勤动脑者比不动脑和不善动脑者记忆力要强几倍，乃至几十倍；紧张工作的脑力劳动者比懒散者高50%；整日无所事事，不善读书，懒于思考者，其智力衰退较早，中老年后较早发生反应迟钝，甚至出现老年性痴呆。所以，进入更年期，应力避懒惰，学习新知识、接受新信息、广泛阅读，均有助于保持记忆力。要培养各种兴趣爱好，对自己专业以外的事情，如娱乐、旅游、烹饪、手工、画画、书法、散步、唱歌、跳舞等，尽量投入和保持好奇心。要保持乐观而稳定的情绪，培养坚强、开朗、善解人意的性格。经常活动手指，坚持手操，不仅是开发智慧，挖掘潜能的好方法，而且是增强记忆，保持智力的好方法。应当联络朋友，除了老同学、同事、同乡外，还应交一些小朋友，让自己受到青春活力的感染，保持心境永远年轻，有利于保持智力。

更年期女性如何预防骨折

由于骨质疏松症，造成骨骼在外力的冲撞及负荷下容易发生骨折。导致骨折的病理基础是骨质疏松症，但其直接发生原因通常是用力不当和跌跤。因此，预防也就应从上述两个方面进行。

(1) **加强锻炼**：多参加户外活动，多晒太阳，坚持散步或慢跑、打太极拳等。活动能增加钙的吸收，改善骨质疏松症，还能增强肌肉对骨骼的支持力，保持身体运动的灵活性和平衡能力。

(2) **注意身体姿势，防止跌跤**：不搬过重的物品，在拿取地上的稍重物品时，先下蹲再取物，不要把头弯到腰部以下取物。如从超过身高和手臂够不到的地方取物时，不要踮起脚尖去取，应请人帮助，不做过度伸展的动作；上下楼梯要慢走，一步步踩稳；不要穿鞋底太滑的鞋子，在潮湿或结冰的路面上尤应防止跌跤。房间的过道中，不要堆物和放障碍物，防止绊倒；平时坐位和站时应保持身体挺直和平直。

(3) **注意营养**：主要是多吃含钙量高的食物，如牛奶、豆类等。

(4) **及时接受激素替代疗法**：雌激素替代疗法对补充骨骼的钙有效果。

(5) **其他**：某些药物（如可的松、泼尼松、地塞米松等糖皮质激素）会增加骨质的丢失，因治疗疾病使用这类药物的妇女应予重视。此外，烟和酒都会加重骨质疏松症，应戒除。

更年期综合征患者如何保证睡眠

更年期失眠者较常见，不少人为失眠而痛苦。不论有无失眠的毛病，都应保持充足、有效的睡眠。

大部分的安眠药物，长期应用都有一定的蓄积性，也就是说，安眠药可以在体内逐渐地"堆积"起来。当它达到一定量时，便会出现很多种不良反应。

更年期综合征患者要明确引起失眠的原因，必要时可去医院就诊。切忌自行其是，以免耽误疾病的诊断。如果是偶尔失眠，更不必用安眠药来催眠。

尽可能自然入睡，保持睡眠的自然节律。如确有必要服用安眠药时，要在医师的指导下服用，千万不要随意加大剂量或长期服用。催眠药的用药时间也宜短不宜长。可将数种药相互交替使用或间断使用，睡眠情况好转时，要逐渐减量，不要突然停药，以免出现戒断反应。

有效的快速入眠方法：①睡前用稍高于体温的热水泡脚。②冷水浴和热水浴交替进行的方法可以减轻疲劳，帮助入睡。③白天多晒太阳，夜晚则尽量少照光，增强夜晚入睡的欲望。④睡前仰面平躺在床上，按摩脚后跟。⑤睡觉时，头朝北，脚朝南，与地球电磁场协调一致。⑥睡前听一段舒缓、优美的音乐，并把音响设置成定时关机的状态。⑦睡前看一些轻松休闲的文章或书籍。⑧睡前喝一杯牛奶。⑨睡前充分放松，然后冥想片刻。

更年期综合征患者为什么要讲究个人卫生

更年期女性洗澡次数不宜太多，但外阴部和肛门的清洗，一天也不要少。因为更年期性激素分泌减少，外生殖器官萎缩，局部抵抗力明显下降，如果不注意卫生常可引起外阴部感染。一般要求每晚睡前用清水或1/5 000高锰酸钾冲洗外阴，并更换内裤。如有老年性外阴阴道炎的妇女，可用硼酸、乳酸稀溶液冲洗外阴或坐浴，或用茵陈、苦参等中药煎水冲洗外阴或坐浴。

更年期女性要注意口腔卫生。首先，要养成饭后漱口、早晚刷牙的习惯，尤其是睡前刷牙最重要，还要特别注意刷牙的方法。其次，要积极治疗口腔病和牙病，对龋齿应及时治疗，需要装义齿（假牙）的一定要及时镶补。口腔炎症要及时治疗，对口腔内的炎症可以用盐水、3%过氧化氢和1∶5 000高锰酸钾水漱口，并且在必要时选用抗生素、维生素。

更年期女性要做到常洗脸、多洗手，每天至少3～4次，以温热水为宜，有用冷水洗脸习惯者则用冷水更好，洗手应比洗脸多些，饭前便后都要洗手。其次要勤洗澡、勤换内衣，一般至少每周1～2次，不宜多用肥皂，尤其是劣质皂和碱性太大的肥皂，以免损伤皮肤。同时要勤换洗内衣裤，若限于条件，不能经常洗澡者，更应注意更换洗内衣裤。另外，每晚做全身皮肤自我按摩，特别是面部，可改善皮肤营养，减缓皮肤衰老。

更年期如何合理安排性生活

更年期女性由于身体不适或月经将来潮的若干天，一般不会有性方面的要求，这时候做丈夫的如果勉强行事，不但不可能给妻子带来性的欢愉，反而会加重配偶生理上的痛苦。另外，女性进入更年期后，因性激素分泌减少阴道内远不如年轻时候湿润，性兴奋到来的时间也就会相对地慢了许多，这时候做丈夫的爱抚妻子时，应比过去更有耐心，把性交前的准备工作做足。必要时候，还可以用润滑剂作辅助，以提高配偶的性快感。

过于宽敞、明亮、喧嚣的场所通常会使女性在性生活时精力无法集中，从而也无法达到性高潮。因此，精心选择做爱的场所、时间也就显得十分重要，通常把性生活的时间定在晚上比白天效果更好。配偶性技巧的高低，是决定男女双方平时能否得到性高潮的一个重要因素，夫妻在思想上应多做交流，以求得性生活的和谐。

更年期的妇女卵巢萎缩，生殖器官功能发生衰退，大多数妇女还会有性功能亢进的表现。这种情况的发生可能与内分泌功能失调和神经系统功能的变化有关。妇女进入更年期后，卵巢已经不能分泌出足够的雌激素。这个信息传递到垂体，垂体就会大量分泌出性腺素以提高雌激素的水平，内分泌失去平衡，可能就是"性亢进"的原因。心理因素也有可能造成妇女的"性亢进"。出现"性亢进"的妇女大多自制能力较差，性格好强，年轻时大多性功能比较旺盛。然而，这种症状大多持续时间不长，经过一段时间就会恢复正常。当然过度纵欲是不可取的，对身心健康不利。如果情况严重，持续时间较长，那就应该进行适当的咨询和对症治疗。

更年期饮食如何四舍五入

女性 45 岁以后由于体内雌激素分泌减少，加速骨质的流失，内脏功能也会逐渐衰竭，长期缺乏运动、累积过大压力和营养不均衡，都可能加重更年期症状，因此除寻求专业医师治疗外，均衡饮食和运动也是保健方法之一。

　　45 岁以上女性保证均衡的营养、激素补充、适度的运动和乐观开朗的心情，就等于留住风华，享受健康与高品质的生活。

　　日常保健是维持健康最大利器，即将步入更年期女性，最好在日常生活中就保持良好的习惯，例如运动、饮食等都是非常重要的细节，45 岁以上妇女饮食原则是四舍五入法：即脂肪、胆固醇、盐和酒等四种物质应尽量减少，只要维持身体功能运转量即可，同时多增加摄取纤维饮食（全谷类、蔬菜和水果），增加植物性蛋白质摄取（大豆蛋白），选择富有胡萝卜素、维生素 C、维生素 E 的食物，多摄取含钙质的食物（牛奶）和每天 6 ~ 8 杯的水。

如何巧食留住"女人味"

　　妇女应该从年轻时起就特别重视大豆类食物的补充，进入 30 岁之后，每天应保证一杯浓豆浆或是一块豆腐的量，因为大豆对雌激素的补充不可能即刻体现出来，所以大豆的补充应及早开始。当更年期的前期症状，比如轻微的潮红已经渐渐出现，仅靠大豆就无效了，这个时期可用当归煎水，每天当归 10 克左右，当茶一样饮用，可以明显地改变雌激素减少带来的症状。

　　更年期女性皮肤会产生皱纹，失去了年轻时的光泽。利用食物延长皮下胶质的寿命，或增加皮下胶质，是最好的办法。白木耳就是有这种作用的食物，它富有天然植物性胶质，加上它的滋阴作用，长期服用是良好的润肤佳品。

　　蛋白质可促进皮下肌肉的生长，使皮下肌肉丰满而富有弹性，对防止皮肤松弛、推迟衰老有很好的作用。富含大分子胶体蛋白的食物有猪蹄、猪皮等。富含维生素 E 的食物，如植物油中的芝麻油、麦胚油、花生油，莴苣叶、奶油、鱼肝油中含量也较多。这类食物中的维生素 E 可以防止皮下脂肪氧化，增强组织细胞的活力，能使皮肤光滑而有弹性。富含维生素和矿物质的食物，如萝卜、西红柿、大白菜、芹菜等绿叶蔬菜，以及苹果、柑橘、西瓜、大枣等。这些食物中的维生素和矿物质，可增强皮肤的弹性、柔韧性和色泽，对防止皮肤干裂粗糙有很好的作用。

对更年期保健有益的水果有哪些

（1）枣：自古以来就被列为养生健身的上品之果，营养价值比其他水果要高。具有补益脾胃、养血安神、滋补身体之特殊功效。

（2）核桃：素有"长寿果"之美称，是滋补身体的佳果。祖国医学对它的养生作用早有记载，认为它有"补肾固精，补气养血，通润血脉，温肺润肠，固牙黑发"等功效。

（3）荔枝：形色俱美，质娇味珍，古人推崇为果中佳品，称其为仙果，是民间一向喜用的滋补果品。有生津、补气功效。

（4）桂圆：古称龙眼，向与荔枝齐名。营养价值远在一般水果之上，自古与荔枝一样被称为滋补佳品。明代医家李时珍说："食品以荔枝为贵，而滋益则龙眼为良。"清代名医王士雄赞赏其为"果中神品，老弱宜之"。有开胃益脾、补虚长智之功效，对贫血、心悸、失眠、健忘、肠风下血等症有疗效。

更年期需要适量服用维生素 B_2 吗

维生素B2，又名核黄素，是人体维持正常新陈代谢所必不可缺的水溶性B族维生素之一。据研究，人体对维生素 B_2 的贮存能力有限，多余的即通过尿液排出体外，因而要注意摄取和补充，以免引起缺乏。维生素 B_2 缺乏时较明显的症状是人们早已熟知的口角炎、唇炎、舌炎等。据报道，维生素 B_2 的缺乏还会影响到夫妻之间的性和谐。其中尤其对更年期女性的影响不容忽视。这是因为当维生素缺乏时，亦可影响到人体腔道的黏膜细胞失调，使黏膜变薄，血管脆性增加，甚至出现脆裂，这对于中老年妇女的生殖器官造成的伤害更为明显。由于阴道壁干涩、黏膜充血，故在房事时出现疼痛。为此，老年妇女应注意从日常饮食中多摄取维生素 B_2，它在动物性食物内脏、蛋类中含量较多；植物性食物则是紫菜、芹菜。对于中老年妇女来说，可考虑直接通过服用适量的维生素 B_2 片来维持体内的平衡。这种药按常规剂量服用，一般不会出现不良反应。需要注意的是这种药片遇光、热易分解，应注意保存。此药不宜空腹服用，可在进餐时或餐后服用，吸收较好。服药后尿液呈黄绿色，不必惊慌，属正常现象。

更年期女性如何合理饮食

早餐吃得好、中餐吃得饱和晚餐吃得少是饮食的基本要求。具体三餐安排要根据饮食习惯，经济条件等调配。更年期由于体内内分泌调节功能减退，可以出现暂时性胃肠功能紊乱，如消化不良、腹胀、便秘等。因此，饮食的合理搭配就显得更重要。

（1）更年期女性应当不要偏食，粗细搭配以保证蛋白质、维生素和无机盐的摄入量。

（2）要避免过饱，尤其糖类和动物脂肪多了会使身体过胖，加重心脏负担并发生动脉粥样硬化。

（3）不可过于讲究精细，应粗细配合，粗粮野菜也很好，但要适当注意安排一定量的乳类、蛋、大豆制品、新鲜蔬菜、水果及鱼类、海菜等。

（4）应少吃过咸的食物。盐中所含的钠在组织内过多会使水分潴留，发生水肿，使绝经前易发生经前期紧张症，引起更年期水潴留、血压增高。每天用盐最好不多于10克。

（5）茶、咖啡、烟和酒对更年期女性都不适宜，尤其是浓茶、高度酒应加以限制。总之，更年期是一个特殊的时期，饮食的调理也就显得特别重要，总的原则是按时定量用餐，不可暴饮暴食，做到粗细有别、干稀搭配、荤素适宜、色香味兼备、花色品种交替，做到既保证营养所需又能促进食欲，从而有益于健康长寿。

更年期后怎样保护皮肤

皮肤是第二性征的表现，也是雌激素的重要靶器官之一。毛发与皮下脂肪的分布与雌激素的作用有关。随着年龄的增长，卵巢功能的衰退，雌激素的缺乏，妇女皮肤、毛发均发生明显变化，皮肤变薄，弹性逐渐消失，出现皱纹，特别是暴露部位，如面、颈、手等部位，口周围与两眼外角的皱纹更为明显。手背皮肤变薄，使皮下静脉清楚可见。

可以使用一些方法延缓皮肤的衰老或改善皮肤老化的现象。首先要生活规律，精神愉快，多食高蛋白及高维生素的食物，每日要注意适当地进行户外活动及身体锻炼，以保持皮肤健康。每日还可进行皮肤按摩，按皮肤血管走行进行自我按摩，特别是面颈部皮肤，每天做一两次，时间15分钟左右，可防止皮肤弹性减低、眼睑下垂、皱纹增多以及颈部皮肤松弛。由于皮肤干燥，洗澡时可用41℃～42℃温水，选用碱性小的中性肥皂，冬季面部应涂擦一些甘油水等保护性油膏。

按以上方法保护皮肤，即可防止老化过早出现。目前，也有不少老年女性皮肤光滑少皱纹，说明人的老化虽是客观规律，不可违背，但用科学的方法延缓衰老，是完全可以实现的。

更年期女性如何预防乳腺癌

随着生活节奏的加快，各种不期而遇的乳腺增生、乳腺炎、乳腺癌困扰着广大女性朋友的健康与生活，尤其是近年来，乳腺增生、乳腺癌的发病率有明显上升趋势。据确切资料证明，患乳腺类疾病的女性致癌的可能性要比正常人高出3～20倍。乳腺增生常在30岁左右发病,40岁左右有癌变现象,50岁左右易变为癌。女性乳腺位于体表，如果勤于检查，乳腺病易于早期发现、及早治疗。据统计，乳腺癌如能在局限性阶段（无淋巴结受累）早期检测和治疗，其治愈率可达80%～90%。首先，女性在月经期结束后，夜间平卧时及洗澡时，应注意触摸乳房，了解乳房的变化规律，观察乳房外形、乳头的改变。初潮早、绝经晚、大龄生育、大龄未婚、长期服用雌激素、家族中有乳腺癌患者的女性，定期到医院做乳腺检查是极其必要的。其次，女性发现乳房有异常后，千万不要认为不痛不痒不碍事而放任自流，更不能以工作忙没时间不去做体检，或自行按广告宣传服用药物。第三，乳房已有肿块的女性，一定要及时到医院检查，乳房肿块局部切除既是一种治疗方法，更是一种诊断的手段，能及早发现问题。万万不能因惧怕手术而犹豫不决，丧失最佳治疗时机。第四，乳腺癌患者手术后，病人一定要定期随诊，严格按照医生要求做正规系统的放疗和化疗，切不可把大部分精力放到找偏方、吃补药上，否则就是本末倒置了。女性朋友不要有病乱投医，要保持良好的心态，即使患有乳腺癌，治疗后也一样能够长期生存。

更年期女性如何正确补钙

骨质疏松症是妇女进入更年期后常见的一种病症，其防治的关键是保持足够的钙摄入。这是从妇女进入更年期前一直延伸到老年期的长期过程。为此，每个妇女都应掌握补钙的原则。

（1）**早补**：妇女体内的钙质从 40 岁前后开始就"支出"大于"收入"了，因此，一般从此时就应该开始补钙。而对骨质疏松症的预防也相应地从更年期前就应加以重视了。

（2）**食补**：人们每天都要进食，要注意选择食物的种类，尽量食用含钙量高的食物，有意识地从中得到钙的补充，并长期坚持。

（3）**注意摄入时机**：牛奶中含钙量最高，食入后肠道对钙的吸收在餐后 3－5 小时即能完成。尿液中钙的排出，主要是从血液中转入尿液，夜间入睡后空腹时排的尿钙，则几乎完全来自骨钙的丢失。故睡前喝牛奶较为适宜，同时，睡前喝牛奶还能改善睡眠。

（4）**补钙药物的选择**：传统的葡萄糖酸钙，因其含钙量太低，已很少使用。目前推荐的是碳酸钙和葡萄糖醛酸钙。这类钙剂含钙量高，价格适中，容易吸收，不含钠、钾、糖、胆固醇和防腐剂，对糖尿病、肾病、高血压患者无影响，最好含有维生素 D。这类钙剂如钙尔奇－D，它每片含钙 600 毫克，还含有维生素 D_3，服后容易吸收，适合于中老年妇女补钙的需要。

更年期女性为何容易发生外阴瘙痒

（1）慢性局部刺激，最常见的是阴道炎排液过多引起。分泌物的酸度减低，促使阴道内细菌的菌群改变,容易发生局部炎症。也有不少人外阴皮肤变薄,皮下脂肪消失,出现萎缩性变化,可延及整个外阴及肛门部,表现为皮肤皱缩、硬化、变白,并在此基础上并发外阴皮肤病。这些改变不断刺激该处的神经末梢,发生难忍的顽固性外阴瘙痒,与硬化性苔藓、外阴白斑等皮肤病难以鉴别。

(2) 尿液、汗液及肛门分泌物的刺激。

(3) 外阴静脉曲张引起皮肤营养紊乱及末梢神经兴奋性的改变而发生瘙痒,反复搔抓可继发慢性湿疹、单纯性苔藓样硬化、厚皮病,甚至发展为外阴白斑。

(4) 继发于全身性皮肤病的外阴皮肤病,如牛皮癣、脂溢性皮炎、慢性湿疹及扁平苔藓等。

(5) 全身性疾病,如维生素 A 和 B 族维生素缺乏,黄疸,白血病和糖尿病等严重时,可有局部以及全身瘙痒。

(6) 变态反应,如药物疹、荨麻疹,特别当外阴直接接触一些刺激性肥皂、外阴用药,使用避孕器具或胶冻,也会引起外阴严重瘙痒,以至引起皮炎。因此,外阴瘙痒时万万不可自己随便用药,最好让医生查清原因再按医嘱治疗。

(7) 有的外阴瘙痒并无明显病变,但思想上感到痒就抓,越抓越痒,是属于精神神经性的。

更年期怎样调适夫妻关系

更年期是人生当中的情绪不稳定期,这是一个生理过程。

首先,夫妻双方要对这一过程中的生理与心理变化有所了解。如果双方对此期的心理特点、生理特点不了解,对对方由此引起的烦躁、猜疑、发无名火的表现不理解,就会造成许多误解,产生许多不应有的矛盾。更年期夫妇不仅要懂得人的生理特点,还要学一点心理学,这对调适夫妇关系,正确处理生活中发生的矛盾,防止悲剧的发生,极为重要。

其次,老夫老妻更需要互相的体谅和关照。有的更年期夫妻往往认为已经是老夫老妻了，没有什么大不了的，而不注意调适夫妻关系。更年期夫妻要相互体谅，相互照顾，相敬相爱。要做到相敬相爱，除了在感情上相互沟通外，还要在日常生活和事务中互谅互让，相互体贴。

第三，利用空闲时间多干一些家务活，多分担一部分家庭的责任，除可以调适夫妻关系以外，还有不少其他的好处。这样做既可以解除心理上的寂寞感，减少对身心健康不利的因素，又可以增强体质，保持旺盛的精力，但更重要的还在于融洽感情。

如何给"第二次蜜月"助性

女性进入绝经期，由于不担心再妊娠，对丈夫、对自己的身心保健都有了新的兴趣，这时性驱动力会有所增强，常常表现为性欲的增强。有人称这一时期为女性的"第二次蜜月"。

在女性"第二次蜜月"中，却容易发生性生活疼痛。这种疼痛不仅是在性生活中，还有人在性生活后，排尿时有烧灼或刺激的感觉。性生活疼痛和排尿痛，有时可在性生活后持续 24～36 小时。

导致绝经后女性性生活疼痛的原因，主要是由于雌激素减少。因此，使用雌激素是首选的治疗方法，如果担心雌激素的不良反应而不敢使用者，可以试着做做"凯格尔健身操"。凯格尔是一位美国心理学家，他于 20 世纪 70 年代发明了一套帮助女性达到性高潮或增强性生活快感的训练方法。此后人们以他的名字命名，称为凯格尔健身操。实际上，凯格尔健身操是一种练习耻骨肌和尾骨肌收缩能力的方法，可以增强生殖器官肌肉组织的弹性，并能有效地控制有些老年妇女的漏尿、遗尿现象。

具体方法是：排尿时将手指伸入阴道，就能够找到控制排尿的耻骨肌和尾骨肌，突然有意识地停止排尿，来收缩这两处的肌肉。练习几分钟后，就可以躺在床上做 10 次收缩的放松练习。建议每次肌肉持续收缩 3 秒钟，然后放松 3 秒钟。以后逐日增加练习次数至每天做 50 次，并加快收缩、放松速度。

更年期女性如何进行面部保健

(1) 前额部涂面霜后，将双手四指平放于前额部，行上下垂直方向及左右水平方向的按摩，目的是防止或消除已存在的水平方向、眉梢间及眼外角处的皱纹。

(2) 如果口周出现一对括号形皱纹，应尽量鼓起双颊，保持吹气时口型，同时将双手四指按于双颊，行水平方向按摩。

(3) 为改善眼周肌肉的活力及张力，减轻下眼睑的袋状隆起，可将双侧食指紧压双侧太阳穴，同时紧闭双眼，维持数秒钟；然后放松。每日早晚重复上述动作各 5 次左右，将会奏效。

(4) 为了促使下颌部的松弛组织变得坚实，先将口角尽量歪向左侧，维持约 5 秒钟；然后再尽量歪向右侧，维持约 5 秒钟。每天重复这个动作 5 次左右。

(5) 为了加强面颊部肌肉的张力，保持年轻的面容，可做以下操练:张口，上下牙齿略微分开，使口形保持"O"形，维持 5 秒钟；然后用力龇牙，上下牙仍略微分开，发出"啊"声，维持 5 秒钟。每日重复此动作至少 5 次。

(6) 为了保持下颏线紧实，将双手拇指指腹顶住下颏下部，拉紧下颏点皮肤，用力向上方压迫 3 秒钟，同时下颏部向下方用力。然后放松。如为预防性措施，每日早晚重复上述动作 5 次；若为治疗，每日早晚应重复 10 次。

更年期耳鸣如何防治

更年期的人们发生耳鸣后，可口服维生素类药物及扩张血管药物进行治疗。如维生素 B_1、维生素 B_{12}、烟酸、尼莫地平、654-2 等。高压氧治疗也有较好的疗效。中药治疗的效果肯定，如果条件允许的话，可以采用中药治疗。

耳鸣的发生是可以延缓的，发生以后也是可以治愈的，这就需要注意病前预防和病后调护。

(1) 坚持体育锻炼，增强体质，以减缓衰老过程，防止耳鸣、耳聋的发生。

(2) 饮食调护。龟肉、花生米、核桃仁熬汤饮用，或用猪脊髓加龙眼肉熬汤等，可以填精补肾，预防或缓解更年期耳鸣耳聋。

(3) 在使用链霉素、卡那霉素等能引起听觉神经损害的药物时，须十分小心注意，不宜使用时间过长和用量过大，一旦发现先兆症状，立即停药。

(4) 注意节欲，保护肾精。

更年期为何要当心类偏执状态

更年期类偏执状态起病比较缓慢，病程也较冗长，常迁延数年以上，发病时或病程中常伴有更年期综合征的症状。其临床表现以嫉妒、被害、自罪及疑病等妄想为主，常伴有相应的听幻觉。其妄想内容较固定，或有系统性，很少泛化。妄想的对象多是自己的亲友或熟悉者，并与现实环境关系密切。尤其突出的是性嫉妒妄想，老是怀疑其爱人不忠诚，嫌弃自己，怀疑爱人与某同事或邻居有不正当性关系，甚至怀疑爱人在密谋加害自己等。

在猜疑的同时，往往表现出紧张、焦虑、恐惧等一系列生动的情感反应，并且常出现与妄想相一致的幻听。在各种幻听妄想的支配下，病人显得十分紧张、惶恐不安，表现为终日闭门不出或不敢回家，或是怕食物有毒而不吃不喝，或是经常四处跟踪尾随其爱人，或者与怀疑对象大吵大闹等。这类病人由于身陷重重怀疑之中，再加上幻觉妄想的支配和影响，可发生绝食、自伤、自杀和伤人等行为。

病重者最后可能会有一定程度的体力衰退与痴呆。预后较更年期抑郁症差，但约有1/3患者可自愈，早期诊断并及时治疗效果较好。

更年期为什么要定期进行健康检查

对中老年女性进行定期健康检查，在许多地区和单位已形成了一种制度，通过健康检查，对于早期发现某些疾病与及时采取某些防范措施，有着十分重要的作用。但有不少中老年女性认为自己身体不错，没有必要去进行健康检查。持这种观点的人在现实当中比较多，事实上对中老年女性定期进行健康检查是必要的。当人们进入更年期，体力逐渐下降，各种疾病会偷偷向机体袭来，加之中年人社会事务多、任务繁重，无暇顾及自己的身体，又因有些疾病的体征和症状不明显，常常不能引起人们的注意，如果没有详细的临床资料和及时的观察对比，许多疾病是不容易发现的。因此每年定期进行健康检查是早期发现疾病的有效手段。

（1）**一般情况检查**：包括身高、体重、血压等。

（2）**全身检查**：内科、外科、耳鼻喉科、眼科、神经科等都要进行全面检查。其中包括直肠指诊、前列腺检查、乳腺检查等。

（3）**辅助检查**：应包括放射线胸片、心电图、肝脾超声波等，必要时做肺功能、胃镜、CT等。血、尿、大小便常规，痰常规及血沉、大便潜血，尿、痰中找癌细胞。血液生化测定方面，包括血脂全套，肝、肾功能，血糖等。特殊情况还可以根据病情需要临时增加检查项目。